图神经网络前沿

Advances in Graph Neural Networks

石川 王啸 杨成 著、译

人 民 邮 电 出 版 社

北 京

图书在版编目（CIP）数据

图神经网络前沿 / 石川，王啸，杨成著、译. -- 北京 : 人民邮电出版社，2024.4
ISBN 978-7-115-62557-1

Ⅰ. ①图… Ⅱ. ①石… ②王… ③杨… Ⅲ. ①人工神经网络 Ⅳ. ①TP183

中国国家版本馆CIP数据核字(2023)第163575号

◆ 著　　　石　川　王　啸　杨　成
　译　　　石　川　王　啸　杨　成
　责任编辑　吴晋瑜
　责任印制　王　郁　焦志炜
◆ 人民邮电出版社出版发行　　北京市丰台区成寿寺路 11 号
　邮编　100164　　电子邮件　315@ptpress.com.cn
　网址　https://www.ptpress.com.cn
　雅迪云印（天津）科技有限公司印刷
◆ 开本：800×1000　1/16
　印张：11.75　　　　2024 年 4 月第 1 版
　字数：240 千字　　　2024 年 4 月天津第 1 次印刷
著作权合同登记号　图字：01-2023-3840 号

定价：99.80 元

读者服务热线：(010)81055410　印装质量热线：(010)81055316
反盗版热线：(010)81055315
广告经营许可证：京东市监广登字 20170147 号

内 容 提 要

本书全面介绍了图神经网络的基础和前沿内容，以及图表示学习的基本概念和定义，并讨论了高级图表示学习方法的发展，旨在帮助研究人员和从业者了解图神经网络的基本问题。此外，本书探讨了图神经网络的几个前沿主题，包括利用图数据描述社会科学、化学和生物学等领域的真实数据的关系，还介绍了图神经网络的若干前沿趋势，能够帮助读者进一步掌握图神经网络所涉及的技术。

本书适合所有想了解图神经网络基本问题和技术的人，包括但不限于高等院校计算机专业高年级本科生及研究生、科研人员以及相关从业者。

序

关系结构在现实世界中无处不在。例如，人与人之间的社交关系、公司之间的交易关系以及蛋白质之间的生物关系等。图和网络是描述这些结构化数据最常见的方式，其中对象和关系分别被映射为节点和边。随着机器学习和深度学习技术的巨大成功，如何对图进行数值表示已成为网络分析中的一个基本问题。特别地，图表示学习已在过去十年广受关注，旨在将网络中的每个节点编码为低维向量。最近，基于图神经网络的表示学习方法在各种基于图的应用中展现出卓越的优势，成为图表示学习的最新范式。图神经网络在节点级和图级任务中表现良好，并极大地推动了图表示学习在现实世界中的广泛应用，涵盖了从经典的基于图的应用（如推荐系统和社交网络分析）到新的前沿领域（如组合优化、物理学和医疗）。图神经网络的广泛应用使得来自不同学科的多样化贡献和观点成为可能，还使得这个研究领域真正实现了跨学科。

本书全面介绍了图神经网络的基础知识和前沿主题，主要分为三部分：第一部分（第 1 和第 2 章）介绍图神经网络的基本定义和发展历程；第二部分（第 3 ～ 8 章）涵盖了图神经网络的前沿主题；第三部分（第 9 章）讨论了图神经网络未来的发展方向。本书从图表示学习的基础知识开始，介绍了图神经网络的多个前沿研究方向，包括同质图神经网络、异质图神经网络、动态图神经网络、双曲图神经网络、图神经网络的知识蒸馏、图神经网络平台等。如果说基础知识有助于读者快速了解图神经网络的优点，那么图神经网络的各种前沿主题则有望激励读者开发自己的模型。无论是学术界还是工业界的初学者，抑或有经验的研究人员，都有望从本书的内容中获益。

本书的作者多年来一直从事图表示学习的研究，在基础算法的研发方面颇有建树。其中，石川自 2010 年以来与我建立了紧密的合作关系。他在异质信息网络分析方面做了许多重要的工作，推动了该领域的发展。王啸和杨成是图表示学习领域的新星学者，发表了多篇引用量很高的论文。我了解到这些优秀的年轻研究人员组建了一个快速崛起的实验室，专注于图数据挖掘和机器学习，由石川带队，名为 GAMMA Lab，而本书正是 GAMMA Lab 在图神经网络领域所做工作的系统性总结。我希望读者能通过学习本书的内容，对自己的工作或研究有所裨益。

俞士纶

伊利诺伊大学芝加哥分校杰出教授

前　言

在大数据时代，图数据得到了人们的广泛关注，在社交网络、生物网络以及推荐系统等多个领域都有应用。例如，在社交网络中，用户及其行为可以建模为图；在化学中，分子结构自然形成一个图；而在文本分析中，单词、句子和文本之间的关系也可以建模为图。尽管数据可能来自不同领域、拥有各种模态，但是都可以视为图，这意味着图将对人们生活的方方面面产生深远影响。因此，图分析有着重要的科学和应用价值。

要弥合图数据与现实世界应用之间的差距，我们所面临的一个基本问题就是图表示学习，即如何为图中的节点学习低维向量，以便可以基于新学习的向量而不是原始的图结构来进行应用。深度学习在某些领域（如计算机视觉）展现出了强大的能力，也是处理图数据的一种有前景的技术。与以前主要注重保留拓扑结构的图表示学习不同，图神经网络以逐层方式沿拓扑传播节点特征来学习节点表示，这样学到的表示自然地编码了来自节点特征和拓扑的有效信息。如今，图神经网络已成为深度学习中的典型网络架构，我们见证了它在推荐系统和生物网络等实际应用中的出色性能。关于图神经网络的研究成果越来越多，在学术界和工业界呈现全球化的发展趋势。有鉴于此，迫切需要对图神经网络的相关内容进行全面总结和讨论。

本书面向对图神经网络感兴趣的读者群体。总体而言，本书适合所有希望了解图神经网络的基本问题和技术的读者。特别地，我们希望大学生、研究人员以及在大学和 IT 公司工作的工程师能够从本书中获得启发。

本书分为三部分，读者可以在第一部分快速了解这个领域，在第二部分深入学习图神经网络的前沿主题，并在第三部分了解其未来的发展方向。

在第一部分（第 1 章和第 2 章）中，我们介绍了不同图的基本概念以及图神经网络的发展情况，包括几种典型的图神经网络，以期帮助读者快速了解这个领域的整体发展。特别是在第 1 章中，我们将总结基本概念和定义，以及图神经网络的发展历程。在第 2 章中，我们将介绍基本的图神经网络，包括图卷积网络等。

在第二部分（第 3～8 章）中，我们给出了对代表性图神经网络技术深入且详细的介绍，以期帮助读者了解这个领域的基本问题，以及如何为这些问题设计先进的图神经网络。特别是在第 3 章中，我们讨论了同质图神经网络，包括自适应多通道图卷积网络等。在第 4 章中，我们介绍了异质图神经网络，主要关注异质图传播网络等。随后，我们在第 5 章中介绍了动态图神经网络，例如时空图神经网络。在第 6 章中，我们介绍了双曲图神经网络，包括双曲图注意力网络和洛伦兹图卷积网络等。在第 7 章中，我们介绍了图神经网络的知识蒸馏和无数据对抗知识蒸馏等。最后，在第 8 章中，我们对一些成熟的图神经网络平台及其特点进行了描述，并介绍了支持多后端的图神经网络平台 GammaGL。

在第三部分（第 9 章）中，我们就图神经网络未来的研究方向进行了总结和讨论。尽管已经有许多图神经网络方法，但仍存在诸多重要的尚未深入探索的开放性问题，例如图神经网络的鲁棒性和公平性。当把图神经网络应用于现实世界，特别是一些风险敏感领域时，这些问题需要慎重考虑。

本书得以顺利付梓，离不开所有参与者的努力和支持，在此对大家表示衷心的感谢！本书由北京邮电大学 GAMMA Lab 团队编写。在撰写本书过程中，张梦玫、朱美琪、薄德瑜、王睿嘉、纪厚业、刘念、吉余岗、陆元福、张依丁、刘佳玮、庄远鑫、郭雨心、赵天宇、刘曜齐等同学承担了内容的整理和审校工作；张中健、邢宇杰、刘洋、代皓燃、王春辰、程泓涛、闫博、佘俊达、孙奥等同学承担了翻译初稿的工作。

本书的编写还得到了国家自然科学基金（U20B2045、U1936220、61772082、61702296、62002029 和 62172052）的支持。

最后，感谢我们的家人、朋友以及合作伙伴多年来给予的全心全意的支持！

石川　王啸　杨成

中国，北京

目　　录

第 1 章　概　　述

在现实世界中，关系结构无处不在且种类繁多，如社会关系、交易关系、生物关系等，通常可用图建模这些关系结构。最近，图上的研究已经吸引了广泛的关注，尤其是为下游任务学习节点嵌入的图表示学习。在本章中，我们首先引入了图表示学习中的一些基本概念和定义；然后介绍了先进的图表示学习方法，涵盖了图神经网络的发展，讨论了图神经网络的前沿方向；最后总结了本书的组织结构。

1.1　基本概念

图数据可以用来描述现实世界中不同领域数据的成对关系，包括社会科学、化学、生物学等。我们首先介绍图的基本概念。

1.1.1　图的定义和属性

在本小节中，我们主要关注无权图，并介绍相关重要定义。

定义 1.1　**图**　图可以表示为 $\mathcal{G}=\{\mathcal{V},\mathcal{E}\}$，其中 $\mathcal{V}=\{v_1,\cdots,v_{|\mathcal{V}|}\}$ 表示节点集合，$\mathcal{E}=\{e_1,\cdots,e_{|\mathcal{E}|}\}$ 表示边集合。连接节点 v_i 和 v_j 的边可以表示为 (v_i,v_j)。

以社交图为例，节点表示人，边表示社交关系，如朋友、同学、师生关系或者家长–子女关系；在推荐图中，节点表示人或商品，边表示购买行为；在化学中，化合物可以表示为以原子作为节点、以化学键作为边的图。如果节点 v_i 和 v_j 之间存在一条边，则节点 v_i 与 v_j 相邻。图 $\mathcal{G}=\{\mathcal{V},\mathcal{E}\}$ 可以等价表示为描述节点连通性的邻接矩阵。

定义 1.2　**邻接矩阵**　给定一个图 $\mathcal{G}$，我们可以使用邻接矩阵 $\boldsymbol{A}\in\{0,1\}^{N\times N}$ 表示边的分布。该邻接矩阵的第 (i,j) 个元素 $\boldsymbol{A}_{i,j}$，表示节点 v_i 和 v_j 之间的连通性。$\boldsymbol{A}_{i,j}=1$ 表示存在边，$\boldsymbol{A}_{i,j}=0$ 表示没有边存在。

特别地，在有向图中，边从一个节点指向另一个节点；而在无向图中，两个节点的顺序没有区别，即两个节点的顺序不影响它们之间的边。在无向图中，当且仅当节点 v_j 与 v_i 相连时，节点 v_i 与 v_j 相连，即对于图中的所有节点 v_i 和 v_j，$\boldsymbol{A}_{i,j}=\boldsymbol{A}_{j,i}$。因此，无向图的邻接矩阵是对称的。请注意，除非特别说明，否则这里我们的讨论仅针对无向图。通过邻接矩阵，我们可以轻松计算节点与其他节点相邻的次数，即节点的度。

定义 1.3 邻居节点 图 $\mathcal{G}$ 中节点 v_i 的邻居节点集合表示为 $N(v_i)$，其中包含所有与 v_i 相连的节点。

定义 1.4 度 节点 v_i 的度为 $d_i=\sum_{j=1}^{N}\boldsymbol{A}_{i,j}$。节点 v_i 的度等于邻居节点集合 $N(v_i)$ 的大小，即 $d_i=|N(v_i)|$。对角线度矩阵可以表示为 $\boldsymbol{D}=\operatorname{diag}(d_1,d_2,\cdots,d_{|v|})$。

以一个包含 5 个节点和 7 条边的图为例，如图 1.1（a）所示，节点集合表示为 $\mathcal{V}=\{v_1,v_2,v_3,v_4,v_5\}$，边集合表示为 $\mathcal{E}=\{e_1,e_2,e_3,e_4,e_5,e_6,e_7\}$。这个图的邻接矩阵可以表示为图 1.1（b）中的 $\boldsymbol{A}$，节点 v_2 的一阶邻居是节点集合 $\{v_1,v_3,v_5\}$，节点 v_2 的度为 3。这个图的度矩阵可以表示为图 1.1（c）中的 $\boldsymbol{D}$。

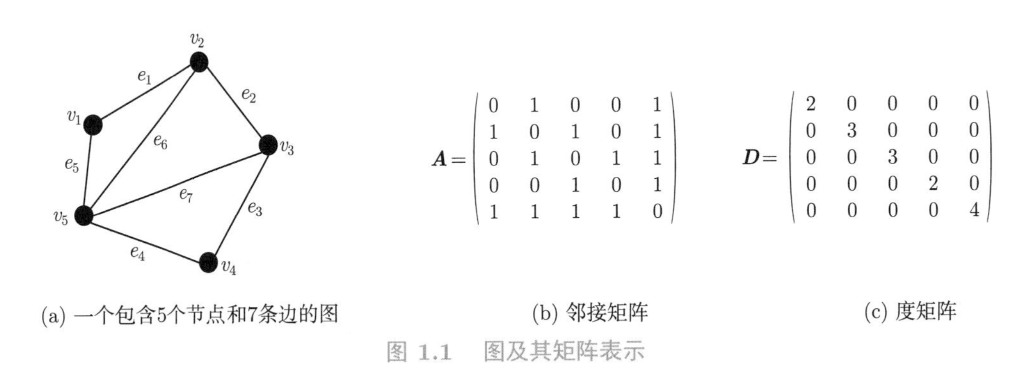

(a) 一个包含5个节点和7条边的图　(b) 邻接矩阵　(c) 度矩阵

图 1.1 图及其矩阵表示

在许多实际应用中，节点通常会关联一些特征或属性。这种数据可以看作图信号，它同时捕捉了节点间的结构信息和节点的属性。图信号的目标是将节点特征（通过图域中定义的映射函数 f）映射到实数值上。映射函数可以形式化地表示为 $f:\mathcal{V}\to\mathbb{R}^{N\times d}$，其中 d 是与每个节点关联的值（向量）的维数。

此外，谱图理论通过分析一个图的拉普拉斯矩阵的特征值和特征向量来研究该图的性质。接下来，我们将定义一个图的拉普拉斯矩阵并讨论其关键属性。拉普拉斯矩阵的另一个定义是其归一化版本。由于度矩阵 $\boldsymbol{D}$ 和邻接矩阵 $\boldsymbol{A}$ 都是对称的，因此拉普拉斯矩阵也是对称的。

定义 1.5 拉普拉斯矩阵 对于具有邻接矩阵 $\boldsymbol{A}$ 的图 $\mathcal{G}$，其拉普拉斯矩阵定义为 $\boldsymbol{L}=\boldsymbol{D}-\boldsymbol{A}$，其中 $\boldsymbol{D}=\operatorname{diag}(d_1,d_2,\cdots,d_{|v|})$ 为对角线度矩阵。

定义 1.6 归一化拉普拉斯矩阵 对于给定的以 $\boldsymbol{A}$ 为邻接矩阵的图 $\mathcal{G}$，其归一化拉普拉斯矩阵 $\tilde{\boldsymbol{L}}$ 定义为

$$\tilde{\boldsymbol{L}}=\boldsymbol{D}^{-\frac{1}{2}}(\boldsymbol{D}-\boldsymbol{A})\boldsymbol{D}^{-\frac{1}{2}}=\boldsymbol{I}-\boldsymbol{D}^{-\frac{1}{2}}\boldsymbol{A}\boldsymbol{D}^{-\frac{1}{2}} \tag{1.1}$$

1.1.2 复杂图

我们前面讨论的简单图都是同质的，它们只有一种节点类型和一种边类型。实际上，现实世界中的图要复杂得多，下面介绍常见的复杂图。

首先，我们将介绍异质图的定义。异质图又称为异质信息网络（Heterogeneous Information Network，HIN），用于在实际应用中对多种类型的节点之间的多种关系进行建模。我们在图 1.2（a）中描述了一个异质图的示例，异质图可以形式化地定义如下。

定义 1.7　异质图　异质图 $\mathcal{G}$ 包含一组节点 $\mathcal{V}=\{v_1,\cdots,v_N\}$ 和一组边 $\mathcal{E}=\{e_1,\cdots,e_M\}$。每个节点 v 和边 e 都与它们的类型映射函数 $\phi_v:\mathcal{V}\rightarrow\mathcal{T}_v$ 和 $\phi_e:\mathcal{E}\rightarrow\mathcal{T}_e$ 相关联，其中 $|\mathcal{T}_\mathcal{V}|+|\mathcal{T}_\mathcal{E}|>2$。

由于异质图包含多种节点类型和边类型，为了理解其整体结构，我们有必要提供关于图的元级别（或模式级别）描述。于是，网络模式被提出以对图进行抽象描述。例如，我们在图 1.2（b）中展示了一个网络模式的示例，并进一步给出了以下定义。

定义 1.8　网络模式[244]　给定异质图 $\mathcal{G}$，网络模式 $\mathcal{S}=(\mathcal{A},\mathcal{R})$ 可以看作 $\mathcal{G}$ 的元模板，其中包括节点类型映射函数 $\phi(v):\mathcal{V}\rightarrow\mathcal{A}$ 和边类型映射函数 $\phi(e):\mathcal{E}\rightarrow\mathcal{R}$。图 1.2 (b) 展示了学术异质图的网络模式。

为了捕捉异质图中的结构和语义相关性，人们设计了基于元路径 [见图 1.2（c）] 或基于元图 [见图 1.2（d）] 的方法。元路径可以用来引导随机游走，基于元路径的随机游走是给定元路径下随机生成的实例。

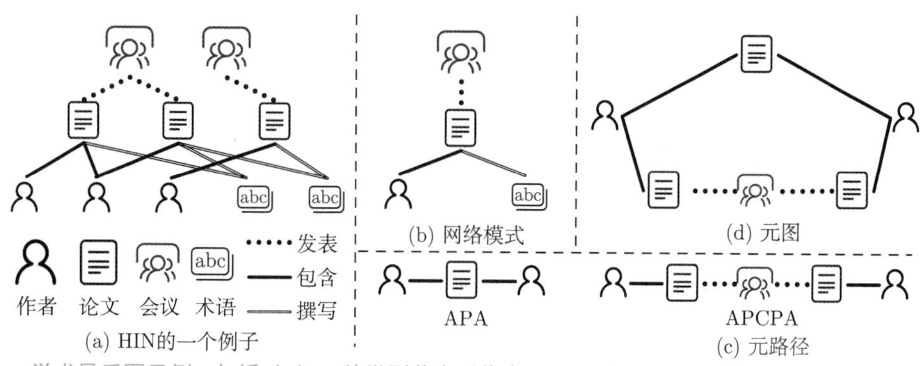

图 1.2　学术异质图示例，包括（a）4 种类型节点（作者（A）、论文（P）、会议（C）和术语（T））和 3 种类型连接（即发表、包含和撰写），（b）网络模式，（c）元路径 [作者–论文–作者（APA）和作者–论文–会议–论文–作者（APCPA）]，以及（d）元图

定义 1.9　元路径[175]　给定异质图 $\mathcal{G}$，元路径 ψ 表示为 $A_1\xrightarrow{R_1}A_2\xrightarrow{R_2}\cdots\xrightarrow{R_l}A_{l+1}$，其中 $A_i\in\mathcal{T}_n$ 和 $R_i\in\mathcal{T}_e$ 分别表示某些类型的节点和边。元路径定义了从类型 A_1 到类型

A_{l+1} 的复合关系，其中关系可以表示为 $R = R_1 \circ R_2 \circ \cdots R_{l-1} \circ R_l$。

不同的元路径从不同的视角捕捉语义关系。图 1.2中展示的那个元路径的例子，可以看作元路径“APA”和“APCPA”的组合，反映了两个节点的高阶相似性。例如，元路径“APA”表示合著关系，元路径“APCPA”表示共同会议关系，它们都可以用于描述作者之间的相似度。请注意，元图可以是对称的或非对称的。

虽然元路径可以用来描述节点之间的连接，但它无法捕捉更复杂的关系，比如 motif。元图的提出解决了这个挑战，元图使用节点和链接类型的有向无环图来捕捉两个异质图节点之间更复杂的关系。

定义 1.10 元图 [87] 元图 $\mathcal{T}$ 是由多个具有共同节点的元路径构成的有向无环图 (Directed Acyclic Graph，DAG)。在形式上，元图定义为 $\mathcal{T} = (\mathcal{V}_\mathcal{T}, \mathcal{E}_\mathcal{T})$，其中 $\mathcal{V}_\mathcal{T}$ 是节点集合，$\mathcal{E}_\mathcal{T}$ 是链接集合。对于任何节点 $v \in \mathcal{V}_\mathcal{T}$，$\phi(v) \in \mathcal{A}$；对于任何链接 $e \in \mathcal{E}_\mathcal{T}$，$\phi(e) \in \mathcal{R}$。

另外，为了捕捉不同对象之间的交互，另一种被广泛使用的图称为二分图。例如，在许多电商平台（如亚马逊）上，用户的单击历史可以建模为一个二分图，其中用户和商品是两个不相交的节点集合，而用户的单击行为则构成它们之间的边。具体来说，我们在图 1.3（a）中展示了一个二分图的例子。

定义 1.11 二分图 给定一个二分图 $\mathcal{G} = \{\mathcal{V}, \mathcal{E}\}$，其中 $\mathcal{V}$ 由两个不相交的节点集合 $\mathcal{V}_1$ 和 $\mathcal{V}_2$ 组成，即 $\mathcal{V} = \mathcal{V}_1 \cup \mathcal{V}_2$ 且 $\mathcal{V}_1 \cap \mathcal{V}_2 = \emptyset$。此外，任意两个来自相同节点集合的节点之间不存在边。对于任意一条边 $e = (v_e^1, v_e^2) \in \mathcal{E}$，我们有 $v_e^1 \in \mathcal{V}_1$ 和 $v_e^2 \in \mathcal{V}_2$。

接下来，我们将讨论能够捕获时间信息的图。上述提到的图都是静态的，即在观察时，节点之间的连接是固定的。然而在许多实际应用中，图是不断演化的，新的节点被添加到图中，新的边不断出现。例如，我们在图 1.3（b）中展示了一个具有动态链接信息的图。下面我们给出动态图的正式定义。

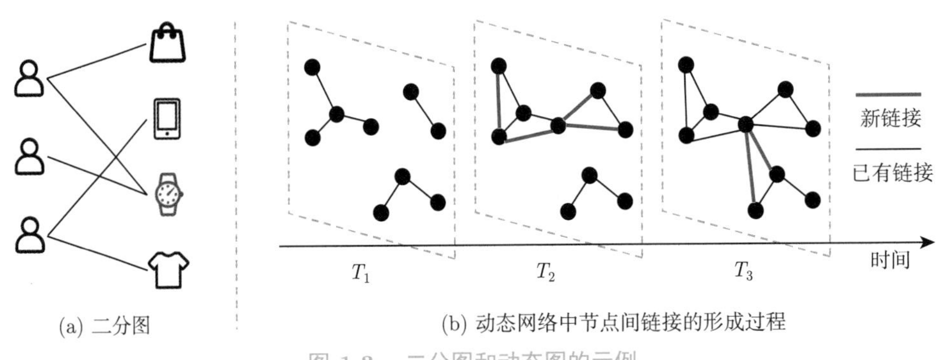

图 1.3 二分图和动态图的示例

定义 1.12 动态图 动态图 $\mathcal{G}=\{\mathcal{V},\mathcal{E}\}$ 具有不断变化的节点集合 $\mathcal{V}$ 和边集合 $\mathcal{E}$。具体而言，每个节点或每条边都与指示它们出现的时间戳 t 相关联。

现实中，我们可能无法记录每个节点和（或）每条边的所有时间戳，因此通常使用快照来检查图的演变，其中，时间戳为 t 时观察到的图可以表示为 $\mathcal{G}_t$。例如，图 1.3（b）中的动态图由多个图的快照组成。

1.1.3 图上的计算任务

目前有各种各样针对图的计算任务被提出。然而，为了完成图上的各种任务，我们首先需要基本的图表示，即节点嵌入。它可以建模图中的有用信息，获得节点嵌入的过程又称为图表示学习。

定义 1.13 图表示学习 [31] 图表示学习又称为网络嵌入，旨在学习一个将图中节点 $v\in\mathcal{V}$ 嵌入低维欧几里得空间 $\mathbb{R}^d$（其中 $d\ll|\mathcal{V}|$）的函数 $\phi:\mathcal{V}\rightarrow\mathbb{R}^d$（见图 1.4）。

通过图表示学习，复杂的非欧几里得空间网络被投影到低维欧几里得空间中，从而很好地解决了高计算成本和低并行性的问题。

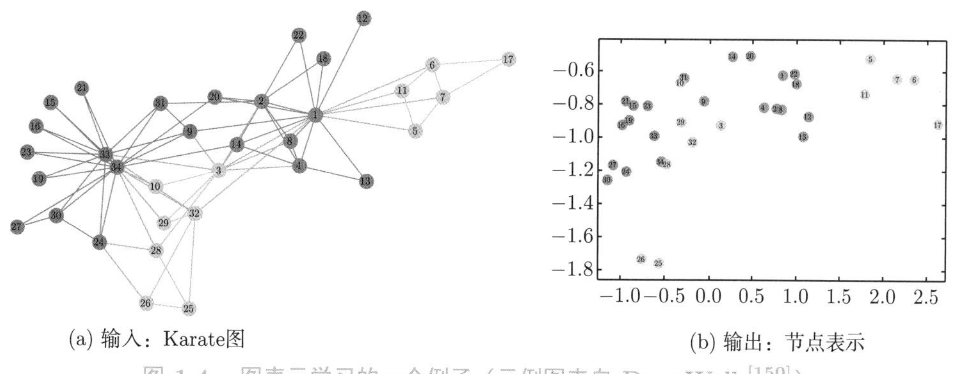

(a) 输入：Karate图 (b) 输出：节点表示

图 1.4 图表示学习的一个例子（示例图来自 DeepWalk[150]）

许多以节点为中心的任务已经得到广泛研究，例如节点分类、节点排名、链接预测和社群检测。接下来，我们主要讨论两个典型任务，分别是节点分类和链接预测。由于在现实中往往很难为所有节点获取完整的标签集合，我们也许只能获得一部分与标签相关联的图，并旨在推断没有标签的节点的标签，这启发了图上的节点分类问题。

定义 1.14 节点分类 在图 $\mathcal{G}=\{\mathcal{V},\mathcal{E}\}$ 中，部分节点带有标签，这些节点集合表示为标签集 $\mathcal{V}_l\subset\mathcal{V}$。没有标签信息的节点集合表示为无标签集 $\mathcal{V}_u=\mathcal{V}-\mathcal{V}_l$。具体而言，$\mathcal{V}_u+\mathcal{V}_l=\mathcal{V}$ 且 $\mathcal{V}_u\cap\mathcal{V}_l=\emptyset$。节点分类任务的目标是预测 $\mathcal{V}_u$ 中节点的标签，并通过从 $\mathcal{G}$ 和 $\mathcal{V}_l$ 中提取有用信息来学习一个映射函数 ϕ。

实际应用中的图并不完整，往往存在缺失边，一些边没有被观察或记录。推断或预测这些缺失的边，可以为许多应用程序带来提升。

定义 1.15 链接预测 在图 $\mathcal{G}=\{\mathcal{V},\mathcal{E}\}$ 中，$\mathcal{E}$ 表示所有观察到的边。假设 $\mathcal{M}$ 表示所有可能的节点之间的边。未观察到的节点之间的潜在边集合表示为 $\mathcal{E}'$，其中 $\mathcal{E}'=\mathcal{M}-\mathcal{E}$。链接预测任务的目标是预测最可能存在的边。在完成链接预测任务后，就可以为 $\mathcal{E}'$ 中的每条边分配一个分数，该分数表示边存在或将来出现的可能性。

除了节点级别任务，还有许多图级别任务，例如图分类、图匹配和图生成。接下来，我们将讨论最具代表性的以图为中心的任务，即图分类。

事实上，节点分类将图中的每个节点视为一个数据样本，并旨在为这些未标记的节点分配标签。在某些应用中，每个样本可以表示为一个图。例如，在化学信息学中，化学分子可以表示为图，其中原子是节点，它们之间的化学键是边。不同化学分子具有不同的特性，如溶解度和毒性，这些特性可以视为它们的标签。现实中，我们可能希望自动预测这些新发现化学分子的特性。这个目标可以通过图分类任务来实现，图分类任务旨在为未标记的图预测标签。由于图结构的复杂性，图分类通常不能简单地通过传统的分类方法来完成。图分类的定义如下。

定义 1.16 图分类 给定一组带标签的图 $G=\{(\mathcal{G}_i,y_i)\}$，其中 y_i 表示图 $\mathcal{G}_i$ 的标签，图分类任务的目标是利用上述有标签的图 G 来学习一个映射函数，该映射函数可以为无标签的图预测标签。

1.2 图神经网络的发展

1.2.1 图表示学习的历史

图表示学习旨在学习节点嵌入，并在过去的几十年里得到了很大的发展，可分为传统图嵌入、现代图嵌入和图深度学习。

作为图表示学习的第一代方法，传统图嵌入已经在谱聚类、基于图的降维和矩阵分解等背景下得到广泛研究。现代图嵌入将 word2vec 成功扩展到图领域，开启了第二代图表示学习。word2vec 是一种生成词嵌入的技术，它将大量的文本语料库作为输入，并为文本语料库中的每个唯一单词生成一个向量表示。word2vec 在各种自然语言处理任务中取得了巨大成功，这激发了人们越来越多地尝试将 word2vec（尤其是 skip-gram 模型）应用于学习节点表示。DeepWalk [150] 迈出了实现这一目标的第一步。具体而言，给定一个图，其中的节点将被视为一种人工语言的单词，随机游走会生成这种人工语言的句子。然后使用 skip-gram 模型学习节点表示，这样就可以保留这些随机游走中节点的共现信息。随后，一些经典的图嵌入方法被提出 [19,69,106,155,194]。

由于深度神经网络在表示学习方面的强大和成功，越来越多的工作致力于将其推广到图中。图神经网络（Graph Neural Network，GNN）是其中最具代表性的工作，它设计了一个基于卷积的算子，目的是在空域中通过网络结构过滤节点属性。这些方法被称为图神经网络，它们可以大致分为空域方法和谱域方法两种。谱域方法利用图的谱域视图，通过图傅里叶变换和图傅里叶逆变换来设计可以用于过滤输入信号的某些频率的图谱滤波算子。Bruna 等人在参考文献 [13] 中尝试设计图傅里叶系数，而切比雪夫多项式滤波器算子被提出用于减少计算成本并使算子在空间上局部化 [35]。随后，Kipf 和 Welling 在参考文献 [101] 中简化了切比雪夫滤波器。Xu 等人在参考文献 [209] 中利用小波图滤波器来设计 GNN。另外，基于空域的图神经网络已经发展起来，这些方法明确地利用图结构（例如利用空域中的相邻节点）来设计空域滤波器。Kipf 和 Welling 提出了最经典的基于空域的 GNN，随后 Hamilton 等人在参考文献 [73] 中提出了 GraphSAGE。GraphSAGE 首先采样邻居，然后引入了具有平均值、LSTM（Long Short-Term Memory，长短期记忆）或池化聚合器的邻居聚合策略。紧接着，参考文献 [185] 引入了自注意力机制来学习图注意力网络中的邻居边权。

此外，图神经网络不仅在节点级别的图分析任务上表现良好，而且在以图为中心的任务（如图分类）上也表现出色。在这些任务中，由于需要整个图的表示，因此引入了许多池化方法 [59, 125, 221]。

1.2.2 图神经网络的前沿

在深度学习时代，图神经网络已经在以下前沿方面迅速发展，相应的模型也已经被提出。

异质图神经网络 GNN 模型已经被设计用于处理复杂图，如异质图。在异质图中，存在不同类型的节点。为了捕捉异质图中的结构和语义相关性，人们设计了基于元路径或元图的方法。例如，参考文献 [25] 和 [240] 利用元路径将异质图分解为几个同质图。HAN [196] 通过注意力机制聚合基于元路径的不同类型的邻居信息，进一步生成节点表示。Hu 等人 [82] 提出了一种用于短文本分类的异质图注意力网络。GTN [226] 学习了边类型的软选择，并自动生成元路径，解决了元路径选择的问题。HGT [83] 采用异质互注意力机制来聚合元关系三元组，MAGNN [54] 利用关系旋转编码器来聚合元路径实例。

动态图神经网络 DANE [112] 利用矩阵扰动理论，以在线方式捕捉邻接矩阵和属性矩阵的变化。DynamicTriad [250] 引入了三元闭包过程，以保留动态网络的结构信息和演化模式。CTDNE [136] 设计了一种时间依赖的随机游走采样方法，用于从连续时间动态网络中学习动态网络嵌入。HTNE [256] 将 Hawkes 过程集成到网络嵌入中，以捕捉历史邻居对当前邻居的影响，用于时态网络嵌入。Dyrep [182] 利用深度时态点过程模型，将图的结构–时间信息编码为低维表示。为了归纳式地推断新观测节点和已有节点的嵌入，参考文献 [210]

提出了基于经典 Bochner 定理的时态图注意力机制。

双曲图神经网络 近年来，双曲空间中的节点表示学习受到越来越多的关注。参考文献 [137] 将图嵌入双曲空间以学习分层节点表示，参考文献 [157] 提出了一种新颖的组合嵌入方法以及一种在双曲空间中进行多维缩放的方法。为了更好地建模分层节点表示，参考文献 [57] 和 [176] 将有向无环图嵌入双曲空间以学习它们的分层特征表示，参考文献 [108] 分析了分层表示和洛仑兹距离之间的关系。此外，参考文献 [6] 分析了多关系图中的分层结构，并将它们嵌入双曲空间。更进一步地，一些研究人员开始研究双曲空间中的深度学习，参考文献 [119] 在双曲空间中推广了 GNN 和 GRU 等深度神经模型，参考文献 [70] 提出了双曲空间中的注意力机制。最近也有一些在双曲 GCN 方面的尝试，参考文献 [22] 提出了针对图分类任务的双曲图神经网络，旨在利用双曲图卷积来学习双曲模型中的节点表示；参考文献 [238] 提出了一种基于庞加莱球模型的图注意力网络，它可以低失真地学习层次化的图和无标度的图；参考文献 [5] 在非欧几里得设置中推广了图卷积。

图神经网络的知识蒸馏 实际上，也有一些将知识蒸馏与 GNN 相结合的研究。参考文献 [216] 提出了计算机视觉领域的一种方法，它使用局部结构保持模块将具有大特征图的深度 GCN 压缩为具有较少参数的浅层 GCN。可靠数据蒸馏（Reliable Data Distillation，RDD）[236] 对具有相同结构的多名 GCN 学生进行训练，然后以类似于 BAN [56] 的方式将它们组合以获得更好的性能。图马尔可夫神经网络（Graph Markov Neural Network，GMNN）[152] 也可以视为一种知识蒸馏方法，其中具有不同接受大小的两个 GCN 相互学习。这些工作中的教师模型和学生模型都是 GCN。

越来越多的证据表明，第三代图表示学习，尤其是图神经网络，极大地促进了图上的计算任务，包括针对节点和针对整个图的计算任务。由 GNN 带来的革命性进展也拓展了图表示学习在现实应用中的广度和深度。对于图表示学习的经典应用领域，如推荐系统和社交网络分析，GNN 已达到最先进的性能。同时，GNN 的新应用领域也在不断涌现，如组合优化、物理学和医疗保健。这些广泛的应用使得 GNN 这一研究领域真正具备了跨学科性。

1.3 本书的组织结构

本书全面介绍了图神经网络的基础和前沿，主要分为三部分：第一部分（第 1 和第 2 章）介绍了图神经网络的基本定义和发展；第二部分（第 3 ～ 8 章）涵盖了图神经网络的前沿主题，包括同质图神经网络、异质图神经网络、动态图神经网络、双曲图神经网络、图神经网络的知识蒸馏、图神经网络平台和实践等；第三部分（第 9 章）介绍了图神经网络的未来方向并做了全书总结。

- **第一部分**：这部分重点介绍了图的基础知识和图神经网络的发展。首先，我们介绍了关键概念，并定义了各种类型的复杂图和图上的计算任务。然后，我们讨论了图神经网络的发展历程，并提到了各种前沿的图神经网络。此外，基础部分还介绍了较具代表性和基础的图神经网络模型，包括图卷积网络（Graph Convolutional Network，GCN）、图注意力网络（Graph Attention Network，GAT）和归纳式 GraphSAGE 模型。最后，我们介绍了最具代表性的异质图注意力网络（Heterogeneous graph Attention Network，HAN）用于复杂图分析。

- **第二部分**：这部分从不同方面描述了图神经网络方法的进展。在第 3 章中，我们回顾了一些关于同质图神经网络设计热点的最新研究，涵盖了分析特征和拓扑关系的工作、提出 GNN 理论框架的工作、讨论 GNN 的高频和低频信息的工作，以及为 GNN 设计图结构学习的工作。在第 4 章中，我们介绍了最近的异质图神经网络，其中考虑到了传播深度、距离建模、对抗性分离器和自我训练措施。在第 5 章中，我们着重介绍了动态图分析方法，提供了动态异质图神经网络设计的技术细节。在第 6 章中，我们涵盖了一些双曲图神经网络的代表性研究。在第 7 章中，我们讨论了用于图神经网络的先进知识蒸馏方法。在第 8 章中，我们对一些成熟的 GNN 平台及其特点进行了描述，并介绍了支持多后端的图学习平台 GammaGL。
- **第三部分**：这部分介绍了图神经网络未来研究中可能重要和有前途的方法及应用的进展。我们讨论了 GNN 中的一些先进主题，如鲁棒性、可解释性、公平性等。相应地，这部分还讨论了新兴的方法和应用领域。

第 2 章　基础图神经网络

卷积图神经网络是最具有代表性的图神经网络，它将卷积操作从网格数据泛化到图数据中。现有的卷积图神经网络分为基于谱域的方法和基于空域的方法两种。基于谱域的方法是从图信号处理的角度出发的，而基于空域的方法则从消息传递的角度考虑。图卷积网络（Graph Convolutional Network，GCN）将这两种方法之间的联系加以阐述，弥合了它们之间的差异，并因其高效和灵活的特性而获得飞速的发展。在本章中，我们首先从谱域的角度介绍了 GCN，然后提供了一些基于空域的 GCN 变体。在这些 GCN 变体中，GraphSAGE 针对未知数据的归纳框架进行了优化，图注意力网络（GAT）采用了邻居信息聚合的注意力机制，异质图注意力网络（HAN）则通过对异质图采用语义级别的注意力机制来提高性能。

2.1　引言

近年来，深度学习彻底改变了许多机器学习任务。其中，卷积神经网络（Convolutional Neural Network，CNN）可以提取多尺度的局部空间特征，并具有较强的表达力，开启了深度学习的新纪元。在卷积神经网络（CNN）的启发下，Thomas N. Kipf 等人提出了将卷积操作从网格数据推广到图数据的图卷积网络（GCN）[101]，并引导了图领域研究的重大突破。作为图和深度学习结合的基础模型，GCN 驱动了将各种神经网络应用于不同的图数据的方法，例如循环图神经网络（使用循环神经架构学习节点表示）[33] 以及图自动编码器（通过自动编码器架构将节点编码到潜在向量空间中，以重构图数据）[167]。总体而言，所有这些方法都被称为图神经网络（GNN）。

作为最基础的 GNN，GCN 阐明了基于谱域（从图信号处理的角度）的卷积图神经网络和基于空域（从消息传递的角度）的卷积图神经网络之间的联系，并指出 GCN 的本质就是迭代地聚合邻居的信息，从而启发了大量重新设计聚合过程以增强对图数据的适应性的方法。在本章中，我们将介绍基础的 GCN 模型及其三个较具有代表性的变体：首先，我们将介绍一个归纳式的图卷积网络框架——GraphSAGE [73]，它学习了一个函数，可通过从节点的局部邻居中采样并聚合特征来生成节点表示；然后，我们将介绍图注意力网络（GAT）[185]，它通过引入注意力机制来聚合节点邻居信息，从而可以为不同邻居节点分配不同的权重；最后，我们将介绍异质图注意力网络（HAN）[196]，它利用节点级注意力机制和语义级注意力机制来学习节点和元路径的重要性，因此，HAN 可以捕获异质图数据背后的复杂结构和丰富的语义信息。

2.2 图卷积网络

在本节中，我们将介绍最典型的图神经网络架构——图卷积网络（GCN），它可以利用图结构并从邻居节点中聚合信息以实现卷积。图卷积网络对学习图的表示具有很好的表达力，并且在大量的任务和应用中取得了优异的性能。本节将介绍 GCN 的理论动机及其模型设计。

2.2.1 概述

深度学习模型已经在许多应用中证明了它们强大的能力，特别是，卷积神经网络（CNN）在许多计算机视觉应用中取得了很好的性能 [130]。这些成功的关键原因在于，CNN 中的卷积层可以通过学习一组固定大小的局部滤波器来逐层提取图像的高级特征，从而拥有了强大的表达能力。

然而，图的非欧几里得特性使得图上的卷积和滤波器不如在图像领域定义得好。在过去的几十年里，研究人员一直在研究如何在图上进行卷积运算，一个主要的研究方向是从谱域的角度定义图的卷积。具体来说，谱图卷积基于图傅里叶变换定义在谱域中，因此可以通过对两个傅里叶变换后的图信号之间的乘积进行逆傅里叶变换来计算谱图卷积。

在这里，谱图卷积被定义为信号 $\boldsymbol{x} \in \mathbb{R}^N$（每个节点对应一个标量，共 N 个节点）和傅里叶域内由 $\boldsymbol{\theta} \in \mathbb{R}^N$ 参数化的滤波器 $g_{\boldsymbol{\theta}} = \mathrm{diag}(\boldsymbol{\theta})$ 的乘积，即

$$g_{\boldsymbol{\theta}} \star \boldsymbol{x} = \boldsymbol{U} g_{\boldsymbol{\theta}} \boldsymbol{U}^{\mathrm{T}} \boldsymbol{x} \tag{2.1}$$

$\boldsymbol{U}$ 为正则化图拉普拉斯 $\boldsymbol{L} = \boldsymbol{I}_N - \boldsymbol{D}^{-\frac{1}{2}} \boldsymbol{A} \boldsymbol{D}^{-\frac{1}{2}} = \boldsymbol{U} \boldsymbol{\Lambda} \boldsymbol{U}$ 的特征向量矩阵，其中 $\boldsymbol{\Lambda}$ 是它的特征值的对角矩阵，$\boldsymbol{U}^{\mathrm{T}} \boldsymbol{x}$ 是 $\boldsymbol{x}$ 的图傅里叶变换。我们通常将 $g_{\boldsymbol{\theta}}$ 设计为 $\boldsymbol{L}$ 的特征值的函数，即 $g_{\boldsymbol{\theta}}(\boldsymbol{\Lambda})$。由于和特征向量矩阵 $\boldsymbol{U}$ 的乘积运算的时间复杂度是 $O\left(N^2\right)$，因此计算式(2.1)的时间开销是极其昂贵的。此外，计算 $\boldsymbol{L}$ 的特征分解对于大型图来说是非常耗时的。为了解决这个问题，Hammond 等人（2011 年）提出在重新缩放 $\tilde{\boldsymbol{\Lambda}} = \frac{2}{\lambda_{\max}} \boldsymbol{\Lambda} - \boldsymbol{I}_N$ 后，$g_{\boldsymbol{\theta}}(\boldsymbol{\Lambda})$ 可以被切比雪夫多项式 $T_k(\boldsymbol{x})$ 的 K-阶截断展开很好地近似。

$$g_{\boldsymbol{\theta}'}(\boldsymbol{\Lambda}) \approx \sum_{k=0}^{K} \boldsymbol{\theta}'_k T_k(\tilde{\boldsymbol{\Lambda}}) \tag{2.2}$$

其中，$\lambda_{\max}$ 为 $\boldsymbol{L}$ 的最大特征值，$\boldsymbol{\theta}' \in \mathbb{R}^K$ 是切比雪夫系数的向量。切比雪夫多项式被递归定义为 $T_k(\boldsymbol{x}) = 2\boldsymbol{x}T_{k-1}(\boldsymbol{x}) - T_{k-2}(\boldsymbol{x})$，其中 $T_0(\boldsymbol{x}) = 1$，$T_1(\boldsymbol{x}) = \boldsymbol{x}$。读者可以通过阅读参考文献 [74] 来对这种近似进行深入的探索。

回到我们对信号 $\boldsymbol{x}$ 和滤波器 $g_{\boldsymbol{\theta}'}$ 定义的卷积运算，我们现在有

$$g_{\boldsymbol{\theta}'} \star \boldsymbol{x} \approx \sum_{k=0}^{K} \boldsymbol{\theta}'_k T_k(\tilde{\boldsymbol{L}})\boldsymbol{x} \tag{2.3}$$

其中，$\tilde{\boldsymbol{L}} = \frac{2}{\lambda_{\max}}\boldsymbol{L} - \boldsymbol{I}_N$。由于这个多项式是图拉普拉斯的 K-阶多项式，因此它现在是 K-局部的，即它只取决于距离中心节点最多 K 跳的节点（K-阶邻居节点）。计算式 (2.3)的时间复杂度是 $O(|\mathcal{E}|)$，与边的数量成线性关系。参考文献 [35] 使用这个 K-局部卷积来定义图上的卷积神经网络。

2.2.2 GCN 模型

GCN 模型通过将卷积运算的切比雪夫多项式截断为一阶 [式 (2.3)中的 $K = 1$] 并近似 $\lambda_{\max} \approx 2$，进一步简化了谱图卷积神经网络。这些近似使得卷积层简化为

$$g_{\boldsymbol{\theta}'} \star \boldsymbol{x} \approx \boldsymbol{\theta}'_0\boldsymbol{x} + \boldsymbol{\theta}'_1(\boldsymbol{L} - \boldsymbol{I}_N)\boldsymbol{x} = \boldsymbol{\theta}'_0\boldsymbol{x} - \boldsymbol{\theta}'_1\boldsymbol{D}^{-\frac{1}{2}}\boldsymbol{A}\boldsymbol{D}^{-\frac{1}{2}}\boldsymbol{x} \tag{2.4}$$

每个卷积层有两个滤波器参数 $\boldsymbol{\theta}'_0$ 和 $\boldsymbol{\theta}'_1$，这两个滤波器参数可以在整个图上共享。这种形式的滤波器可以被连续应用，然后就可以有效地卷积一个节点的 K-阶邻域，其中 K 是神经网络模型中连续的滤波操作或卷积层的数量。

在实际应用中，通过限制参数的数量，可以避免过拟合并最小化每层的矩阵乘法数量。GCN 进一步假设 $\boldsymbol{\theta} = \boldsymbol{\theta}'_0 = -\boldsymbol{\theta}'_1$，从而得到如下表达式。

$$g_{\boldsymbol{\theta}} \star \boldsymbol{x} \approx \boldsymbol{\theta}(\boldsymbol{I}_N + \boldsymbol{D}^{-\frac{1}{2}}\boldsymbol{A}\boldsymbol{D}^{-\frac{1}{2}})\boldsymbol{x} \tag{2.5}$$

注意，$\boldsymbol{I}_N + \boldsymbol{D}^{-\frac{1}{2}}\boldsymbol{A}\boldsymbol{D}^{-\frac{1}{2}}$ 的特征值在范围 $[0, 2]$ 内。然而，在深度神经网络模型中，重复应用该算子会导致数值不稳定和梯度爆炸/消失问题。为了缓解这个问题，我们引入了如下重正则化技巧:

$$\boldsymbol{I}_N + \boldsymbol{D}^{-\frac{1}{2}}\boldsymbol{A}\boldsymbol{D}^{-\frac{1}{2}} \to \tilde{\boldsymbol{D}}^{-\frac{1}{2}}\tilde{\boldsymbol{A}}\tilde{\boldsymbol{D}}^{-\frac{1}{2}}$$

其中，$\tilde{\boldsymbol{A}} = \boldsymbol{A} + \boldsymbol{I}_N$ 并且 $\tilde{\boldsymbol{D}}_{ii} = \sum_j \tilde{\boldsymbol{A}}_{ij}$。

我们可以将这个定义泛化到一个具有 C 个输入通道（每个节点的 C-维特征向量）的信号 $\boldsymbol{X} \in \mathbb{R}^{N \times C}$ 上。于是，一个输出为 F 维的滤波器或特征映射可以定义如下。

$$\boldsymbol{Z} = \tilde{\boldsymbol{D}}^{\frac{1}{2}}\tilde{\boldsymbol{A}}\tilde{\boldsymbol{D}}^{-\frac{1}{2}}\boldsymbol{X}\boldsymbol{\Theta} \tag{2.6}$$

其中，$\boldsymbol{\Theta} \in \mathbb{R}^{C\times F}$ 是一个滤波器参数矩阵，$\boldsymbol{Z} \in \mathbb{R}^{N\times F}$ 是卷积后的信号矩阵。由于 $\tilde{\boldsymbol{A}}\boldsymbol{X}$ 可以使用稀疏矩阵与稠密矩阵的乘积进行高效实现，这个滤波运算的时间复杂度为 $O\left(|\mathcal{E}|FC\right)$。

我们已经介绍了一个简单而灵活的模型 $f(\boldsymbol{X},\boldsymbol{A})$，它可以在图上进行高效的信息传播。接下来，我们考虑一个在具有对称邻接矩阵 $\boldsymbol{A}$（二元或加权）的图上进行半监督节点分类的双层 GCN，如图 2.1所示。首先，在预处理步骤中计算 $\hat{\boldsymbol{A}} = \tilde{\boldsymbol{D}}^{-\frac{1}{2}}\tilde{\boldsymbol{A}}\tilde{\boldsymbol{D}}^{-\frac{1}{2}}$。模型的正向传播过程采用如下简单的形式。

$$\boldsymbol{Z} = f(\boldsymbol{X},\boldsymbol{A}) = \text{softmax}(\hat{\boldsymbol{A}}\text{ReLU}(\hat{\boldsymbol{A}}\boldsymbol{X}\boldsymbol{W}^{(0)})\boldsymbol{W}^{(1)}) \tag{2.7}$$

其中，$\boldsymbol{W}^{(0)} \in \mathbb{R}^{C\times H}$ 是一个 H 维特征映射隐藏层的权重矩阵，$\boldsymbol{W}^{(1)} \in \mathbb{R}^{H\times F}$ 是一个输出层的权重矩阵。对于半监督多类别分类任务，GCN 会在所有的有标签样本上计算交叉熵误差。

$$\mathcal{L} = -\sum_{l\in\mathcal{Y}_L}\sum_{f=1}^{F}\boldsymbol{Y}_{lf}\ln\boldsymbol{Z}_{lf} \tag{2.8}$$

其中，$\mathcal{Y}_L$ 是标签集合，$\boldsymbol{Y}$ 是所有节点的标签矩阵。神经网络的权重 $\boldsymbol{W}^{(0)}$ 和 $\boldsymbol{W}^{(1)}$ 使用梯度下降进行训练。在训练过程中，GCN 可通过 dropout[170] 引入随机性。

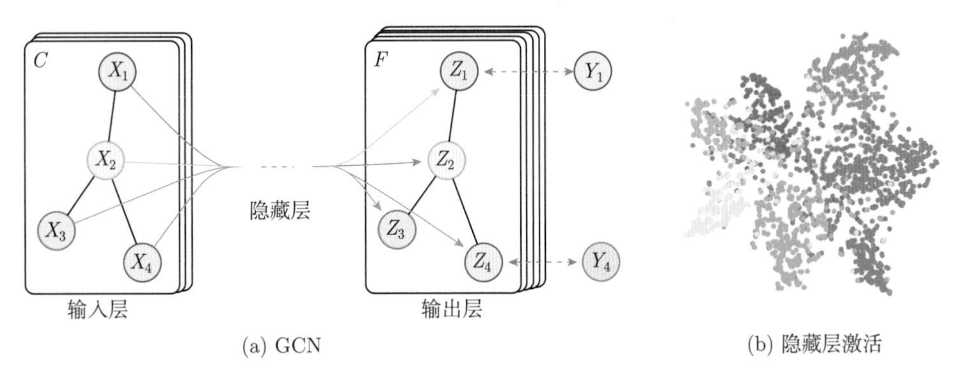

图 2.1　(a) 具有 C 个输入信道和 F 维特征映射的输出层的半监督 GCN 示意图。(b) 在使用 5% 标签的 Cora 数据集上训练的双层 GCN 的隐藏层激活的 t-SNE 可视化（颜色表示标签）

2.3 归纳式图卷积网络

在本节中，我们将介绍一种归纳式图卷积网络——GraphSAGE。GraphSAGE 是一个通用的归纳框架，它通过从节点的局部邻居采样并聚合特征，来为之前未见过的数据学习生成嵌入表示。下面我们来介绍 GraphSAGE 的背景，并提供其模型框架。

2.3.1 概述

GCN 旨在从单个固定的图中学习每个节点的优秀表示。然而，对于大规模的图来说，训练过程可能代价高昂。此外，GNN 的主要问题在于它们缺乏对未知数据的泛化能力。对于新节点，必须重新训练模型以表示这个节点（直推式）。因此，这些 GNN 并不适用于节点不断变化的动态图。实际上，许多真实世界的应用都需要为未知的节点或图生成嵌入表示。这种归纳能力对于运行在经常遇到未知节点的不断进化的图上的高通量生产机器学习系统是必不可少的（例如 Reddit 上的帖子，以及 YouTube 上的用户和视频）。采用归纳式的方法生成节点嵌入表示，还有助于对具有相同特征形式的图进行泛化。例如，可以基于模型生物的蛋白质–蛋白质相互作用图训练一个嵌入表示生成器，然后使用训练后的模型为从新生物中收集的数据生成节点嵌入表示。

与直推式相比，由于泛化到未知节点需要将新观察到的子图与算法已经优化过的节点嵌入表示对齐，因此解决归纳式节点嵌入问题是特别困难的。一个归纳框架必须学习识别一个节点的邻居的结构属性，以揭示该节点在图中的局部角色和全局位置。

2.3.2 GraphSAGE 模型

GraphSAGE 通过聚合节点的邻居以表示每个节点，并将 GCN 扩展到对没见过的数据的归纳式无监督学习任务中。因此，即使一个在训练期间没见过的新节点出现在图中，它也仍然可以由它的邻居节点正确表示。具体来说，GraphSAGE 采样每个节点的局部邻居，然后以小批量的方式学习如何从这些采样的邻居中聚合特征信息，这种归纳式训练对于大规模图来说是可行的，与 GCN 进行全批量训练不同。此外，GraphSAGE 扩展了 GCN 的聚合器，并提出了一系列替代操作。

邻居采样器

我们首先描述 GraphSAGE 中的邻居采样机制。现有 GCN 的输入是一个固定大小的完整图，因此 GCN 的参数必须在每次迭代中用所有训练样本的梯度进行更新，这被称为全批量学习。由于现实中整个图的规模通常非常大，为了以小批量的方式进行训练，GraphSAGE 会对一个小批量样本中的每个节点采样固定规模的邻居集合，并通过计算梯度来更新参数。

GraphSAGE 在每次迭代中统一采样固定规模的邻居集合 $\mathcal{N}(v)$，以保持每批的计算占用不变。若不采用这种采样方式，则单批的内存和运行时间都是不可预测的，且在最坏情况下为 $O\left(|\mathcal{V}|\right)$。如图 2.2 所示，对于处在迭代/深度 k 的每个节点，采样的直接邻居数量被限制在 S_k（一个超参数）内。因此，GraphSAGE 中每批的空间复杂度和时间复杂度都是固定的 $O\left(\prod_{k=1}^{K} S_k\right)$，其中 $k \in \{1, \cdots, K\}$, K 为用户指定的超参数。

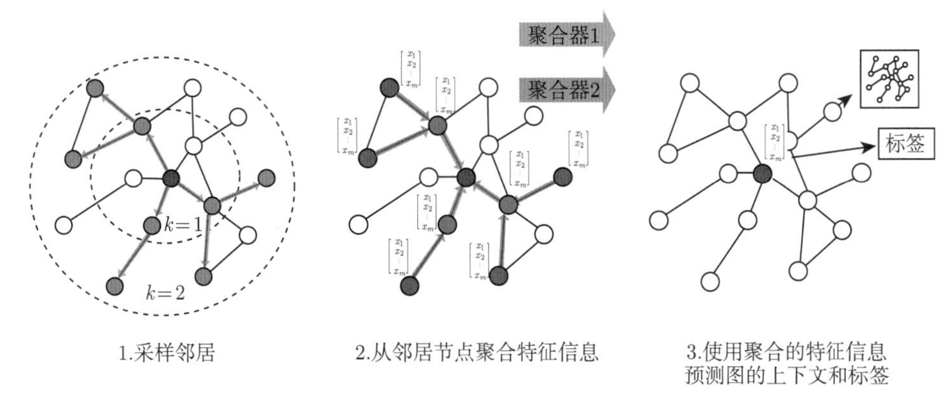

图 2.2 GraphSAGE 采样和聚合过程的可视化

邻居聚合器

GraphSAGE 研究了聚合器的基本性质：与文本和图像上的机器学习不同，一个节点的邻居是没有自然顺序的。因此，聚合函数（聚合器）必须在一个无序的向量集合上进行操作。理想情况下，聚合函数是对称的（对输入的排列具有不变性），同时仍然是可训练的并保持较强的表达能力。聚合函数的对称性确保了我们的神经网络模型可以被训练并应用于任意顺序的节点邻居特征集合。随后，GraphSAGE 提出了一系列满足上述性质的候选聚合函数。

平均聚合器 它对 $\{\boldsymbol{h}_u^{k-1}, \forall u \in \mathcal{N}(v)\}$ 中的向量采取元素级平均。平均聚合器几乎等价于我们在直推式 GCN 框架中使用的卷积传播规则。在这里，我们提供使用参数 $\boldsymbol{W}$ 的平均聚合器如下。

$$\boldsymbol{h}_v^k \leftarrow \sigma(\boldsymbol{W} \cdot \mathrm{MEAN}(\{\boldsymbol{h}_v^{k-1}\} \bigcup \{\boldsymbol{h}_u^{k-1}, \forall u \in \mathcal{N}(v)\})) \tag{2.9}$$

LSTM 聚合器 GraphSAGE 还研究了一种基于 LSTM 架构 [79] 的聚合器。与平均聚合器相比，LSTM 聚合器具有更强大的表达能力。然而值得注意的是，LSTM 聚合器在本质上不是对称的（它们并不是排列不变的），因为它们以顺序的方式处理输入。GraphSAGE 通过简单地将 LSTM 聚合器应用于随机排列的节点邻居来使 LSTM 聚合器适用于无序集合。

池化聚合器 在池化方法中，每个邻居的向量通过一个全连接的神经网络独立地馈入。在经过这种变换之后，便可以在邻居集合上采用一个元素级的最大池化操作来聚合信息。

$$\mathrm{AGGREGATE}_k^{\mathrm{pool}} = \max(\{\sigma(\boldsymbol{W}_{\mathrm{pool}}\boldsymbol{h}_u^k + \boldsymbol{b}), \forall u \in \mathcal{N}(v)\}) \tag{2.10}$$

GraphSAGE 算法

在算法 2.1中，我们描述了小批量嵌入表示生成的前向传播过程。

算法 2.1 GraphSAGE 小批量前向传播算法

1: $\mathcal{B}^K \leftarrow \mathcal{B}$;
2: **for** $k = K, \cdots, 1$ **do**
3: $\quad \mathcal{B}^{k-1} \leftarrow \mathcal{B}^k$;
4: $\quad$ **for** $v \in \mathcal{B}^k$ **do**
5: $\quad\quad \mathcal{B}^{k-1} \leftarrow \mathcal{B}^k \bigcup \mathcal{N}_k(v)$;
6: $\quad$ **end for**
7: **end for**
8: $\boldsymbol{h}_v^0 \leftarrow \boldsymbol{x}_v, \forall v \in \mathcal{B}^0$;
9: **for** $k = 1, \cdots, K$ **do**
10: $\quad$ **for** $v \in \mathcal{B}^k$ **do**
11: $\quad\quad \boldsymbol{h}_{\mathcal{N}(v)}^k \leftarrow \text{AGGREGATE}_k(\{\boldsymbol{h}_u^{k-1}, \forall u \in \mathcal{N}_k(v)\})$;
12: $\quad\quad \boldsymbol{h}_v^k \leftarrow \sigma(\boldsymbol{W}^k \cdot \text{CONCAT}(\boldsymbol{h}_v^{k-1}), \boldsymbol{h}_{\mathcal{N}(v)}^k)$;
13: $\quad\quad \boldsymbol{h}_v^k \leftarrow \boldsymbol{h}_v^k / \|\boldsymbol{h}_v^k\|_2$;
14: $\quad$ **end for**
15: **end for**
16: $\boldsymbol{z}_v \leftarrow \boldsymbol{h}_v^K, \forall v \in \mathcal{B}$;

给定图 $\mathcal{G} = (\mathcal{V}, \mathcal{E})$ 和所有节点的特征 $\boldsymbol{x}_v, \forall v \in \mathcal{V}$，主要思想是首先对计算所需的所有节点进行采样。算法 2.1 中的第 2~7 行对应于采样阶段。每个集合 $\mathcal{B}^K$ 包含计算节点 $v \in \mathcal{B}^{k+1}$ 的表示所需的节点，即处在迭代/深度 $(k+1)$ 的节点。算法 2.1 中的第 9~15 行对应于聚合阶段。每个聚合阶段的外循环中的步骤如下所示，其中 k 表示外循环中的当前步骤（或搜索的深度），$\boldsymbol{h}^k$ 为节点在这一步时的表示。

（1）首先，每个节点 $v \in \mathcal{V}$ 将其直接邻居节点 $\{\boldsymbol{h}_u^{k-1}, \forall u \in \mathcal{N}(v)\}$ 的表示聚合为一个向量 $\boldsymbol{h}_{\mathcal{N}(v)}^{k-1}$。$k = 0$ 代表输入节点特征。

（2）然后，GraphSAGE 将节点的当前表示 $\boldsymbol{h}_v^{k-1}$ 与聚合的邻居向量 $\boldsymbol{h}_{\mathcal{N}(v)}^k$ 拼接起来，得到一个向量。这个拼接后的向量通过一个具有非线性激活函数 σ 的全连接层，产生 $\boldsymbol{h}_v^k$。为了简便，我们将深度 K 的最终表示标记为 $\boldsymbol{z}_v \leftarrow \boldsymbol{h}_v^K$。

2.4 图注意力网络

在本节中，我们将介绍图注意力网络（GAT）。GAT 通过引入聚合邻居的注意力机制来扩展 GCN。因此，GAT 可以为邻域中的不同节点分配不同的权重且具有更好的表达能力。

2.4.1 概述

注意力机制是一种模拟认知过程的技术，在深度神经网络中被广泛使用。它的灵感来自人类选择性地关注特定方面的信息，同时忽略其他可察觉的信息的过程。这种机制增强了输入数据的重要部分，并淡化其余部分——人们普遍认为神经网络应该为小部分但重要的数据投入更多的计算能力。数据中的哪一部分比其他数据更重要取决于上下文，可以通过梯度下降来训练神经网络以学习如何分配注意力。

例如在翻译任务中，假设目标是将输入的句子“How was your day”翻译成法语版本的“Comment se passe ta journée”。对于输出句子中的每个单词，神经网络中的注意力机制将对输入句子中重要和相关的单词分配更多的注意力，并为这些单词分配更高的权重，以提高输出预测的准确性。

类似地，在现实世界中，图可能很大并且有许多复杂的模式和噪声，这可能会给有效的图挖掘带来问题。解决这个问题的有效方法是将“注意力”添加到图挖掘解决方案中。注意力机制使得一种方法能够专注于图中与任务相关的部分，并帮助它做出更好的决策。

2.4.2 GAT 模型

我们将首先描述一个单一的图注意力层，这是在所有 GAT 架构中唯一使用的层。图注意力层的输入是一组节点特征 $\{\boldsymbol{h}_1,\cdots,\boldsymbol{h}_N\},\boldsymbol{h}_i\in\mathbb{R}^F$，其中 N 为节点数，F 为每个节点中的特征数。图注意力层将产生一组新的节点特征（可能具有不同的维数 F'）$\{\boldsymbol{h}'_1,\cdots,\boldsymbol{h}'_N\},\boldsymbol{h}'_i\in\mathbb{R}^{F'}$，作为其输出。

为了获得足够的将输入特征转换为更高层次的特征的表达能力，至少需要一个可学习的线性变换。为此，作为一个初始步骤，一个由权重矩阵 $\boldsymbol{W}\in\mathbb{R}^{F'\times F}$ 参数化的共享线性变换将被应用于每个节点。然后，在节点上采用一个共享的自注意力（$\mathrm{attn}:\mathbb{R}^{F'}\times\mathbb{R}^{F'}\to\mathbb{R}$）来计算注意力系数：

$$e_{ij}=\mathrm{attn}(\boldsymbol{W}\boldsymbol{h}_i,\boldsymbol{W}\boldsymbol{h}_j) \tag{2.11}$$

e_{ij} 表示节点 j 的特征对节点 i 的重要性。在其最一般的公式中，该模型允许每个节点参与任何其他节点并删除所有的结构信息。在这种机制中，通过采用掩码注意力，就可以只对节点 $j\in\mathcal{N}_i$ 计算 e_{ij} 以引入图结构信息，其中 $\mathcal{N}_i$ 表示节点 i 的邻居。在我们所有的实验中，这将被精确表述为节点 i 的一阶邻居（包括节点 i）。为了使注意力系数易于在不同节点之间进行比较，我们可以使用 softmax 函数对节点 j 的所有选择进行正则化处理。

$$\alpha_{ij}=\mathrm{softmax}_j(e_{ij})=\frac{\exp(e_{ij})}{\sum_{k\in\mathcal{N}_i}\exp(e_{ik})} \tag{2.12}$$

在我们的实验中，注意力机制 attn 是一个由权重向量 $\boldsymbol{a}\in\mathbb{R}^{2F'}$ 参数化的前馈神经网络，并且采用了 LeakyReLU 非线性激活函数（对于负数输入采用 $\alpha=0.2$ 的斜率）。完全

展开后，由注意力机制（图 2.3 对它做了阐释）计算出的系数可以表示为

$$\alpha_{ij} = \frac{\exp(\text{LeakyReLU}(\boldsymbol{a}^{\mathrm{T}}[\boldsymbol{W}\boldsymbol{h}_i \| \boldsymbol{W}\boldsymbol{h}_j]))}{\sum_{k\in\mathcal{N}_i}\exp(\text{LeakyReLU}(\boldsymbol{a}^{\mathrm{T}}[\boldsymbol{W}\boldsymbol{h}_i \| \boldsymbol{W}\boldsymbol{h}_k]))} \tag{2.13}$$

其中的 $\|$ 是拼接运算符。

之后，正则化的注意力系数将被用来计算它们对应的特征的线性组合，并作为每个节点最终的输出特征 (潜在地应用非线性激活函数 σ 后)：

$$\boldsymbol{h}_i = \sigma(\sum_{j\in\mathcal{N}_i} \alpha_{ij}\boldsymbol{W}\boldsymbol{h}_j) \tag{2.14}$$

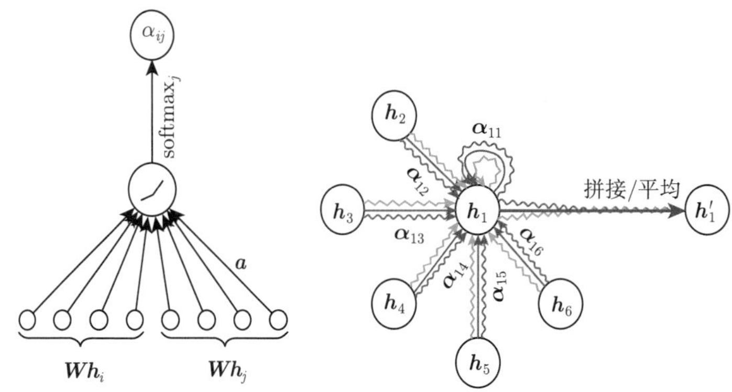

图 2.3 左图：GAT 模型中采用的注意力机制 $\mathrm{attn}(\boldsymbol{W}\boldsymbol{h}_i, \boldsymbol{W}\boldsymbol{h}_j)$。右图：对节点 1 及其邻居上多头注意力机制的解释（其中 $K=3$），不同的箭头样式和颜色表示独立的注意力计算过程

为了稳定自注意力的学习过程，我们发现，可以使用类似于参考文献 [183] 中描述的多头注意力来扩展我们的注意力机制。具体来说，K 个独立的注意力机制执行式 (2.14)所示的变换，它们的特征被拼接在一起，产生如下输出特征表示：

$$\boldsymbol{h}_i = \|_{k=1}^{K} \sigma(\sum_{j\in\mathcal{N}_i} \alpha_{ij}^k \boldsymbol{W}^k \boldsymbol{h}_j) \tag{2.15}$$

其中，α_{ij}^k 是由第 K 个注意力机制（attn^k）计算得到的正则化注意力系数，$\boldsymbol{W}^k$ 是对应输入线性变换的权重矩阵。注意，在这个设置中，最终每个节点返回的输出 $\boldsymbol{h}'$ 将包含 KF' 维（而不是 F' 维）特征。

特别地，GAT 在神经网络的最终（预测）层上采用平均的方式来汇总多个注意力头的输出：

$$\boldsymbol{h}_i = \sigma(\frac{1}{K}\sum_{k=1}^{K}\sum_{j\in\mathcal{N}_i} \alpha_{ij}^k \boldsymbol{W}^k \boldsymbol{h}_j) \tag{2.16}$$

多头图注意力层的聚合过程见图 2.3 的右图。

总的来说，与 GCN 不同，GAT 为不同的邻居节点分配不同的重要性，从而实现模型能力的飞跃提升。此外，分析学习到的注意力权重可能有助于提高模型的可解释性。同时，注意力机制以一种共享的方式应用于图中的所有边，因此它不依赖于对整个图结构或所有节点特征的预先访问。

2.5 异质图注意力网络

在本节中，我们将介绍异质图注意力网络（HAN）。HAN 利用节点级注意力和语义级注意力来学习节点和元路径的重要性，从而将 GCN 扩展到异质图中。因此，HAN 可以捕获异质结构背后的复杂结构和丰富的语义信息。

2.5.1 概述

尽管注意力机制在深度学习中取得了成功，但在包含多种类型的节点和边的异质图的图神经网络框架中，还没有采用注意力机制。由于异质图包含更全面的信息和丰富的语义，并且已经被广泛地应用于许多数据挖掘任务中，将注意力机制扩展到异质图神经网络是非常有必要的。

具体来说，异质图神经网络架构应该满足以下要求。

图的异质性 异质性是异质图的固有属性，即异质图具有不同类型的节点和边。例如，不同类型的节点具有不同的特征，它们的特征可能落在不同的特征空间中。

语义级注意力 异质图中含有不同的有意义和复杂的语义信息，通常由元路径 [175] 反映。异质图中不同的元路径可以提取不同的语义信息。如何为特定的任务选择最有意义的元路径并融合语义信息，是一个有待解决的问题 [160]。语义级注意力的目的是学习每个元路径的重要性，并为它们分配适当的权重。

节点级注意力 在异质图中，节点间可以通过不同类型的关系（元路径）进行连接。给定一条元路径，每个节点都有许多基于元路径的邻居。如何区分邻居间细微的差异并选择一些信息丰富的邻居，是我们需要解决的一个问题。对于每个节点，节点级注意力的目的是学习基于元路径的邻居的重要性，并为它们分配不同的注意力值。

2.5.2 HAN 模型

在本小节中，我们将描述 HAN 的分层注意力结构——节点级注意力和语义级注意力。图 2.4 显示了 HAN 模型的整体框架。首先，HAN 利用一个节点级注意力来学习基于元路径的邻居的权重，并将它们聚合以得到语义特定的节点嵌入表示。然后，HAN 就可以通过语义级注意力来判断元路径的差异，并得到针对特定任务的语义特定节点嵌入表示的最优加权组合。

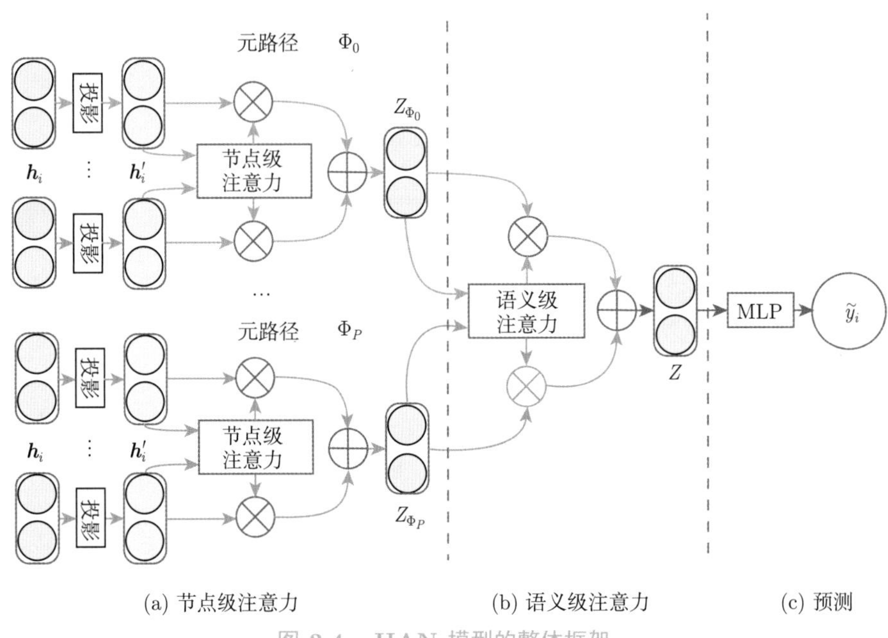

图 2.4 HAN 模型的整体框架

节点级注意力

节点级注意力可以学习异质图中每个节点的基于元路径的邻居的重要性，并聚合这些邻居的表示以形成节点嵌入表示。

由于节点的异质性，不同类型的节点具有不同的特征空间。HAN 可以利用类型特定的转换矩阵 $\boldsymbol{M}_{\phi_i}$，将每种类型的节点（例如类型为 ϕ_i 的节点）投影到相同的空间。

$$\boldsymbol{h}_i' = \boldsymbol{M}_{\phi_i} \cdot \boldsymbol{h}_i \tag{2.17}$$

其中，$\boldsymbol{h}_i$ 和 $\boldsymbol{h}_i'$ 分别是节点 i 的原始特征和映射后的特征。

给定一个通过元路径 Φ 连接的节点对 (i,j)，HAN 的节点级注意力机制将计算节点 j 对于节点 i 的重要性 e_{ij}^{Φ}：

$$e_{ij}^{\Phi} = \mathrm{att}_{\mathrm{node}}(\boldsymbol{h}_i', \boldsymbol{h}_j'; \Phi) \tag{2.18}$$

这里的 $\mathrm{att}_{\mathrm{node}}$ 表示执行节点级注意力的深度神经网络。然后对于每个节点 i，HAN 对每个基于元路径的邻居 $j \in \mathcal{N}_i^{\Phi}$ 的 e_{ij}^{Φ} 进行正则化，从而产生权重系数 α_{ij}^{Φ}：

$$\alpha_{ij}^{\Phi} = \operatorname{softmax}_j(e_{ij}^{\Phi}) = \frac{\exp\big(\sigma(\boldsymbol{a}_{\Phi}^{\mathrm{T}} \cdot [\boldsymbol{h}_i' \| \boldsymbol{h}_j'])\big)}{\sum\limits_{k \in \mathcal{N}_i^{\Phi}} \exp\big(\sigma(\boldsymbol{a}_{\Phi}^{\mathrm{T}} \cdot [\boldsymbol{h}_i' \| \boldsymbol{h}_k'])\big)} \tag{2.19}$$

其中，$\|$ 是拼接运算符，$\boldsymbol{a}_{\Phi}$ 是元路径 Φ 的节点级注意力向量。可以发现，节点对 (i, j) 的权重系数取决于它们的特征。接下来，通过使用相应的系数聚合邻居投影后的特征，我们可以得到节点 i 的基于元路径的嵌入表示：

$$\boldsymbol{z}_i^{\Phi} = \sigma\left(\sum_{j \in \mathcal{N}_i^{\Phi}} \alpha_{ij}^{\Phi} \cdot \boldsymbol{h}_j'\right) \tag{2.20}$$

其中，$\boldsymbol{z}_i^{\Phi}$ 是节点 i 从元路径 Φ 中学得的嵌入表示。

由于异质图的无标度性，图数据的方差相当高。为了解决上述挑战，我们将节点级注意力扩展到多头注意力机制，这使得训练过程更加稳定。具体来说，就是重复节点级注意力 K 次，并将学习到的嵌入表示拼接起来作为语义特定的嵌入表示。

$$\boldsymbol{z}_i^{\Phi} = \mathop{\Big\|}_{k=1}^{K} \sigma\left(\sum_{j \in \mathcal{N}_i^{\Phi}} \alpha_{ij}^{\Phi} \cdot \boldsymbol{h}_j'\right) \tag{2.21}$$

给定元路径集合 $\{\Phi_1, \cdots, \Phi_P\}$，在对节点特征使用节点级注意力后，就可以获得 P 组语义特定的节点嵌入表示 $\{\boldsymbol{Z}_{\Phi_1}, \cdots, \boldsymbol{Z}_{\Phi_P}\}$。

语义级聚合

由于不同的元路径捕获了异质图的不同语义，HGNN 通常采用语义级注意力来计算每条元路径的重要性。给定元路径集合 $\{\Phi_0, \Phi_1, \cdots, \Phi_P\}$，经过节点级聚合后，我们可以得到一组语义特定的节点嵌入表示，记为 $\{\boldsymbol{z}_v^{\Phi_0}, \boldsymbol{z}_v^{\Phi_1}, \cdots, \boldsymbol{z}_v^{\Phi_P}\}$。HAN 进一步计算了元路径的重要性 $\Phi \in \{\Phi_0, \Phi_1, \cdots, \Phi_P\}$：

$$w^{\Phi} = \frac{1}{|\mathcal{V}|} \sum_{v \in \mathcal{V}} \boldsymbol{q}^{\mathrm{T}} \cdot \tanh(\boldsymbol{W} \cdot \boldsymbol{z}_v^{\Phi} + \boldsymbol{b}) \tag{2.22}$$

其中，$\boldsymbol{W}$ 和 $\boldsymbol{b}$ 分别是 MLP 的权重矩阵和偏差，$\boldsymbol{q}$ 是语义级注意力向量。HAN 采用 softmax 函数正则化 w^{Φ}，从而产生元路径 Φ 的注意力值 β^{Φ}。因此，节点 v 最终的嵌入表示 $\boldsymbol{z}_v$ 可以通过语义级聚合获得：

$$\boldsymbol{z}_v = \sum_{\Phi \in \{\Phi_0, \Phi_1, \cdots, \Phi_P\}} \beta^{\Phi} \cdot \boldsymbol{z}_v^{\Phi} \tag{2.23}$$

最后，以上提出的模型可以通过最小化如下损失函数来优化：

$$\mathcal{L} = -\sum_{v \in \mathcal{V}_L} \ln(\boldsymbol{W}_{\text{clf}} \cdot \boldsymbol{z}_{v,c_v}) \tag{2.24}$$

其中，$\boldsymbol{W}_{\text{clf}}$ 是分类器的参数，c_v 是训练集中节点 $v \in \mathcal{V}_L$ 的类别。在有标签数据的引导下，我们可以通过反向传播优化模型并获得节点的嵌入表示。

第 3 章　同质图神经网络

图神经网络（GNN）已经被广泛用于各种与图相关的任务，并表现出极具竞争力的性能。现有的图神经网络遵循消息传递规则，即通过聚合邻居的信息来更新节点的表示，消息传递机制的设计是图神经网络最基本的部分。本章将介绍三种较有代表性的同质图神经网络消息传递机制。此外，研究表明，大多数现有的同质图神经网络可以统一为一个闭合的框架，这有助于研究人员理解和解释消息传递机制背后的原理。

3.1　引言

网络是现实世界中无处不在的数据结构，如社交网络、引文网络和金融网络。近年来，图神经网络（GNN）在处理图结构数据的分析任务方面得到了广泛的应用。

消息传递（或传播）机制是图神经网络最基本的部分。例如，图卷积网络（GCN）[101] 使用度来归一化邻居信息，图注意力网络（GAT）[185] 将注意力机制应用于图神经网络来寻找重要的邻居，GraphSAGE [73] 则采用了平均和最大池化策略。尽管它们取得了成功，但现有的消息传递机制仍然存在一些问题，这可能导致在某些应用中出现次优性能。

3.2 节首先引出了一个观察结果，即 GCN 不擅长融合节点特征和拓扑结构。因此，研究人员提出了一种新的 GNN——自适应多通道图卷积网络（Adaptive Multi-channel GCN，AM-GCN），以便在消息传递过程中自适应地聚合特征和结构信息。3.3 节介绍了频率自适应图卷积网络（Frequency Adaptive GCN，FAGCN），它可以自适应地聚合低频和高频信息。FAGCN 设计了一种通用的注意力机制，以帮助现有的消息传递方法摆脱低通滤波的限制。3.4 节介绍了图估计神经网络（Graph Estimation Neural Network，以下简称 GEN），它可以为 GNN 学习一个更好的消息传递结构，即图拓扑结构。GEN 在去噪和社群检测方面的强大能力，使得它相比 GCN 更加鲁棒。3.5 节介绍了一个现有图神经网络的统一框架，它将不同的消息传递机制总结为一个具有闭合形式的目标，这一发现可以帮助研究人员理解消息传递机制背后的原理。最后，3.6 节对本章内容做了全面总结。

3.2 自适应多通道图卷积网络

3.2.1 概述

GCN 的巨大成功部分归功于它提供了一个关于拓扑结构和节点特征的融合策略来学习节点嵌入，其融合过程是由一个端到端的学习框架监督的。然而，最近的一些研究表明，GCN 在融合节点特征和拓扑结构方面存在某些不足 [115,142,203]。由于 GCN 通常被用作一个端到端的学习框架，这引发了一个基本问题：GCN 究竟学习和融合了哪些拓扑结构和节点特征信息？对这个问题的深入探讨可以帮助研究人员更好地了解 GCN 的能力和局限性，这启发了我们的研究。

我们做了一些实验来评估 GCN 融合拓扑结构和节点特征的能力。令人惊讶的是，实验结果清晰地表明，GCN 在拓扑结构和节点特征上的融合能力显然与最优解相去甚远。即使在一些简单的情况下，即节点特征/拓扑结构与节点标签之间的相关性非常明显，GCN 也仍然不能充分融合节点特征和拓扑结构来提取最相关的信息。这个缺点可能会严重妨碍 GCN 在某些分类任务中的性能，因为 GCN 可能无法自适应地学习拓扑结构和节点特征之间的一些相关信息。

为了弥补 GCN 在融合节点特征和拓扑结构方面的不足，我们提出了一种用于半监督分类的自适应多通道图卷积网络（AM-GCN），其中心思想是，根据节点特征、拓扑结构以及它们的组合，同时学习节点嵌入。其原理是，特征之间的相似性和由拓扑结构推断出的相似性是互补的，它们可以自适应地融合，为分类任务提取更深层次的相关信息。一系列基准数据集上的实验结果表明，AM-GCN 优于最先进的 GCN，AM-GCN 可以从节点特征和拓扑结构中提取最相关的信息，从而更好地完成具有挑战性的分类任务。

3.2.2 实验观察

下面我们使用两个简单而直观的案例来检验最先进的 GCN 是否能够自适应地学习图中的节点特征和拓扑结构，并将它们充分融合以用于分类任务。其主要思想是，分别建立节点标签与网络拓扑和节点特征之间的高度相关性，然后检查 GCN 在这两种简单情况下的性能。一个具有良好融合能力的 GCN，应该可以通过节点标签的监督自适应提取相关信息。

案例 3.1：随机的拓扑结构和相关的节点特征 实验生成了一个由 900 个节点组成的随机网络，在其中任意两个节点之间建立一条边的概率为 0.03，每个节点都有一个 50 维的特征向量，该网络的标签类别数为 3。为了生成节点特征，我们为每个节点随机分配一个标签，对于具有相同标签的节点，使用同一个高斯分布来生成节点特征。

这三类节点的高斯分布具有相同的协方差矩阵，但三个中心彼此远离。在这个数据集中，节点标签与节点特征高度相关，但与拓扑结构无关。我们使用 GCN 来训练这个网络，对于每个类别，随机选择 20 个节点进行训练，另外随机选择 200 个节点进行测试。通过调整超参数，获得最佳性能，同时避免过平滑的问题。此外，实验还将 MLP [143] 应用于节点特征来进行分类。GCN 和 MLP 的分类准确率分别为 75.2% 和 100%，结果符合预期。由于节点特征与节点标签高度相关，MLP 表现出优异的性能。GCN 从节点特征和拓扑结构中提取信息，但不能自适应融合以避免拓扑结构的干扰，因此性能比 MLP 差。

案例 3.2：相关的拓扑结构和随机的节点特征 实验还生成了另一个由 900 个节点组成的网络，这一次，每个节点特征的 50 个维度是随机生成的。对于拓扑结构，采用随机块模型（Stochastic Block Model，SBM）[97] 将节点划分为 3 个社群（分别为节点 0~299、节点 300~599、节点 600~899）。每个社群内，在节点之间构建一条边的概率为 0.03；不同社群的节点之间，构建一条边的概率为 0.0015。在这个数据集中，节点标签是由社群决定的，即同一社群中的节点具有相同的标签。同样使用 GCN 来训练这个网络，并将 DeepWalk [150] 应用于网络的拓扑结构，以忽略节点特征。GCN 和 DeepWalk 的分类准确率分别为 87% 和 100%。DeepWalk 表现良好，因为它全面地建模了网络的拓扑结构。GCN 同时从节点特征和拓扑结构中提取信息，但不能自适应融合以避免节点特征的干扰，性能比 DeepWalk 差。

总结 以上案例表明，GCN 目前的融合机制还远远达不到最佳。尽管节点标签与网络拓扑或节点特征之间的相关性非常高，但目前的 GCN 并不能充分利用节点标签的监督来自适应地提取最相关的信息。现实中的情况则更为复杂，因为很难知道拓扑结构或节点特征是否与最终的任务更相关，这促使研究人员重新思考 GCN 的融合机制。

3.2.3 AM-GCN 模型

我们的研究关注于属性图 $G=(\boldsymbol{A},\boldsymbol{X})$ 中的半监督节点分类任务，其中 $\boldsymbol{A}\in\mathbb{R}^{n\times n}$ 是具有 n 个节点的对称邻接矩阵，$\boldsymbol{X}\in\mathbb{R}^{n\times d}$ 是节点特征矩阵，d 是节点特征的维数。$A_{ij}=1$ 表示节点 i 和节点 j 之间存在一条边，否则 $A_{ij}=0$。每个节点都属于 C 个类别中的一个。

AM-GCN 模型的整体框架

AM-GCN 模型的整体框架如图 3.1 所示。AM-GCN 模型的关键思想是允许节点特征不但可以在拓扑空间中传播，而且可以在特征空间中传播，并从这两个空间中提取与节点标签最相关的信息。为此，我们构造了一个基于节点特征 $\boldsymbol{X}$ 的特征图，然后利用两个特定卷积模块，使得 $\boldsymbol{X}$ 能够在特征图和拓扑图上传播，并分别学习两个特定的嵌入 $\boldsymbol{Z}_F$ 和 $\boldsymbol{Z}_T$。考虑到这两个空间中的信息具有共同的特征，我们设计了一个参数共享的公共卷积模块来学习公共嵌入 $\boldsymbol{Z}_{CF}$ 和 $\boldsymbol{Z}_{CT}$，并采用一致性约束 $\mathcal{L}_c$ 来增强 $\boldsymbol{Z}_{CF}$ 和 $\boldsymbol{Z}_{CT}$ 的"公共"性质。此外，我们采用了差异约束 $\mathcal{L}_d$ 来保证 $\boldsymbol{Z}_F$ 和 $\boldsymbol{Z}_{CF}$ 以及 $\boldsymbol{Z}_T$ 和 $\boldsymbol{Z}_{CT}$ 之间的独立性。考虑到节点标签可能与拓扑或特征相关，或者与它们两者都相关，AM-GCN 模型利用注意力机制自适应地将这些嵌入与学习到的权重相融合，以提取最相关的信息 $\boldsymbol{Z}$ 用于最终的分类任务。

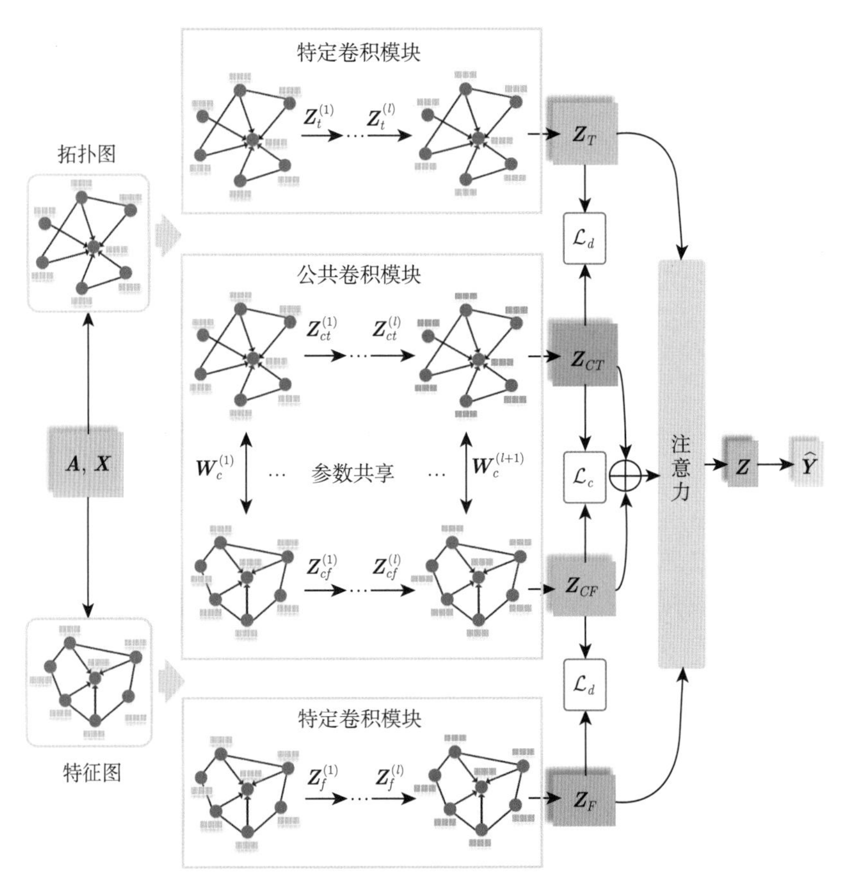

图 3.1 AM-GCN 模型的整体框架。节点特征 X 用来构造特征图。AM-GCN 模型由两个特定卷积模块、一个公共卷积模块和注意力机制组成

特定卷积模块

为了获取特征空间中节点的底层结构，我们基于节点特征矩阵 $\boldsymbol{X}$ 构造了一个 k-最近邻（k-Nearest Neighbor，kNN）图 $G_f = (\boldsymbol{A}_f, \boldsymbol{X})$，其中 $\boldsymbol{A}_f$ 为 kNN 图的邻接矩阵。具体

来说，首先计算 n 个节点之间的相似度矩阵 $\boldsymbol{S} \in \mathbb{R}^{n\times n}$。计算 $\boldsymbol{S}$ 的方法有很多，这里列出两种流行的方法，其中 $\boldsymbol{x}_i$ 和 $\boldsymbol{x}_j$ 分别是节点 i 和 j 的特征。

（1）**余弦相似度**。它使用两个向量之间夹角的余弦值来度量相似度。

$$\boldsymbol{S}_{ij} = \frac{\boldsymbol{x}_i \cdot \boldsymbol{x}_j}{|\boldsymbol{x}_i||\boldsymbol{x}_j|} \tag{3.1}$$

（2）**热核**。式(3.2)给出了相似度的计算方法，其中 t 是热传导公式中的时间参数，设 $t=2$。

$$\boldsymbol{S}_{ij} = \mathrm{e}^{-\frac{\|\boldsymbol{x}_i - \boldsymbol{x}_j\|^2}{t}} \tag{3.2}$$

我们统一选择余弦相似度来计算相似度矩阵 $\boldsymbol{S}$，然后为每个节点选择前 k 个相似节点对来设置边，最后得到邻接矩阵 $\boldsymbol{A}_f$。

第 l 层的输出 $\boldsymbol{Z}_f^{(l)}$ 可以用特征空间中的输入图 $(\boldsymbol{A}_f, \boldsymbol{X})$ 表示为

$$\boldsymbol{Z}_f^{(l)} = \mathrm{ReLU}(\tilde{\boldsymbol{D}}_f^{-\frac{1}{2}} \tilde{\boldsymbol{A}}_f \tilde{\boldsymbol{D}}_f^{-\frac{1}{2}} \boldsymbol{Z}_f^{(l-1)} \boldsymbol{W}_f^{(l)}) \tag{3.3}$$

其中，$\boldsymbol{W}_f^{(l)}$ 是 GCN 中第 l 层的权值矩阵，ReLU 是激活函数，初始的 $\boldsymbol{Z}_f^{(0)} = \boldsymbol{X}$，$\tilde{\boldsymbol{A}}_f = \boldsymbol{A}_f + \boldsymbol{I}_f$，$\tilde{\boldsymbol{D}}_f$ 是 $\tilde{\boldsymbol{A}}_f$ 的对角度矩阵，最后一层的输出嵌入则表示为 $\boldsymbol{Z}_F$。通过这种方式，我们可以学习到在特征空间中捕获到特定信息的节点嵌入 $\boldsymbol{Z}_F$。

对于拓扑空间，有原始的输入图 $G_t = (\boldsymbol{A}_t, \boldsymbol{X}_t)$，其中 $\boldsymbol{A}_t = \boldsymbol{A}$，$\boldsymbol{X}_t = \boldsymbol{X}$。然后，基于拓扑图学习到的输出嵌入 $\boldsymbol{Z}_T$，我们可以通过与特征空间相同的方式进行计算，因此可以提取出在拓扑空间中编码的特定信息。

公共卷积模块

在现实中，特征空间和拓扑空间并不是完全无关的。基本上，节点分类任务可能与特征空间、拓扑空间或它们两者中的信息进行关联，这预先很难知道。因此，我们不仅需要提取这两个空间中特定于节点的嵌入，还需要提取这两个空间共享的公共信息。通过这种方式，确定哪一部分信息是最相关的，任务将变得更加灵活。为了解决这个问题，我们设计了一个具有参数共享的 Common-GCN 来获取这两个空间共享的嵌入。

首先，利用 Common-GCN 从拓扑图（$\boldsymbol{A}_t$, $\boldsymbol{X}$）中提取节点嵌入 $\boldsymbol{Z}_{ct}^{(l)}$，如下所示：

$$\boldsymbol{Z}_{ct}^{(l)} = \mathrm{ReLU}(\tilde{\boldsymbol{D}}_t^{-\frac{1}{2}} \tilde{\boldsymbol{A}}_t \tilde{\boldsymbol{D}}_t^{-\frac{1}{2}} \boldsymbol{Z}_{ct}^{(l-1)} \boldsymbol{W}_c^{(l)}) \tag{3.4}$$

其中，$\boldsymbol{W}_c^{(l)}$ 是 Common-GCN 的第 l 层权重矩阵，$\boldsymbol{Z}_{ct}^{(l-1)}$ 是第 $(l-1)$ 层的节点嵌入，$\boldsymbol{Z}_{ct}^{(0)}=\boldsymbol{X}$。当利用 Common-GCN 从特征图（$\boldsymbol{A}_f$, $\boldsymbol{X}$）中学习节点嵌入时，为了提取共享的信息，Common-GCN 的每一层就需要共享相同的权重矩阵 $\boldsymbol{W}_c^{(l)}$：

$$\boldsymbol{Z}_{cf}^{(l)}=\text{ReLU}(\tilde{\boldsymbol{D}}_f^{-\frac{1}{2}}\tilde{\boldsymbol{A}}_f\tilde{\boldsymbol{D}}_f^{-\frac{1}{2}}\boldsymbol{Z}_{cf}^{(l-1)}\boldsymbol{W}_c^{(l)}) \tag{3.5}$$

其中，$\boldsymbol{Z}_{cf}^{(l)}$ 为第 l 层的输出嵌入，$\boldsymbol{Z}_{cf}^{(0)}=\boldsymbol{X}$。共享的权重矩阵可以从两个空间中过滤出共享特征。根据不同的输入图，可以得到两个输出嵌入 $\boldsymbol{Z}_{CT}$ 和 $\boldsymbol{Z}_{CF}$，这两个空间的公共嵌入 $\boldsymbol{Z}_C$ 为

$$\boldsymbol{Z}_C=(\boldsymbol{Z}_{CT}+\boldsymbol{Z}_{CF})/2 \tag{3.6}$$

注意力模块

现在有了两个特定嵌入 $\boldsymbol{Z}_T$ 和 $\boldsymbol{Z}_F$，以及一个公共嵌入 $\boldsymbol{Z}_C$。考虑到节点标签可以与其中一个，或者它们的组合相关联，我们使用注意力机制 $\text{att}(\boldsymbol{Z}_T,\boldsymbol{Z}_C,\boldsymbol{Z}_F)$ 来学习它们相应的重要性 $(\boldsymbol{\alpha}_t,\boldsymbol{\alpha}_c,\boldsymbol{\alpha}_f)$：

$$(\boldsymbol{\alpha}_t,\boldsymbol{\alpha}_c,\boldsymbol{\alpha}_f)=\text{att}(\boldsymbol{Z}_T,\boldsymbol{Z}_C,\boldsymbol{Z}_F) \tag{3.7}$$

其中，$\boldsymbol{\alpha}_t,\boldsymbol{\alpha}_c,\boldsymbol{\alpha}_f\in\mathbb{R}^{n\times 1}$ 分别表示 n 个节点的嵌入 $\boldsymbol{Z}_T$、$\boldsymbol{Z}_C$、$\boldsymbol{Z}_F$ 的注意力值。

例如，对于节点 i，它在 $\boldsymbol{Z}_T$ 中的嵌入是 $\boldsymbol{z}_T^i\in\mathbb{R}^{1\times h}$（$\boldsymbol{Z}_T$ 的第 i 行）。首先通过一个非线性变换来变换嵌入, 然后利用一个共享注意力向量 $\boldsymbol{q}\in\mathbb{R}^{h'\times 1}$ 得到注意力值 ω_T^i：

$$\omega_T^i=\boldsymbol{q}^{\mathrm{T}}\cdot\tanh(\boldsymbol{W}_T\cdot(\boldsymbol{z}_T^i)^{\mathrm{T}}+\boldsymbol{b}_T) \tag{3.8}$$

其中，$\boldsymbol{W}_T\in\mathbb{R}^{h'\times h}$ 是权值矩阵，$\boldsymbol{b}_T\in\mathbb{R}^{h'\times 1}$ 是嵌入矩阵 $\boldsymbol{Z}_T$ 的偏置向量。同理，可以分别得到嵌入矩阵 $\boldsymbol{Z}_C$ 和 $\boldsymbol{Z}_F$ 中节点 i 的注意力值 ω_C^i 和 ω_F^i。然后使用 softmax 函数对注意力值 ω_T^i、ω_C^i、ω_F^i 进行归一化，得到最终的权重：

$$\alpha_T^i=\text{softmax}(\omega_T^i)=\frac{\exp(\omega_T^i)}{\exp(\omega_T^i)+\exp(\omega_C^i)+\exp(\omega_F^i)} \tag{3.9}$$

α_T^i 越大，说明相应的嵌入越重要，$\alpha_C^i=\text{softmax}(\omega_C^i)$ 和 $\alpha_F^i=\text{softmax}(\omega_F^i)$ 同理。对于所有节点，给定学习到的权重 $\boldsymbol{\alpha}_t=[\alpha_T^i]\in\mathbb{R}^{n+1}$、$\boldsymbol{\alpha}_c=[\alpha_C^i]\in\mathbb{R}^{n+1}$ 和 $\boldsymbol{\alpha}_f=[\alpha_F^i]\in\mathbb{R}^{n\times 1}$，那么 $\boldsymbol{\alpha_T}=\text{diag}(\boldsymbol{\alpha}_t)$、$\boldsymbol{\alpha_C}=\text{diag}(\boldsymbol{\alpha}_c)$ 和 $\boldsymbol{\alpha_F}=\text{diag}(\boldsymbol{\alpha}_f)$。将它们组合起来得到最终的嵌入 $\boldsymbol{Z}$：

$$\boldsymbol{Z}=\boldsymbol{\alpha_T}\cdot\boldsymbol{Z}_T+\boldsymbol{\alpha_C}\cdot\boldsymbol{Z}_C+\boldsymbol{\alpha_F}\cdot\boldsymbol{Z}_F \tag{3.10}$$

目标函数

对于 Common-GCN 的两个输出嵌入 $\boldsymbol{Z}_{CT}$ 和 $\boldsymbol{Z}_{CF}$，尽管 Common-GCN 具有共享的权值矩阵，但我们仍然设计了一个一致性约束来进一步增强它们的共性。

首先使用 L_2 归一化将嵌入矩阵归一化为 $\boldsymbol{Z}_{CT\text{nor}}$ 和 $\boldsymbol{Z}_{CF\text{nor}}$。然后使用这两个归一化矩阵捕获 n 个节点的相似度，分别表示为 $\boldsymbol{S}_T$ 和 $\boldsymbol{S}_F$：

$$\begin{aligned}\boldsymbol{S}_T &= \boldsymbol{Z}_{CT\text{nor}} \cdot \boldsymbol{Z}_{CT\text{nor}}^{\mathrm{T}} \\ \boldsymbol{S}_F &= \boldsymbol{Z}_{CF\text{nor}} \cdot \boldsymbol{Z}_{CF\text{nor}}^{\mathrm{T}}\end{aligned} \tag{3.11}$$

一致性意味着这两个相似度矩阵应该是相似的，这就产生了以下约束：

$$\mathcal{L}_c = \|\boldsymbol{S}_T - \boldsymbol{S}_F\|_F^2 \tag{3.12}$$

由于嵌入 $\boldsymbol{Z}_T$ 和 $\boldsymbol{Z}_{CT}$ 是从同一个图 $G_t = (\boldsymbol{A}_t, \boldsymbol{X}_t)$ 中学习到的，要确保它们能够捕获不同的信息,可以使用希尔伯特–施密特独立准则（Hilbert-Schmidt Independence Criterion，HSIC）[168]，这是一种简单但有效的独立性度量，用以增强这两种嵌入的差异。HSIC 因其简单且具有坚实的理论基础，目前已被应用于一些机器学习的任务中 [67,141]。在形式上，$\boldsymbol{Z}_T$ 和 $\boldsymbol{Z}_{CT}$ 的 HSIC 约束被定义为

$$\mathrm{HSIC}(\boldsymbol{Z}_T, \boldsymbol{Z}_{CT}) = (n-1)^{-2}\mathrm{tr}(\boldsymbol{R}\boldsymbol{K}_T\boldsymbol{R}\boldsymbol{K}_{CT}) \tag{3.13}$$

$\boldsymbol{K}_T$ 和 $\boldsymbol{K}_{CT}$ 是格拉姆矩阵，其中，$k_{T,ij} = k_T(\boldsymbol{z}_T^i, \boldsymbol{z}_T^j)$，$k_{CT,ij} = k_{CT}(\boldsymbol{z}_{CT}^i, \boldsymbol{z}_{CT}^j)$。$\boldsymbol{R} = \boldsymbol{I} - \dfrac{1}{n}\boldsymbol{e}\boldsymbol{e}^{\mathrm{T}}$，其中 $\boldsymbol{I}$ 是一个单位矩阵，$\boldsymbol{e}$ 是一个元素全为 1 的列向量。本文使用内积函数来实现 $\boldsymbol{K}_T$ 和 $\boldsymbol{K}_{CT}$。

同样，考虑到嵌入 $\boldsymbol{Z}_F$ 和 $\boldsymbol{Z}_{CF}$ 也是从同一个图 $(\boldsymbol{A}_f, \boldsymbol{X})$ 中学习到的，它们的差异也应该通过 HSIC 来增强。

$$\mathrm{HSIC}(\boldsymbol{Z}_F, \boldsymbol{Z}_{CF}) = (n-1)^{-2}\mathrm{tr}(\boldsymbol{R}\boldsymbol{K}_F\boldsymbol{R}\boldsymbol{K}_{CF}) \tag{3.14}$$

因此，差异约束 $\mathcal{L}_d$ 表示为

$$\mathcal{L}_d = \mathrm{HSIC}(\boldsymbol{Z}_T, \boldsymbol{Z}_{CT}) + \mathrm{HSIC}(\boldsymbol{Z}_F, \boldsymbol{Z}_{CF}) \tag{3.15}$$

我们使用式(3.10)输出的嵌入 $\boldsymbol{Z}$，经过线性变换和 softmax 函数来进行半监督多类分类。为此，将 n 个节点的类别预测表示为 $\hat{\boldsymbol{Y}} = [\hat{y}_{ic}] \in \mathbb{R}^{n\times C}$，其中 $\hat{y}_{ic}$ 是节点 i 属于类别 c 的概率，$\hat{\boldsymbol{Y}}$ 的计算方法如下：

$$\hat{\boldsymbol{Y}} = \text{softmax}(\boldsymbol{W} \cdot \boldsymbol{Z} + \boldsymbol{b}) \tag{3.16}$$

其中，$\text{softmax}(x) = \dfrac{\exp(x)}{\sum_{c=1}^{C} \exp(\mathrm{x_c})}$，用来对类别进行归一化。

给定训练集 L，对于每个 $l \in L$，真实标签为 $\mathbf{Y}_l$，预测标签为 $\hat{\boldsymbol{Y}}_l$，那么对所有训练节点进行节点分类的交叉熵损失 $\mathcal{L}_t$ 为

$$\mathcal{L}_t = -\sum_{l \in L} \sum_{i=1}^{C} \mathbf{Y}_l \ln \hat{\boldsymbol{Y}}_l \tag{3.17}$$

结合节点分类任务和约束项，整体目标函数如下：

$$\mathcal{L} = \mathcal{L}_t + \gamma \mathcal{L}_c + \beta \mathcal{L}_d \tag{3.18}$$

其中，γ 和 β 为一致性约束项和差异约束项的参数。在有标签数据的监督下，可通过反向传播来优化提出的模型，并学习节点的嵌入来进行分类。

更详细的方法描述和实验验证见参考文献 [201]。

3.2.4 实验

实验设置

AM-GCN 在 6 个真实世界的数据集上进行了评估，包括 **Citeseer** [101]、**UAI2010** [192]、**ACM** [196]、**BlogCatalog** [128]、**Flickr** [128] 和 **CoraFull** [10]。我们将 AM-GCN 与两类最先进的方法进行了比较，包括一种网络嵌入算法，即 **DeepWalk** [150]，以及 5 种基于图神经网络的方法，即 **ChebyNet**、**GCN**、***k*NN-GCN**、**GAT** 和 **MixHop**。

节点分类

节点分类结果见表 3.1，其中 L/C 表示每个类别的标签数量。

观察结果如下。

（1）与所有基线相比，所提出的 AM-GCN 在大多数数据集和标签比例下表现最好。特别是相较于 ACC，AM-GCN 在 BlogCatalog 数据集上提高了 8.59%，在 Flickr 数据集上提高了 8.63%。这些结果证明了 AM-GCN 的有效性。

（2）AM-GCN 在所有数据集上的性能始终优于 GCN 和 *k*NN-GCN，这表明了 AM-GCN 中自适应融合机制的有效性，因为它可以比仅使用 GCN 或 *k*NN-GCN 提取出更有用的信息。

表 3.1 节点分类结果（粗体部分为最优分类结果，带有下画线的部分为次优分类结果）

数据集	指标	L/C	DW /%	ChebNet /%	GCN /%	*k*NN-GCN /%	GAT /%	MixHop /%	AM-GCN /%
Citeseer	ACC	20	43.47	69.80	70.30	61.35	72.50	71.40	**73.10**
		40	45.15	71.64	73.10	61.54	73.04	71.48	**74.70**
		60	48.86	73.26	74.48	62.38	74.76	72.16	**75.56**
	F1	20	38.09	65.92	67.50	58.86	68.14	66.96	**68.42**
		40	43.18	68.31	69.70	59.33	69.58	67.40	**69.81**
		60	48.01	70.31	71.24	60.07	**71.60**	69.31	70.92
UAI2010	ACC	20	42.02	50.02	49.88	66.06	56.92	61.56	**70.10**
		40	51.26	58.18	51.80	68.74	63.74	65.05	**73.14**
		60	54.37	59.82	54.40	71.64	68.44	67.66	**74.40**
	F1	20	32.93	33.65	32.86	52.43	39.61	49.19	**55.61**
		40	46.01	38.80	33.80	54.45	45.08	53.86	**64.88**
		60	44.43	40.60	34.12	54.78	48.97	56.31	**65.99**
ACM	ACC	20	62.69	75.24	87.80	78.52	87.36	81.08	**90.40**
		40	63.00	81.64	89.06	81.66	88.60	82.34	**90.76**
		60	67.03	85.43	90.54	82.00	90.40	83.09	**91.42**
	F1	20	62.11	74.86	87.82	78.14	87.44	81.40	**90.43**
		40	61.88	81.26	89.00	81.53	88.55	81.13	**90.66**
		60	66.99	85.26	90.49	81.95	90.39	82.24	**91.36**
BlogCatalog	ACC	20	38.67	38.08	69.84	75.49	64.08	65.46	**81.98**
		40	50.80	56.28	71.28	80.84	67.40	71.66	**84.94**
		60	55.02	70.06	72.66	82.46	69.95	77.44	**87.30**
	F1	20	34.96	33.39	68.73	72.53	63.38	64.89	**81.36**
		40	48.61	53.86	70.71	80.16	66.39	70.84	**84.32**
		60	53.56	68.37	71.80	81.90	69.08	76.38	**86.94**
Flickr	ACC	20	24.33	23.26	41.42	69.28	38.52	39.56	**75.26**
		40	28.79	35.10	45.48	75.08	38.44	55.19	**80.06**
		60	30.10	41.70	47.96	77.94	38.96	64.96	**82.10**
	F1	20	21.33	21.27	39.95	70.33	37.00	40.13	**74.63**
		40	26.90	33.53	43.27	75.40	36.94	56.25	**79.36**
		60	27.28	40.17	46.58	77.97	37.35	65.73	**81.81**
CoraFull	ACC	20	29.33	53.38	56.68	41.68	58.44	47.74	**58.90**
		40	36.23	58.22	60.60	44.80	62.98	57.20	**63.62**
		60	40.60	59.84	62.00	46.68	64.38	60.18	**65.36**
	F1	20	28.05	47.59	52.48	37.15	54.44	45.07	**54.74**
		40	33.29	53.47	55.57	40.42	58.30	53.55	**59.19**
		60	37.95	54.15	56.24	43.22	59.61	56.40	**61.32**

(3)与 GCN 和 *k*NN-GCN 相比,我们可以发现拓扑图和特征图之间确实存在结构差异,在传统拓扑图上使用 GCN 并不总是比在特征图上表现出更好的性能,例如在 BlogCatalog、Flickr 和 UAI2010 数据集上，特征图表现更好，这进一步证实了在 GCN 中引入特征图的必要性。

（4）与 GCN 相比，AM-GCN 在具有更好特征图（kNN）的数据集上的改进更为显著，例如 UAI2010，这意味着 AM-GCN 引入了一个更好、更合适的 kNN 图，以监督特征传播和节点表示学习。

3.3 融合高低频信息的图卷积网络

3.3.1 概述

一般来说，GNN 通过从邻居节点聚合信息来更新节点表示，这可以看作一种特殊形式的低通滤波器 [116,203]。最近的一些研究 [142,208] 表明，信号的平滑性，即低频信息，是 GNN 成功的关键。然而，我们需要的仅仅是低频信息吗？其他频率的信息在 GNN 中扮演了什么角色？这是一个基本的问题，它促使我们重新思考 GNN 在学习节点表示时是否全面利用了节点特征中的信息。

为了验证其他频率的信息是否有用，我们以低频和高频信号为例，通过实验来评估它们的作用，结果清晰地表明，这两种方法都有助于学习节点表示。具体来说，研究发现，当一个网络表现出异配性时，高频信号比低频信号表现得要好得多，这意味着被当前 GNN 在很大程度上消除的高频信息并不总是无用的，而低频信息对于复杂网络也并不总是最优的。一旦确定了 GNN 中低频信息的弱点，我们自然会考虑如何在 GNN 中利用不同频率的信号，同时使其适用于不同类型的网络。

为了回答这个问题，我们需要解决两个挑战。

（1）低频信号和高频信号都是原始特征的一部分。传统滤波器是针对某种特定信号专门设计的，不能同时很好地提取不同频率的信号。

（2）即使可以提取不同信息，在现实世界中，网络的同配性通常也是不可知且差异很大的，而且任务和不同信息之间的相关性是非常复杂的，因此很难确定应该使用什么样的信号——是原始特征、低频信号、高频信号，还是它们的组合。我们设计了一个通用的频率自适应图卷积网络，以自适应地聚合来自邻居或节点自身的不同信号。我们首先利用图信号处理的理论，正式定义了增强的低通和高通滤波器，以从原始特征中分离出低频和高频信号；然后设计了一种自门控机制，在不知道网络同配性的情况下，自适应地结合低频信号、高频信号和原始特征。在 6 个真实世界网络上进行的大量实验证明，FAGCN 相比最先进的技术更有优势。

3.3.2 实验观察

实验旨在以低频信号和高频信号为例，研究分析它们在学习节点表示中的作用。具体来说，就是在一系列合成网络上测试它们节点分类的性能，其主要思想是，逐步增加合成网络的异配性，并观察这两种信号的性能是如何变化的。实验生成了一个由 200 个节点组成的网络，并将它们随机划分为两个类别。对于第 1 个类别中的每个节点，从高斯分布 $\mathcal{N}(0.5,1)$ 中采样一个 20 维的特征向量；而对于第 2 个类别中的节点，它们的分布服从高斯分布 $\mathcal{N}(-0.5,1)$。此外，同一类别中，节点之间的连接服从概率为 $p=0.05$ 的伯努利分布；而不同类别中，节点之间连接的概率 q 的取值范围为 $0.01 \sim 0.1$。当 q 较小时，网络表现出同配性；随着 q 的增加，网络逐渐表现出异配性。接下来，将 3.3.3 节描述的低通和高通滤波器应用于节点分类任务。一半的节点用于训练，剩下的另一半节点用于测试。

从图 3.2（a）可以看出，随着 q 的增加，低频信号的准确率降低，而高频信号的准确率逐渐提高，这证明了低频信号和高频信号都有助于学习节点表示。当 q 增加时，现有的 GNN 失败的原因如图 3.2（b）所示，它们只从邻居节点中聚合低频信息，即无论节点是否属于同一类别，都让节点表示变得相似，这导致节点失去可区分性。当网络变得异配时，高频信号的有效性显现出来，但如图 3.2（a）所示，单一的滤波器不能在所有情况下都达到最优的结果。如图 3.2（c）所示，FAGCN 结合了低通和高通滤波器的优点，可以聚合同一类别的低频信号和不同类别的高频信号，因而在每个合成网络上表现出最好的性能。

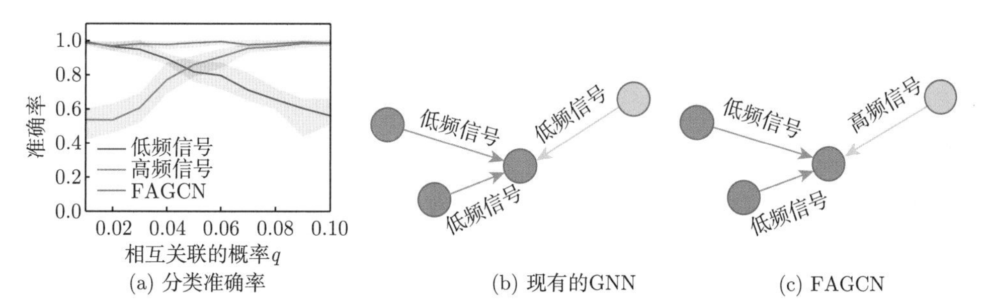

图 3.2 (a) 低频信号、高频信号和 FAGCN 的分类准确率，横轴表示相互关联的概率 q；(b) 现有的 GNN 聚合邻居的低频信号；(c) FAGCN 对属于同一类别的邻居的低频信号和来自不同类别的邻居的高频信号进行聚合，颜色表示节点标签

3.3.3 FAGCN 模型

给定一个无向图 $G=(V,E)$，其中 V 是节点集合，$|V|=N$，E 是边集合，邻接矩阵为 $\boldsymbol{A}\in\mathbb{R}^{N\times N}$。归一化图拉普拉斯矩阵定义为 $\boldsymbol{L}=\boldsymbol{I}_n-\boldsymbol{D}^{-1/2}\boldsymbol{A}\boldsymbol{D}^{-1/2}$，其中 $\boldsymbol{D}\in\mathbb{R}^{N\times N}$ 是一个对角度矩阵，$D_{i,i}=\sum_j A_{i,j}$，$\boldsymbol{I}_n$ 表示单位矩阵。$\boldsymbol{L}$ 是一个实对称矩阵，它具有一组完整的标准正交特征向量 $\{\boldsymbol{u}_l\}_{l=1}^n\in\mathbb{R}^n$，其中的每个特征向量都有一个对应的特征值 $\lambda_l\in[0,2]$ [30]。通过特征值和特征向量，归一化图拉普拉斯矩阵可表示为 $\boldsymbol{L}=\boldsymbol{U}\boldsymbol{\Lambda}\boldsymbol{U}^{\mathrm{T}}$，其中 $\boldsymbol{\Lambda}=\mathrm{diag}([\lambda_1,\lambda_2,\cdots,\lambda_n])$。

图傅里叶变换 根据图信号处理理论 [166]，我们可以将归一化拉普拉斯矩阵的特征向量作为图傅里叶变换的基。给定一个信号 $\boldsymbol{x}\in\mathbb{R}^n$，图傅里叶变换定义为 $\hat{\boldsymbol{x}}=\boldsymbol{U}^{\mathrm{T}}\boldsymbol{x}$，图傅

里叶逆变换定义为 $\boldsymbol{x}=\boldsymbol{U}\hat{\boldsymbol{x}}$。因此，信号 $\boldsymbol{x}$ 和卷积核 f 之间的卷积操作 $*G$ 可以表示为 $f*_G\boldsymbol{x}=\boldsymbol{U}\left(\left(\boldsymbol{U}^{\mathrm{T}}f\right)\odot\left(\boldsymbol{U}^{\mathrm{T}}\boldsymbol{x}\right)\right)=\boldsymbol{U}\boldsymbol{g}_\theta\boldsymbol{U}^{\mathrm{T}}\boldsymbol{x}$，其中 $\odot$ 表示向量的逐元素乘积，$\boldsymbol{g}_\theta$ 是一个对角矩阵。$\boldsymbol{g}_\theta$ 表示谱域中的卷积核，用于代替 $\boldsymbol{U}^{\mathrm{T}}f$。Spectral CNN[13] 使用了一个非参数化的卷积核 $\boldsymbol{g}_\theta=\mathrm{diag}(\{\theta_i\}_{i=1}^n)$，ChebyNet[36] 使用多项式展开 $\boldsymbol{g}_\theta=\sum\limits_{k=0}^{K-1}\alpha_k\boldsymbol{\Lambda}^k$ 参数化卷积核，GCN 将卷积核定义为 $\boldsymbol{g}_\theta=\boldsymbol{I}-\boldsymbol{\Lambda}$。

分离

如前所述，低频信号和高频信号都有助于学习节点表示。为了充分利用它们，文章设计了一个低通滤波器 $\mathcal{F}_L$ 和一个高通滤波器 $\mathcal{F}_H$，用于从节点特征中分离出低频和高频信号。

$$\begin{aligned}\mathcal{F}_L&=\varepsilon\boldsymbol{I}+\boldsymbol{D}^{-1/2}\boldsymbol{A}\boldsymbol{D}^{-1/2}=(\varepsilon+1)\boldsymbol{I}-\boldsymbol{L}\\ \mathcal{F}_H&=\varepsilon\boldsymbol{I}-\boldsymbol{D}^{-1/2}\boldsymbol{A}\boldsymbol{D}^{-1/2}=(\varepsilon-1)\boldsymbol{I}+\boldsymbol{L}\end{aligned}\tag{3.19}$$

其中，ε 是一个在 $[0,1]$ 范围内的缩放超参数。用 $\mathcal{F}_L$ 和 $\mathcal{F}_H$ 代替卷积核 f，则信号 $\boldsymbol{x}$ 经过 $\mathcal{F}_L$ 和 $\mathcal{F}_H$ 滤波可表示为

$$\begin{aligned}\mathcal{F}_L*_G\boldsymbol{x}&=\boldsymbol{U}[(\varepsilon+1)\boldsymbol{I}-\boldsymbol{\Lambda}]\boldsymbol{U}^{\mathrm{T}}\boldsymbol{x}=\mathcal{F}_L\cdot\boldsymbol{x}\\ \mathcal{F}_H*_G\boldsymbol{x}&=\boldsymbol{U}[(\varepsilon-1)\boldsymbol{I}+\boldsymbol{\Lambda}]\boldsymbol{U}^{\mathrm{T}}\boldsymbol{x}=\mathcal{F}_H\cdot\boldsymbol{x}\end{aligned}\tag{3.20}$$

$\mathcal{F}_L$ 的卷积核是 $\boldsymbol{g}_\theta=(\varepsilon+1)\boldsymbol{I}-\boldsymbol{\Lambda}$，可重写为 $\boldsymbol{g}_\theta(\lambda_i)=\varepsilon+1-\lambda_i$。当 $\lambda_i>1+\varepsilon$，$\boldsymbol{g}_\theta(\lambda_i)<0$ 时，幅值为负，为了避免这种情况发生，考虑二阶卷积核 $\mathcal{F}_L^2$，即 $\boldsymbol{g}_\theta(\lambda_i)=(\varepsilon+1-\lambda_i)^2$。当 $\lambda_i=0$ 时，$\boldsymbol{g}_\theta(\lambda_i)=(\varepsilon+1)^2>1$，当 $\lambda_i=2$ 时，$\boldsymbol{g}_\theta(\lambda_i)=(\varepsilon-1)^2<1$，此时可以放大低频信号，同时抑制高频信号。

将低频和高频信号从节点特征中分离出来，为处理不同的网络提供了一种可行的方法。例如，用低频信号处理同配网络，而用高频信号处理异配网络。然而，这种方法有两个缺点：一是，选择信号需要先验知识，也就是说，实际上我们事先并不知道一个网络是同配的还是异配的。二是，式 (3.20) 需要矩阵乘法，这对于大规模图 [73] 是不可取的。因此，我们需要一种能够自适应地聚合低频和高频信号的有效方法。

聚合

模型的输入值是节点特征 $\boldsymbol{H}=\{\boldsymbol{h}_1,\boldsymbol{h}_2,\cdots,\boldsymbol{h}_N\}\in\mathbb{R}^{N\times F}$，其中 F 是节点特征的维度。为了实现频率自适应，一个基本的想法是使用注意力机制来学习低频和高频信号的比例。

$$\tilde{\boldsymbol{h}}_i=\alpha_{ij}^L(\mathcal{F}_L\cdot\boldsymbol{H})_i+\alpha_{ij}^H(\mathcal{F}_H\cdot\boldsymbol{H})_i=\varepsilon\boldsymbol{h}_i+\sum_{j\in\mathcal{N}_i}\frac{\alpha_{ij}^L-\alpha_{ij}^H}{\sqrt{d_id_j}}\boldsymbol{h}_j\tag{3.21}$$

其中，$\tilde{\boldsymbol{h}}_i$ 是节点 i 的聚合表示，$\mathcal{N}_i$ 和 d_i 分别表示节点 i 的邻居集合和度，α_{ij}^L 和 α_{ij}^H 分别表示节点 j 的低频和高频信号在节点 i 中的比例，设 $\alpha_{ij}^L + \alpha_{ij}^H = 1$，$\alpha_{ij}^G = \alpha_{ij}^L - \alpha_{ij}^H$。

为了有效地学习系数 α_{ij}^G，我们需要同时考虑节点本身及其邻居节点的特征，为此提出了一种共享的自门控机制 $\mathbb{R}^F \times \mathbb{R}^F \to \mathbb{R}$ 来学习这些系数：

$$\alpha_{ij}^G = \tanh\left(\boldsymbol{g}^{\mathrm{T}}\left[\boldsymbol{h}_i \parallel \boldsymbol{h}_j\right]\right) \tag{3.22}$$

其中，$\parallel$ 表示连接运算；$\boldsymbol{g} \in \mathbb{R}^{2F}$ 可以看作共享卷积核 [185]；$\tanh(\cdot)$ 是双曲正切函数，可以将 α_{ij}^G 的值限制在 $[-1,1]$ 范围内。此外，为了利用结构信息，这里我们只计算了节点与其一阶邻居 $\mathcal{N}_i$ 之间的系数。

根据计算出的 α_{ij}^G，聚合邻居节点的表示：

$$\boldsymbol{h}_i^{'} = \varepsilon \boldsymbol{h}_i + \sum_{j \in \mathcal{N}_i} \frac{\alpha_{ij}^G}{\sqrt{d_i d_j}} \boldsymbol{h}_j \tag{3.23}$$

其中，$\boldsymbol{h}_i^{'}$ 为节点 i 的聚合表示。在聚合邻居节点的信息时，使用节点的度来对系数进行归一化。

更详细的方法描述和实验验证见参考文献 [9]。

3.3.4 实验

实验设置

同配数据集 实验选择常用的引文网络，如 Cora、Citeseer 和 Pubmed 作为同配数据集。这些网络中的边表示两篇论文之间的引用关系（无向），节点特征是论文的词袋向量，标签是论文研究的领域。在每个网络中，使用每个类别的 20 个带标签的节点进行训练，500 个节点进行验证，1000 个节点进行测试。详细信息可以在参考文献 [101] 中找到。

异配数据集 实验选择 Wikipedia networks 和 Actor co-occurrence network[178] 作为异配数据集。Chameleon 和 Squirrel 是维基百科的两个网络，其中的边表示两个网页之间的超链接，节点特征是网页中的一些信息性名词，标签对应于网页的流量。在 Actor co-occurrence network 中，每个节点表示一名演员，边表示演员之间的合作关系，节点特征是维基百科中的关键词，标签代表演员的类型。

节点分类结果

同配图上的分类 表 3.2 总结了不同方法在同配网络上的性能。GraphHeat 通过热核设计了一个低通滤波器，它可以比 GCN 更好地捕获低频信息 [208]，因此在基线中表现最好。但你可以看到，由于增强了低通滤波器，FAGCN 在大多数网络上的性能超过了基线，这验证了低通滤波器在同配网络中的重要性。

表 3.2 节点分类结果的汇总表

方法	Cora/%	Citeseer/%	Pubmed/%
SGC	81.0	71.9	78.9
GCN	81.5	70.3	79.0
GWNN	82.8	71.7	79.1
ChebyNet	81.2	69.8	74.4
GraphHeat	83.7	72.5	**80.5**
GIN	77.6	66.1	77.0
GAT	83.0	72.5	79.0
MoNet	81.7	-	78.8
APPNP	83.7	72.1	79.2
GraphSAGE	82.3	71.2	78.5
FAGCN	**84.1±0.5**	**72.7±0.8**	79.4±0.3

异配图上的分类 异配网络上的分类性能如图 3.3 所示。实验并没有选择所有基线，因为专注于低通滤波的方法性能较差，所以实验选择以 GCN 和 GAT 作为代表。其中，APPNP 使用残差连接来保留原始特征的信息，ChebyNet 使用切比雪夫多项式来近似任意卷积核，Geom-GCN 是异配网络上最先进的技术。因此，FAGCN 和这些基线的对比反映了 FAGCN 的优越性。从图 3.3 中可以看出，GCN 和 GAT 的性能比其他方法要差，这表明仅使用低通滤波器并不适用于异配网络。APPNP 和 ChebyNet 的性能优于 GCN 和 GAT，这表明原始特征和多项式可以在一定程度上保留高频信息。最后，FAGCN 在大多数数据集和标签比例下表现最好，这反映了 FAGCN 的优越性。

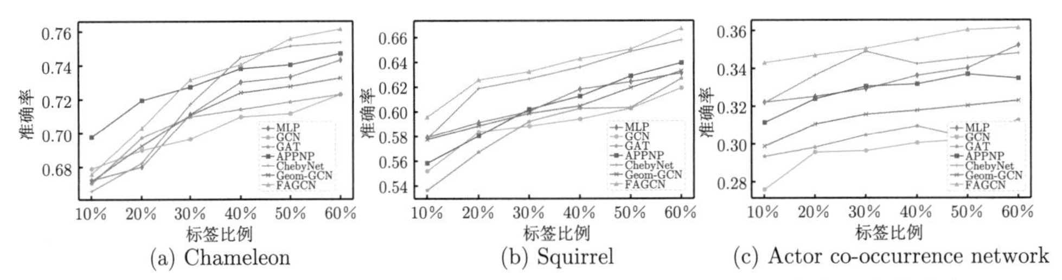

(a) Chameleon (b) Squirrel (c) Actor co-occurrence network

图 3.3 在不同的异配网络上，以及在不同的标签比例下，不同方法的分类准确率

3.4 图结构估计神经网络

3.4.1 概述

尽管现有的 GNN 已被成功地应用于各种场景，但它们依赖于一个基本假设，即观察到的拓扑结构是底层的真实信息，因此消息可以在相应的社群中很好地传播。但实际上，由于图通常是从复杂的交互系统中提取出来的，这样的假设在大多数情况下并不成立。为了保留基本信息，并消除消息传递过程中的噪声，我们需要为 GNN 探索一种最优的消息传递结构，即图拓扑。

然而，有效地学习 GNN 的最优图结构在技术上具有挑战性，如下两个问题是急需解决的。

（1）应考虑到图的生成机制。根据一些网络科学文献，图的生成可能会受到一些潜在基本原则的控制 [135]，如配置模型 [134]。考虑这些基本原则从根本上推动了学习到的图保持规则的全局结构，并对真实观测中的噪声更加鲁棒。遗憾的是，目前的大多数方法局部对每条边参数化 [27,51,93]，而没有考虑到图的底层生成，因此生成的图对噪声和稀疏性的容忍度较低。

（2）应注入多方面的信息，以减少偏差。从单一信息源学习图结构不可避免地会引入偏差和不确定性。如果一条边在多个测量中都存在，这条边的置信度就应该更高。因此，一个可靠的图结构应该考虑到综合的信息，然而获得多视图测量并描述其与 GNN 的关系很复杂。现有的方法 [94,237] 利用特征相似性，使得学习到的图更容易受到单视图偏差的影响。

为了解决上述问题，我们提出了图结构估计神经网络（GEN），通过为 GNN 估计一个适当的图结构来提高节点分类的性能。我们首先分析了 GNN 的性质，以匹配合适的图生成机制。GNN 作为低通滤波器 [7,115,203]，可以平滑邻域，使相邻节点的表示相似，适用于具有社群结构的图 [61]。因此，我们将一个结构模型附加到图生成中，假设估计的图来自随机块模型（SBM）[80]。除了观测到的图和节点特征，我们还创造性地注入了多阶邻域信息来规避偏差，并提出了一个观测模型，旨在将上述多视图信息共同处理为最优图的观测。为了估计最优图，我们首先在 GNN 训练过程中构造观测，然后基于结构和观测模型应用贝叶斯推理，推断图结构上的整个后验分布，最后通过迭代优化、实现估计图和 GNN 参数的相互增强。

3.4.2 GEM 模型

给定一个图 $\mathcal{G}=(\mathcal{V},\mathcal{E},\boldsymbol{X})$，其中 $\mathcal{V}$ 是 N 个节点的集合 $\{v_1,v_2,\cdots,v_N\}$，$\mathcal{E}$ 是边集合，$\boldsymbol{X}=[\boldsymbol{x}_1,\boldsymbol{x}_2,\cdots,\boldsymbol{x}_N]\in\mathbb{R}^{N\times D}$ 表示节点特征矩阵，$\boldsymbol{x}_i$ 是节点 v_i 的特征向量。边描述了节

点之间的关系，可以用邻接矩阵 $\boldsymbol{A} \in \mathbb{R}^{N \times N}$ 来表示，其中 A_{ij} 表示节点 v_i 和 v_j 之间的关系。按照常见的半监督节点分类设置，只有一少部分节点 $\mathcal{V}_L = \{v_1, v_2, \cdots, v_l\}$ 有相应的标签 $\mathcal{Y}_L = \{y_1, y_2, \cdots, y_l\}$，其中 y_i 是节点 v_i 的标签。

给定图 $\mathcal{G} = (\mathcal{V}, \mathcal{E}, \boldsymbol{X})$ 和部分标签 $\mathcal{Y}_L$，GNN 的图结构学习目标是同时学习最优邻接矩阵 $\boldsymbol{S} \in \mathcal{S} = [0,1]^{N \times N}$ 和 GNN 参数 Θ，以提高无标签节点的分类性能。其目标函数可以表示为

$$\min_{\Theta, \boldsymbol{S}} \mathcal{L}(\boldsymbol{A}, \boldsymbol{X}, \mathcal{Y}_L) = \sum_{v_i \in \mathcal{V}_L} \ell\left(f_\Theta(\boldsymbol{X}, \boldsymbol{S})_i, y_i\right) \tag{3.24}$$

其中，$f_\Theta : \mathcal{V}_L \to \mathcal{Y}_L$ 是由 GNN 学习得到的函数，$f_\Theta(\boldsymbol{X}, \boldsymbol{S})_i$ 为节点 v_i 的预测值，$\ell(\cdot, \cdot)$ 用来度量预测值和真实标签之间的差异，如交叉熵。

观测构建

为了不失一般性，我们选择较有代表性的 GCN 作为骨干网络。首先，将原始图 $\mathcal{G} = (\mathcal{V}, \mathcal{E}, \boldsymbol{X})$ 输入普通的 GCN，以构建一个初始观测集 $\mathcal{O}$，用于后续的图估计。

具体来说，GCN 采用邻居聚合策略，通过聚合其邻居节点的表示来迭代更新节点的表示。在形式上，GCN 的第 k 层聚合规则为

$$\boldsymbol{H}^{(k)} = \sigma\left(\tilde{\boldsymbol{D}}^{-\frac{1}{2}} \tilde{\boldsymbol{A}} \tilde{\boldsymbol{D}}^{-\frac{1}{2}} \boldsymbol{H}^{(k-1)} \boldsymbol{W}^{(k)}\right) \tag{3.25}$$

其中，$\tilde{\boldsymbol{A}}$ 是归一化邻接矩阵，$\tilde{D}_{ii} = \sum_j \tilde{A}_{ij}$，$\boldsymbol{W}^{(k)}$ 是逐层可训练的权重矩阵，σ 表示激活函数。$\boldsymbol{H}^{(k)} \in \mathbb{R}^{N \times d}$ 是第 k 层节点表示的矩阵，其中 $\boldsymbol{H}^{(0)} = \boldsymbol{X}$。对于 l 层的 GCN，最后一层 l 的激活函数是逐行的 softmax 函数，预测结果为 $\boldsymbol{Z} = \boldsymbol{H}^{(l)}$。GCN 参数 $\Theta = (\boldsymbol{W}^{(1)}, \boldsymbol{W}^{(2)}, \cdots, \boldsymbol{W}^{(l)})$ 可以通过梯度下降进行训练。

当前的 GCN 直接作用于从真实世界复杂系统提取出的观测图 $\boldsymbol{A}$，该图通常是存在噪声的。要为 GCN 估计一个最优图结构，需要构建多方面的观测，并将其组合起来，以避免偏差。幸运的是，在经过 k 次迭代的聚合后，节点表示捕捉到了其 k 阶图邻域内的结构信息，从而提供从局部到全局的信息。另外，具有相似邻域的节点对在图中可能相距较远，但它们很可能属于相同的社群。利用这些信息丰富的节点可以为下游分类任务提供有用的线索。我们试图在估计得到的图中连接这些相距较远但相似的节点，以提高 GCN 的性能。

具体来说，先固定 GCN 参数 Θ，并提取节点表示 $\mathcal{H} = \{\boldsymbol{H}^{(0)}, \boldsymbol{H}^{(1)}, \cdots, \boldsymbol{H}^{(l)}\}$ 来构建 kNN 图 $\{\boldsymbol{O}^{(0)}, \boldsymbol{O}^{(1)}, \cdots, \boldsymbol{O}^{(l)}\}$ 作为最优图的观测。其中，$\boldsymbol{O}^{(i)}$ 是由 $\boldsymbol{H}^{(i)}$ 生成的 kNN 图的邻接矩阵，表示 i 阶邻域的相似性。显然，$\boldsymbol{A}$ 也是最优图的一个重要外部观测，因此我们将其与 kNN 图结合起来，形成完整的观测集 $\mathcal{O} = \{\boldsymbol{A}, \boldsymbol{O}^{(0)}, \boldsymbol{O}^{(1)}, \cdots, \boldsymbol{O}^{(l)}\}$。这些观测从不同的视角反映了最优图结构，并且可以组合起来推断出更可靠的图结构。

作为初步准备，将观测集 $\mathcal{O}$、预测结果 $\boldsymbol{Z}$ 和标签 $\mathcal{Y}_L$ 输入估计器，以准确推断图结构的后验分布。接下来，我们将详细介绍推断过程。

图估计器 到目前为止，需要解决的问题是：给定这些可用的观测集 $\mathcal{O}$，GCN 的最佳估计图是什么？这些观测结果从不同的角度揭示了最优的图结构，但它们可能是不可靠或不完整的，而且没有先验知识来评估这些信息的准确性。在这种情况下，直接解决这个问题并不容易，但解决相反的问题相对容易。假设已经生成了一个具有社群结构的图，我们就可以计算出将这个图映射到这些观测结果的概率。如果能做到这一点，贝叶斯推理就能反向计算出图结构的后验分布，从而实现研究目标。

结构模型

我们将要估计的最优图表示为对称邻接矩阵 $\boldsymbol{G}$，首先提出了一个结构模型来表示最优图 $\boldsymbol{G}$ 的底层结构生成。

考虑到 GCN 的局部平滑性，随机块模型（SBM）是一个很好的选择，它被广泛应用于社群检测，适用于对具有较强社群结构的图进行建模 [97,156]。拟合块模型中社群内和社群间参数的值，我们可以限制估计图的同质性。虽然还有其他的 SBM 变体，例如度修正的 SBM[97]，但在本节中，普通 SBM 作为结构模型的有效性得到了验证，因此我们将更复杂的结构模型作为未来进一步提高性能的工作。

生成最优图 $\boldsymbol{G}$ 的过程采用了概率分布 $P(\boldsymbol{G}|\boldsymbol{\Omega},\boldsymbol{Z},\mathcal{Y}_L)$ 的形式。其中，Ω 表示 SBM 的参数，它假设节点之间边的概率只取决于它们所在的社群，例如社群 c_i 中的节点 v_i 和社群 c_j 中的节点 v_j 之间存在一条边的概率为 $\Omega_{c_ic_j}$。因此，$\boldsymbol{\Omega}$ 表示社群内和社群间连接的概率。给定参数 $\boldsymbol{\Omega}$、预测结果 $\boldsymbol{Z}$ 和标签 $\mathcal{Y}_L$，生成图 $\boldsymbol{G}$ 的概率可形式化表示为

$$P(\boldsymbol{G}|\boldsymbol{\Omega},\boldsymbol{Z},\mathcal{Y}_L)=\prod_{i<j}\Omega_{c_ic_j}^{G_{ij}}(1-\Omega_{c_ic_j})^{1-G_{ij}} \tag{3.26}$$

其中：

$$c_i=\begin{cases} y_i, & v_i\in\mathcal{V}_L \\ z_i & \text{其他} \end{cases} \tag{3.27}$$

这意味着在最优图 $\boldsymbol{G}$ 中，节点 v_i 和 v_j 之间是否生成边，只依赖于与社群标识 c_i 和 c_j 相关的概率 $\Omega_{c_ic_j}$。为了获得更准确的社群标识，我们用标签直接替换训练集中节点的社群标识作为校正后的预测结果。

观测模型

结构模型表示在观察到任何数据之前对底层结构的先验知识或约束。事实上，最优图结构以何种形式存在是一个谜，而能做的就是结合其外部观测结果来进行推断。

因此，我们引入了一个观测模型来描述最优图 $\boldsymbol{G}$ 如何映射到观测结果。该模型假设边的观测结果是独立同分布的伯努利随机变量，表示最优图中一条边是否存在的概率。这一假设在文献中被广泛接受，例如社群检测 [133] 和图生成 [167,223] 中，已经被证明是可行的。

$P(\mathcal{O}|\boldsymbol{G},\alpha,\beta)$ 是给定最优图 $\boldsymbol{G}$ 和模型参数 α 和 β 时，观测集 $\mathcal{O}$ 的概率。具体来说，就是用两个概率来参数化可能的观测结果：真正率 α（在最优图 $\boldsymbol{G}$ 中存在边时观测到边的概率）和假正率 β（观测到一条在最优图 $\boldsymbol{G}$ 中不存在的边的概率）。真负率和假负率分别为 $1-\beta$ 和 $1-\alpha$。假设在 M（$|\mathcal{O}|$）观测中，观测到其中的 E_{ij} 次有边，其余的 $M-E_{ij}$ 次没有边，利用这些定义，$P(\mathcal{O}|\boldsymbol{G},\alpha,\beta)$ 的具体形式可表示为

$$P(\mathcal{O}|\boldsymbol{G},\alpha,\beta)=\prod_{i<j}\left[\alpha^{E_{ij}}(1-\alpha)^{M-E_{ij}}\right]^{G_{ij}}\times\left[\beta^{E_{ij}}(1-\beta)^{M-E_{ij}}\right]^{1-G_{ij}} \tag{3.28}$$

如果最优图 $\boldsymbol{G}$ 中确实存在一条边，那么在总共 M 次观测中观测到节点 v_i 和 v_j 之间 E_{ij} 条边的概率可以写成 $\alpha^{E_{ij}}(1-\alpha)^{M-E_{ij}}$。如果 $\boldsymbol{G}$ 中不存在这条边，则概率为 $\beta^{E_{ij}}(1-\beta)^{M-E_{ij}}$。

图估计 明确结构模型和观测模型后，我们提出了基于贝叶斯推理的图估计过程。

直接计算最优图 $\boldsymbol{G}$ 的后验概率 $P(\boldsymbol{G},\boldsymbol{\Omega},\alpha,\beta|\mathcal{O},\boldsymbol{Z},\mathcal{Y}_L)$ 比较困难，结合上面的模型并应用贝叶斯规则，可以得到

$$P(\boldsymbol{G},\boldsymbol{\Omega},\alpha,\beta|\mathcal{O},\boldsymbol{Z},\mathcal{Y}_L)=\frac{P(\mathcal{O}|\boldsymbol{G},\alpha,\beta)P(\boldsymbol{G}|\boldsymbol{\Omega},\boldsymbol{Z},\mathcal{Y}_L)P(\boldsymbol{\Omega})P(\alpha)P(\beta)}{P(\mathcal{O},\boldsymbol{Z},\mathcal{Y}_L)} \tag{3.29}$$

其中，$P(\boldsymbol{\Omega})$、$P(\alpha)$、$P(\beta)$ 和 $P(\mathcal{O},\mathbf{Z},\mathcal{Y}_L)$ 是参数和可用数据的概率，这里假设它们是相互独立的。

通过对最优图 $\boldsymbol{G}$ 的所有可能取值进行求和，我们可以得到参数 $\boldsymbol{\Omega}$、α 和 β 的后验概率表达式：

$$P(\boldsymbol{\Omega},\alpha,\beta|\mathcal{O},\boldsymbol{Z},\mathcal{Y}_L)=\sum_{\boldsymbol{G}}P(\boldsymbol{G},\boldsymbol{\Omega},\alpha,\beta|\mathcal{O},\boldsymbol{Z},\mathcal{Y}_L) \tag{3.30}$$

最大化这个关于 $\boldsymbol{\Omega}$、α 和 β 的后验概率，将得到这些参数的最大后验（Maximum A Posteriori，MAP）估计。基于这些 MAP 估计值，我们可以计算出最优图 $\boldsymbol{G}$ 的估计邻接矩阵 $\boldsymbol{Q}$：

$$Q_{ij}=\sum_{\boldsymbol{G}}q(\boldsymbol{G})G_{ij} \tag{3.31}$$

其中，Q_{ij} 是节点 v_i 和 v_j 之间存在边的后验概率，表示对这条边是否存在的置信度。

迭代优化

联合优化 GCN 参数 Θ 和估计邻接矩阵 $\boldsymbol{Q}$ 具有挑战性，而它们之间的依赖关系加剧了难度。我们使用一种交替的优化方案来迭代更新 Θ 和 $\boldsymbol{Q}$。

更新 Θ 对于半监督节点分类任务，评估所有带标签样本 $\mathcal{Y}_L$ 的交叉熵误差：

$$\min_{\Theta} \mathcal{L}(\boldsymbol{A}, \boldsymbol{X}, \mathcal{Y}_L) = -\sum_{v_i \in \mathcal{V}_L} \boldsymbol{y}_i \ln \boldsymbol{z}_i \tag{3.32}$$

这是一个典型的 GCN 优化问题，可以通过随机梯度下降来学习参数 Θ。

更新 Q 为了更新估计邻接矩阵 $\boldsymbol{Q}$，使用期望最大化（Expectation-Maximization，EM）算法 [37,127,133] 来最大化式 (3.30)。

E-step 由于最大化概率本身不如最大化其对数方便，我们将 Jensen 不等式应用于式 (3.30) 的对数：

$$\log P(\boldsymbol{\Omega}, \alpha, \beta | \mathcal{O}, \boldsymbol{Z}, \mathcal{Y}_L) \geqslant \sum_{\boldsymbol{G}} q(\boldsymbol{G}) \log \frac{P(\boldsymbol{G}, \boldsymbol{\Omega}, \alpha, \beta | \mathcal{O}, \boldsymbol{Z}, \mathcal{Y}_L)}{q(\boldsymbol{G})} \tag{3.33}$$

其中，$q(\boldsymbol{G})$ 是满足 $\sum_{\boldsymbol{G}} q(\boldsymbol{G}) = 1$ 的任意非负函数，可以看作对 $\boldsymbol{G}$ 的概率分布。

当不等式 (3.33) 的左右两边完全相等时，不等式 (3.33) 的右边取得最大值：

$$q(\boldsymbol{G}) = \frac{P(\boldsymbol{G}, \boldsymbol{\Omega}, \alpha, \beta | \mathcal{O}, \boldsymbol{Z}, \mathcal{Y}_L)}{\sum_{\boldsymbol{G}} P(\boldsymbol{G}, \boldsymbol{\Omega}, \alpha, \beta | \mathcal{O}, \boldsymbol{Z}, \mathcal{Y}_L)} \tag{3.34}$$

将式 (3.26) 和式 (3.28) 代入式 (3.34)，并消去分式中的常数，可以得到如下 $q(\boldsymbol{G})$ 的表达式：

$$\begin{aligned} q(\boldsymbol{G}) &= \frac{\prod_{i<j} \left[\Omega_{c_i c_j} \alpha^{E_{ij}} (1-\alpha)^{M-E_{ij}}\right]^{G_{ij}} \left[(1-\Omega_{c_i c_j}) \beta^{E_{ij}} (1-\beta)^{M-E_{ij}}\right]^{1-G_{ij}}}{\sum_{\boldsymbol{G}} \prod_{i<j} \left[\Omega_{c_i c_j} \alpha^{E_{ij}} (1-\alpha)^{M-E_{ij}}\right]^{G_{ij}} \left[(1-\Omega_{c_i c_j}) \beta^{E_{ij}} (1-\beta)^{M-E_{ij}}\right]^{1-G_{ij}}} \\ &= \prod_{i<j} \frac{\left[\Omega_{c_i c_j} \alpha^{E_{ij}} (1-\alpha)^{M-E_{ij}}\right]^{G_{ij}} \left[(1-\Omega_{c_i c_j}) \beta^{E_{ij}} (1-\beta)^{M-E_{ij}}\right]^{1-G_{ij}}}{\Omega_{c_i c_j} \alpha^{E_{ij}} (1-\alpha)^{M-E_{ij}} + (1-\Omega_{c_i c_j}) \beta^{E_{ij}} (1-\beta)^{M-E_{ij}}} \end{aligned} \tag{3.35}$$

进一步最大化不等式 (3.33) 的右边，就可以得到 MAP 估计值。

M-step 可以通过微分找到参数的最大值。在保持 $q(\boldsymbol{G})$ 不变的情况下，对不等式 (3.33) 的右边进行求导，假设先验概率是均匀分布的，则有

$$\sum_{\boldsymbol{G}} q(\boldsymbol{G}) \sum_{i<j} \left[\frac{G_{ij}}{\Omega_{c_i c_j}} - \frac{1-G_{ij}}{1-\Omega_{c_i c_j}}\right] = 0 \tag{3.36}$$

$$\sum_{\boldsymbol{G}} q(\boldsymbol{G}) \sum_{i<j} G_{ij} \left[\frac{E_{ij}}{\alpha} - \frac{M-E_{ij}}{1-\alpha}\right] = 0 \tag{3.37}$$

$$\sum_{\boldsymbol{G}} q(\boldsymbol{G}) \sum_{i<j} (1-G_{ij}) \left[\frac{E_{ij}}{\beta} - \frac{M-E_{ij}}{1-\beta}\right] = 0 \tag{3.38}$$

以上方程的解给出了 $\boldsymbol{\Omega}$、α 和 β 的 MAP 估计。式 (3.36) 仅依赖于 SBM，它的解给出了结构模型的参数值。同样，式 (3.37) 和式 (3.38) 仅依赖于观测模型。对于具体的计算方法，交换求和顺序可以得到以下结果：

$$\Omega_{rs} = \begin{cases} \dfrac{M_{rs}}{n_r n_s}, & \text{如果 } r \neq s \\ \dfrac{2M_{rr}}{n_r(n_r-1)}, & \text{其他} \end{cases} \tag{3.39}$$

其中，$n_r = \sum_i \delta_{c_i,r}$，$M_{rs} = \sum_{i<j} Q_{ij}\delta_{c_i,r}\delta_{c_j,s}$。式 (3.39) 可解释为：社群 r 和 s 之间存在一条边的概率 Ω_{rs} 等于这两个社群中所有节点之间各个边的概率的平均值。类似的计算方法也适用于 α 和 β：

$$\alpha = \frac{\sum_{i<j} Q_{ij} E_{ij}}{M \sum_{i<j} Q_{ij}} \tag{3.40}$$

$$\beta = \frac{\sum_{i<j} (1-Q_{ij}) E_{ij}}{M \sum_{i<j} (1-Q_{ij})} \tag{3.41}$$

要计算 Q_{ij} 的值，可将式 (3.35) 代入式 (3.31)：

$$Q_{ij} = \frac{\Omega_{c_i c_j} \alpha^{E_{ij}} (1-\alpha)^{M-E_{ij}}}{\Omega_{c_i c_j} \alpha^{E_{ij}} (1-\alpha)^{M-E_{ij}} + (1-\Omega_{c_i c_j}) \beta^{E_{ij}} (1-\beta)^{M-E_{ij}}} \tag{3.42}$$

后验分布 $q(\boldsymbol{G})$ 可以用 Q_{ij} 重写为

$$q(\boldsymbol{G}) = \prod_{i<j} Q_{ij}^{G_{ij}} (1-Q_{ij})^{1-G_{ij}} \tag{3.43}$$

也就是说，最优图的概率分布是各个边的独立伯努利分布的乘积，其中伯努利参数 Q_{ij} 同时捕捉了图结构的本身和该结构中的不确定性。这自然引入了 EM 算法来确定参数的值和图结构的后验分布。首先，保持参数不变，执行 E-step 最大化 $q(\boldsymbol{G})$；其次，保持 $q(\boldsymbol{G})$ 不变，执行 M-step 计算参数 $\boldsymbol{\Omega}$、α 和 β，并重复进行迭代，直到收敛为止。

更详细的方法描述和实验验证见参考文献 [190]。

3.4.3 实验

实验设置

实验在 6 个开放的图数据集上验证了人们提出的 GEN。引文网络 [101] Cora、Citeseer 和 Pubmed 是引文网络的基准数据集。维基百科网络 [148]Chameleon 和 Squirrel 是维基百科中电影–导演–演员–编剧网络下，仅由演员诱导的子图，具有特定主题的网页–网页网络。演员共现网络 [148] 是电影–导演–演员–编剧网络下，仅由演员诱导子图。

为了评估 GEN 的有效性，实验将其与三类具有代表性的 GNN 进行了比较，包括两种基于谱的方法（GCN 和 ChebyNet）、两种基于空间的方法（GAT 和 GraphSAGE）和两种基于图结构学习的方法（LDS[51] 和 ProGNN[94]）。

节点分类结果

实验对 GEN 方法在半监督节点分类任务上的性能与最先进的基线进行了比较。除了先前工作中探索的设定的每类有 20 个带标签节点进行训练，实验还评估了在数据更有限的情况下，即每类只有 5 个或 10 个带标签节点的分类性能。在每类只有 5 个或 10 个带标签节点的情况下，我们通过使用原始划分中的前 5 个或 10 个带标签节点来构建训练集，同时保持验证集和测试集不变。表 3.3展示了在不同的随机种子下，进行 10 次独立实验的平均值和标准差。根据这些结果，我们可以得出以下结论。

（1）GEN 在这 6 个数据集上的性能始终优于基线，特别是在标签减少和异配设置下，这表明图估计框架可以鲁棒地提高节点分类性能。研究发现，随着标签比例和同配型的降低，GNN 的性能迅速下降，而 GEN 的改进效果更加明显。这些现象符合预期结果，即噪声或稀疏的观测图阻碍 GNN 有效地聚集信息，而研究所估计的图缓解了这一问题。

（2）GEN 相对基础 GCN 压倒性的性能优势表明，GEN 能够估计出合适的结构，从而使图结构估计和 GCN 的参数优化相互增强。

（3）与其他基于图结构学习的方法相比，GEN 的性能提升表明，显式地约束社群结构并充分利用多方面信息有助于学习更好的图结构和更鲁棒的 GCN 参数。需要注意的是，Geom-GCN 在大多数情况下表现不好，一个可能的原因是，它适用于原始论文中的监督设置，即其中注入了更多的监督信息进行参数学习，但无法很好地适应半监督设置。

表 3.3 节点分类结果

数据集	L/C	GCN/% ±σ	ChebNet/% ±σ	GAT/% ±σ	Graph SAGE/% ±σ	LDS/% ±σ	ProGNN/% ±σ	GEN/% ±σ
Cora	20	81.7±0.8	81.9±0.4	82.3±1.0	80.1±0.5	82.5±1.2	80.9±0.9	**83.6**±0.4
	10	74.6±0.7	72.5±1.0	76.9±0.9	72.9±1.1	77.1±3.1	76.9±0.8	**77.8**±0.7
	5	71.0±0.7	66.6±2.3	75.0±0.7	68.4±1.7	75.7±2.9	75.1±0.5	**76.2**±1.3
Citeseer	20	70.9±0.6	70.0±0.9	72.0±0.9	71.8±0.7	72.3±1.1	68.8±0.8	**73.8**±0.6
	10	66.6±1.0	67.3±1.1	68.4±1.4	68.0±1.0	70.4±1.6	69.1±0.6	**72.4**±0.5
	5	53.5±0.8	51.7±2.3	61.8±1.9	55.4±1.0	68.1±0.5	56.6±1.5	**70.4**±2.7
Pubmed	20	79.4±0.4	78.2±1.0	77.9±0.6	73.6±2.2	78.2±1.8	78.0±0.8	**80.9**±0.9
	10	73.7±0.4	71.5±0.8	71.1±1.4	70.6±1.4	74.4±1.5	72.7±0.6	**75.6**±1.1
	5	73.0±1.4	69.4±1.4	70.2±0.7	70.2±1.2	72.8±1.3	70.6±1.7	**74.9**±2.0
Chame	20	49.1±1.1	37.0±0.5	46.4±1.4	43.7±2.0	49.4±1.1	50.3±0.6	**50.4**±0.9
	10	44.2±0.7	32.5±0.8	45.0±2.0	41.7±1.9	44.9±1.3	45.5±1.2	**45.6**±1.1
	5	39.5±0.7	33.2±0.8	39.9±1.8	35.9±0.8	40.5±1.5	41.0±1.8	**41.4**±2.3
Squirrel	20	35.0±0.6	21.2±2.0	27.2±2.9	28.3±2.0	30.1±0.4	33.4±2.4	**35.5**±1.1
	10	33.0±0.4	18.8±1.2	27.1±1.2	25.9±2.9	29.4±0.9	32.9±0.4	**33.4**±1.1
	5	31.3±1.3	18.1±0.7	24.1±2.5	24.9±2.9	27.1±1.4	28.2±1.9	**32.7**±2.7
Actor co-occurrence network	20	21.7±1.6	26.7±1.1	23.8±3.6	28.9±1.1	27.0±1.4	21.5±1.7	**35.3**±0.6
	10	20.8±1.0	22.3±1.1	22.7±3.6	22.2±2.5	25.7±1.3	22.2±0.7	**31.3**±2.2
	5	21.8±2.0	21.4±1.0	21.4±2.4	23.1±3.6	23.8±0.8	20.9±0.5	**30.5**±2.7

3.5 基于统一优化框架的图神经网络

3.5.1 概述

设计良好的传播机制，即有效的消息传递机制，是 GNN 最基本的组成部分。虽然存在各种传播机制，但它们基本上是通过沿着网络拓扑聚合节点特征来利用网络拓扑和节点特征的。这一观点自然而然地引发了一个问题：尽管存在不同的传播策略，但是否存在一种统一的数学准则从根本上控制着不同 GNN 的传播机制？如果是这样，那么该准则是什么样的呢？对这个问题的深入探讨，为我们从根本上研究不同 GNN 之间的关系和差异提供了一个宏观的视角。

作为第一个贡献，我们分析了几个较有代表性的 GNN（如 GCN 和 PPNP[102]）的传播过程，并总结了它们的共性。令人惊讶的是，研究发现，它们可以从根本上概括为一个具有灵活图卷积核的统一优化框架，传播后学习到的表征可以隐式地视为相应优化目标的最优解。这个统一优化框架由两部分组成：特征拟合项和图拉普拉斯正则化项。特征拟合项建立了节点表示和原始节点特征之间的关系，通常是为了满足特定 GNN 的不同需求而设计的。图拉普拉斯正则化项利用拓扑结构起到了特征平滑的作用，所有 GNN 都共享这个项。例如，GCN 的传播只能用图拉普拉斯正则化项来解释，而 PPNP 还需要拟合项来约束节点表示和原始特征的相似性。

由于所提出的统一框架提供了对不同 GNN 的宏观视角，当前 GNN 的缺点很容易被识别出来。因此，这个统一的框架为设计新的 GNN 创造了新的机会。传统上，当提出一个新的 GNN 模型时，研究人员通常专注于设计一个特定的谱图滤波器或聚合策略。现在，统一框架提供了另一条新的途径来实现这一点，即通过优化目标函数，可以得到新的 GNN。这样可以清楚地知道传播过程背后的优化目标，使得新的 GNN 更具可解释性和可靠性。通过提出的框架，研究发现，现有的工作通常使用朴素的图卷积核作为特征拟合函数，因此我们提出了两种新颖的、具有可调节核的目标函数，其具有低通和高通滤波的能力。

3.5.2 预备知识

给定图 $\mathcal{G}=(\mathcal{V},\mathcal{E})$，其中 $\mathcal{V}$ 表示节点集合，$\mathcal{E}$ 表示边集合，$n=|\mathcal{V}|$ 是节点数量。节点由特征矩阵 $\boldsymbol{X}\in\mathbb{R}^{n\times f}$ 表示，其中 f 为节点特征的维度。$\mathcal{G}$ 的图结构可以用邻接矩阵 $\boldsymbol{A}\in\mathbb{R}^{n\times n}$ 来描述，其中 $\boldsymbol{A}_{i,j}=1$ 表示节点 i 和 j 之间存在一条边，否则为 0。将对角度矩阵表示为 $\boldsymbol{D}=\operatorname{diag}(d_1,\cdots,d_n)$，其中 $d_i=\sum_j \boldsymbol{A}_{i,j}$。$\tilde{\boldsymbol{A}}=\boldsymbol{A}+\boldsymbol{I}$ 表示加入自环的邻接矩阵，此时，$\tilde{\boldsymbol{D}}=\boldsymbol{D}+\boldsymbol{I}$，归一化的邻接矩阵为 $\hat{\tilde{\boldsymbol{A}}}=\tilde{\boldsymbol{D}}^{-1/2}\tilde{\boldsymbol{A}}\tilde{\boldsymbol{D}}^{-1/2}$。相应地，$\tilde{\boldsymbol{L}}=\boldsymbol{I}-\hat{\tilde{\boldsymbol{A}}}$ 是归一化的对称半正定图拉普拉斯矩阵。

统一优化框架 我们将 K 层的传播机制主要总结为以下两种形式。对于具有逐层特征变换的 GNN（如 GCN），K 层传播过程可以表示为

$$\boldsymbol{Z}=\operatorname{PROPAGATE}(\boldsymbol{X};\mathcal{G};K)=\left\langle \operatorname{Trans}\Big(\operatorname{Agg}\big\{\mathcal{G};\boldsymbol{Z}^{(k-1)}\big\}\Big)\right\rangle_K \tag{3.44}$$

其中，$\boldsymbol{Z}^{(0)}=\boldsymbol{X}$，$\boldsymbol{Z}$ 是经过 K 层传播后的输出表示。$\langle\rangle_K$ 通常取决于具体的 GNN 模型，表示经过 K 个卷积后的广义组合运算。$\operatorname{Agg}\big\{\mathcal{G};\boldsymbol{Z}^{(k-1)}\big\}$ 表示在图 $\mathcal{G}$ 上聚合第 $(k-1)$ 层的输出 $\boldsymbol{Z}^{(k-1)}$ 来进行第 k 次卷积运算，$\operatorname{Trans}(\cdot)$ 是相应的逐层特征转换操作，包括非线性激活函数 $\operatorname{ReLU}(\cdot)$ 和特定层的可学习权重矩阵 $\boldsymbol{W}$。

一些深度图神经网络（如 APPNP[102] 和 DAGNN[118]）将层级的 $\operatorname{Trans}(\cdot)$ 和 $\operatorname{Agg}\big\{\mathcal{G};\boldsymbol{Z}^{(k-1)}\big\}$ 解耦，并在连续的聚合步骤之前使用一个独立的特征变换：

$$\boldsymbol{Z}=\operatorname{PROPAGATE}(\boldsymbol{X};\mathcal{G};K)=\left\langle \operatorname{Agg}\big\{\mathcal{G};\boldsymbol{Z}^{(k-1)}\big\}\right\rangle_K \tag{3.45}$$

其中，$\boldsymbol{Z}^{(0)}=\text{Trans}(\boldsymbol{X})$，$\text{Trans}(\cdot)$ 可以是对原始特征矩阵 $\boldsymbol{X}$ 进行的任何线性或非线性变换操作。

此外，组合操作 $\langle\rangle_K$ 通常有两种形式：对于像 GCN、SGC 和 APPNP 这样的 GNN，$\langle\rangle_K$ 直接利用第 K 层输出；而对于使用来自其他层输出的 GNN，如 JKNet 和 DAGNN，$\langle\rangle_K$ 可能表示对来自 K 层的一些（或全部）输出进行池化、拼接或注意力操作。

不同的 GNN 提出了不同的传播机制，实际上，它们通常潜在地旨在实现两个目标——从特征中编码有用的信息以及利用拓扑结构的平滑能力，这可以表示为以下优化目标：

$$\mathcal{O}=\min_{\boldsymbol{Z}}\{\underbrace{\zeta\left\|\boldsymbol{F}_1\boldsymbol{Z}-\boldsymbol{F}_2\boldsymbol{H}\right\|_F^2}_{\mathcal{O}_{\text{fit}}}+\underbrace{\xi\text{tr}(\boldsymbol{Z}^{\text{T}}\tilde{\boldsymbol{L}}\boldsymbol{Z})}_{\mathcal{O}_{\text{reg}}}\} \tag{3.46}$$

其中，ξ 是非负系数，ζ 通常从 [0,1] 中选择；$\boldsymbol{H}$ 是对原始输入特征矩阵 $\boldsymbol{X}$ 的变换；$\boldsymbol{F}_1$ 和 $\boldsymbol{F}_2$ 被定义为任意图卷积核；$\boldsymbol{Z}$ 是传播表示，对应于最小化目标函数 $\mathcal{O}$ 时的最终传播结果。

在统一优化框架中，第一项 $\mathcal{O}_{\text{fit}}$ 是一个拟合项，通过设计不同的图卷积核 $\boldsymbol{F}_1$ 和 $\boldsymbol{F}_2$，它可以将 $\boldsymbol{H}$ 中的信息灵活地编码到所学习到的表示 $\boldsymbol{Z}$ 中。图卷积核 $\boldsymbol{F}_1$ 和 $\boldsymbol{F}_2$ 可以从 $\boldsymbol{I}$、$\hat{\tilde{\boldsymbol{A}}}$ 和 $\tilde{\boldsymbol{L}}$ 中选择，分别表示全通、低通和高通滤波能力。第二项 $\mathcal{O}_{\text{reg}}$ 是一个图拉普拉斯正则化项，旨在约束两个连接节点的学习表示变得相似，从而捕捉同质性特性。$\mathcal{O}_{\text{reg}}$ 来自以下图拉普拉斯正则化：

$$\mathcal{O}_{\text{reg}}=\frac{\xi}{2}\sum_{i,j}^{n}\hat{\tilde{\boldsymbol{A}}}_{i,j}\left\|\boldsymbol{Z}_i-\boldsymbol{Z}_j\right\|^2=\xi\text{tr}(\boldsymbol{Z}^{\text{T}}\tilde{\boldsymbol{L}}\boldsymbol{Z}) \tag{3.47}$$

提出的框架对目标优化函数进行数学建模，展示了 GNN 的全景视图。既然不同现有的 GNN 都可以适应这个框架，那么新的 GNN 变体也应该基于该框架提出。研究需要做的就是根据具体的场景设计框架内的变量（例如图卷积核 $\boldsymbol{F}_1$ 和 $\boldsymbol{F}_2$），相应的传播很容易推导出来，从而自然地设计出新的 GNN 架构。通过一个明确的目标函数，新设计的模型将更具可解释性和可靠性。

参考文献 [201] 从理论上证明了一些典型 GNN 的传播机制实际上是该统一优化框架的特殊情况，这使得研究人员能够从全局的角度来解释当前的 GNN。

3.5.3 GNN-LF/HF 模型

基于统一优化框架，研究发现，大多数现有的 GNN 会在特征拟合项中将 $\boldsymbol{F}_1$ 和 $\boldsymbol{F}_2$ 简单地设为 $\boldsymbol{I}$，这意味着它们需要将 $\boldsymbol{H}$ 中所有的原始信息编码到 $\boldsymbol{Z}$ 中。事实上，$\boldsymbol{H}$ 可能不可避免地包含了噪声或不确定信息。JKNet 将传播目标中的 $\boldsymbol{F}_2$ 设置为 $\hat{\tilde{\boldsymbol{A}}}$，它可以将 $\boldsymbol{H}$ 中的低频信息编码到 $\boldsymbol{Z}$ 中。然而，现实中的情况更加复杂，因为很难确定哪些信息应该编码，只考虑一种类型的信息并不能满足不同下游任务的需要，并且有时高频信息或全部信息也是有用的。本节专注于设计新的 $\boldsymbol{F}_1$ 和 $\boldsymbol{F}_2$，以便在统一优化框架下灵活地编码更全面的信息。

带有低通滤波核的 GNN

下面首先考虑在原始空间和低通滤波空间中建立 $\boldsymbol{H}$ 和 $\boldsymbol{Z}$ 的关系。

定理 3.1 在式 (3.46) 中取 $\boldsymbol{F}_1=\boldsymbol{F}_2=\{\mu\boldsymbol{I}+(1-\mu)\hat{\tilde{\boldsymbol{A}}}\}^{1/2}, \xi=1, \xi=1/\alpha-1$，其中 $\mu\in[1/2,1), \alpha\in(0,2/3)$，在特征上使用灵活的低通滤波核，传播过程可以表示为

$$\mathcal{O}=\min\left\{\left\|\{\mu\boldsymbol{I}+(1-\mu)\hat{\tilde{\boldsymbol{A}}}\}^{1/2}(\boldsymbol{Z}-\boldsymbol{H})\right\|_F^2+\xi\operatorname{tr}(\boldsymbol{Z}^{\mathrm{T}}\tilde{\boldsymbol{L}}\boldsymbol{Z})\right\} \tag{3.48}$$

μ 是一个平衡系数，我们可以设置 $\mu\in[1/2,1)$，以确保 $\mu\boldsymbol{I}+(1-\mu)\hat{\tilde{\boldsymbol{A}}}=\boldsymbol{V}\boldsymbol{\Lambda}\boldsymbol{V}^{\mathrm{T}}$ 是一个对称的半正定矩阵。因此，矩阵 $\{\mu\boldsymbol{I}+(1-\mu)\hat{\tilde{\boldsymbol{A}}}\}^{1/2}=\boldsymbol{V}\boldsymbol{\Lambda}^{1/2}\boldsymbol{V}^{\mathrm{T}}$ 在谱域上具有与 $\mu\boldsymbol{I}+(1-\mu)\hat{\tilde{\boldsymbol{A}}}$ 相似的滤波行为。通过调整平衡系数 μ，所设计的目标可以灵活地约束 $\boldsymbol{Z}$ 和 $\boldsymbol{H}$ 在原始空间和低通滤波空间中的相似性，从而满足不同任务的需要。

闭式解 为了最小化式 (3.48) 中的目标函数，我们对式 (3.48) 关于 $\boldsymbol{Z}$ 求导并令导数为 0，推导出相应的闭式解如下：

$$\boldsymbol{Z}=\{\mu\boldsymbol{I}+(1-\mu)\hat{\tilde{\boldsymbol{A}}}+(1/\alpha-1)\tilde{\boldsymbol{L}}\}^{-1}\{\mu\boldsymbol{I}+(1-\mu)\hat{\tilde{\boldsymbol{A}}}\}\boldsymbol{H} \tag{3.49}$$

使用 $\hat{\tilde{\boldsymbol{A}}}$ 可以将式 (3.49) 重写为

$$\boldsymbol{Z}=\left\{\{\mu+1/\alpha-1\}\boldsymbol{I}+\{2-\mu-1/\alpha\}\hat{\tilde{\boldsymbol{A}}}\right\}^{-1}\{\mu\boldsymbol{I}+(1-\mu)\hat{\tilde{\boldsymbol{A}}}\}\boldsymbol{H} \tag{3.50}$$

迭代近似 考虑到矩阵求逆会导致闭合解的计算效率低下，我们使用以下迭代近似解来代替 $\boldsymbol{Z}$，以避免构造密集逆矩阵：

$$\boldsymbol{Z}^{(k)}=\frac{1+\alpha\mu-2\alpha}{1+\alpha\mu-\alpha}\hat{\tilde{\boldsymbol{A}}}\boldsymbol{Z}^{(k-1)}+\frac{\alpha\mu}{1+\alpha\mu-\alpha}\boldsymbol{H}+\frac{\alpha-\alpha\mu}{1+\alpha\mu-\alpha}\hat{\tilde{\boldsymbol{A}}}\boldsymbol{H} \tag{3.51}$$

当 $k\to\infty$ 时，迭代近似解将收敛到式 (3.50) 的闭合解，并且当 $\alpha\in(0,2/3)$ 时，所有系数始终为正。

低通模型设计

基于式 (3.50) 和式 (3.51) 推导出的两种传播策略，我们提出了两种新的 GNN 模型，它们分别以闭式和迭代形式表示。我们将这两种 GNN 模型表示为具有低通滤波图卷积核的 GNN（**GNN-LF**）。

闭式 GNN-LF 根据式 (3.50) 中的闭式传播矩阵，我们定义了以下传播机制，其中 $\mu \in [1/2, 1), \alpha \in (0, 2/3)$：

$$\begin{aligned} \boldsymbol{Z} &= \text{PROPAGATE}(\boldsymbol{X}; \mathcal{G}; \infty)_{\text{LF}-\text{closed}} \\ &= \left\{\{\mu + 1/\alpha - 1\}\boldsymbol{I} + \{2 - \mu - 1/\alpha\}\hat{\tilde{\boldsymbol{A}}}\right\}^{-1}\{\mu \boldsymbol{I} + (1-\mu)\hat{\tilde{\boldsymbol{A}}}\}\boldsymbol{H} \end{aligned} \tag{3.52}$$

首先使用 MLP 网络 $f_\theta(\cdot)$ 对特征 $\boldsymbol{X}$ 进行非线性变换，得到结果 $\boldsymbol{H}$，然后使用设计好的传播矩阵 $\left\{\{\mu + 1/\alpha - 1\}\boldsymbol{I} + \{2 - \mu - 1/\alpha\}\hat{\tilde{\boldsymbol{A}}}\right\}^{-1}$ 传播 $\boldsymbol{H}$ 和 $\boldsymbol{AH}$，从而从原始空间和低频空间中得到特征信息的编码表示。

迭代 GNN-LF 根据迭代形式的传播机制，可以设计一个深度且计算高效的图神经网络，其中 $\mu \in [1/2, 1), \alpha \in (0, 2/3)$：

$$\begin{aligned} \boldsymbol{Z} &= \text{PROPAGATE}(\boldsymbol{X}; \mathcal{G}; K)_{\text{LF}-\text{iter}} \\ &= \left\langle \frac{1+\alpha\mu-2\alpha}{1+\alpha\mu-\alpha}\hat{\tilde{\boldsymbol{A}}}\boldsymbol{Z}^{(k-1)} + \frac{\alpha\mu}{1+\alpha\mu-\alpha}\boldsymbol{H} + \frac{\alpha-\alpha\mu}{1+\alpha\mu-\alpha}\hat{\tilde{\boldsymbol{A}}}\boldsymbol{H} \right\rangle_K \\ \boldsymbol{Z}^{(0)} &= \frac{\mu}{1+\alpha\mu-\alpha}\boldsymbol{H} + \frac{1-\mu}{1+\alpha\mu-\alpha}\hat{\tilde{\boldsymbol{A}}}\boldsymbol{H} \text{ 且 } \boldsymbol{H} = f_\theta(\boldsymbol{X}) \end{aligned} \tag{3.53}$$

我们直接使用 K 层的输出作为传播结果，这种迭代传播机制可以看作层级基于 $\hat{\tilde{\boldsymbol{A}}}$ 的邻居聚合，并在特征矩阵 $\boldsymbol{H}$ 和经过滤波的特征矩阵 $\hat{\tilde{\boldsymbol{A}}}\boldsymbol{H}$ 上进行残差连接。此外，我们 [102,118] 像一样解耦了传播过程中的层级变换和聚合过程，这有助于缓解过度平滑问题。

带有高通滤波核的 GNN

与 GNN-LF 类似，下面考虑在原始空间和高通滤波空间中保留 $\boldsymbol{H}$ 和 $\boldsymbol{Z}$ 的相似性。为了便于后续的分析，我们选择了以下目标。

定理 3.2 *在式 (3.46) 中取 $\boldsymbol{F}_1 = \boldsymbol{F}_2 = \{\boldsymbol{I} + \beta\tilde{\boldsymbol{L}}\}^{1/2}$, $\zeta = 1$, $\xi = 1/\alpha - 1$，其中 $\beta \in (0, \infty)$, $\alpha \in (0, 1]$，在特征上使用灵活的高通卷积核，传播过程可以表示为*

$$\mathcal{O} = \min_{\boldsymbol{Z}} \left\{ \left\| \{\boldsymbol{I} + \beta\tilde{\boldsymbol{L}}\}^{1/2}(\boldsymbol{Z} - \boldsymbol{H}) \right\|_F^2 + \xi \text{tr}(\boldsymbol{Z}^{\text{T}}\tilde{\boldsymbol{L}}\boldsymbol{Z}) \right\} \tag{3.54}$$

类似地，β 也是一个平衡系数，我们设置 $\beta \in (0, \infty)$，以确保 $\boldsymbol{I} + \beta\tilde{\boldsymbol{L}} = \boldsymbol{V}^*\boldsymbol{\Lambda}^*\boldsymbol{V}^{*\text{T}}$ 是一个对称的半正定矩阵，并且矩阵 $\{\boldsymbol{I} + \beta\tilde{\boldsymbol{L}}\}^{1/2} = \boldsymbol{V}^*\boldsymbol{\Lambda}^{*1/2}\boldsymbol{V}^{*\text{T}}$ 具有与 $\{\boldsymbol{I} + \beta\tilde{\boldsymbol{L}}\}$ 相似的滤波行为。如式 (3.54) 所示，通过调整平衡系数 β，所设计的目标可以灵活地约束 $\boldsymbol{Z}$ 和 $\boldsymbol{H}$ 在原始空间和高频空间中的相似性。

闭式解 计算出的闭合解为

$$\boldsymbol{Z}=\left\{\boldsymbol{I}+(\beta+1/\alpha-1)\tilde{\boldsymbol{L}}\right\}^{-1}\{\boldsymbol{I}+\beta\tilde{\boldsymbol{L}}\}\boldsymbol{H} \tag{3.55}$$

它可以重写为

$$\boldsymbol{Z}=\left\{(\beta+1/\alpha)\boldsymbol{I}+(1-\beta-1/\alpha)\hat{\tilde{\boldsymbol{A}}}\right\}^{-1}\{\boldsymbol{I}+\beta\tilde{\boldsymbol{L}}\}\boldsymbol{H} \tag{3.56}$$

迭代近似 考虑到逆矩阵的计算效率低下，我们给出了无须构造密集逆矩阵的迭代近似解：

$$\boldsymbol{Z}^{(k)}=\frac{\alpha\beta-\alpha+1}{\alpha\beta+1}\hat{\tilde{\boldsymbol{A}}}\boldsymbol{Z}^{(k-1)}+\frac{\alpha}{\alpha\beta+1}\boldsymbol{H}+\frac{\alpha\beta}{\alpha\beta+1}\tilde{\boldsymbol{L}}\boldsymbol{H} \tag{3.57}$$

高通模型设计

基于式 (3.56) 和式 (3.57) 推导出的两种传播策略，我们提出了两种新的 GNN 模型，它们分别以闭式和迭代形式表示。我们将这两种 GNN 模型表示为具有高通滤波图卷积核的 GNN（GNN-HF）。

闭合 GNN-HF 根据式 (3.56) 中的闭式传播矩阵，我们定义了以下传播机制：

$$\begin{aligned}\boldsymbol{Z}&=\mathrm{PROPAGATE}(\boldsymbol{X};\mathcal{G};\infty)_{\mathrm{HF-closed}}\\&=\left\{(\beta+1/\alpha)\boldsymbol{I}+(1-\beta-1/\alpha)\hat{\tilde{\boldsymbol{A}}}\right\}^{-1}\{\boldsymbol{I}+\beta\tilde{\boldsymbol{L}}\}\boldsymbol{H}\end{aligned} \tag{3.58}$$

其中，$\beta\in(0,\infty)$，$\alpha\in(0,1]$。通过将传播矩阵 $\{(\beta+1/\alpha)\boldsymbol{I}+(1-\beta-1/\alpha)\hat{\tilde{\boldsymbol{A}}}\}^{-1}$ 直接应用于矩阵 $\boldsymbol{H}$ 和 $\tilde{\boldsymbol{L}}\boldsymbol{H}$，就可以从原始空间和高频空间中得到特征信息的编码表示。

迭代 GNN-HF 根据迭代形式的传播机制，可以设计一个深度且计算高效的图神经网络，其中 $\beta\in(0,\infty)$，$\alpha\in(0,1]$。

$$\begin{aligned}\boldsymbol{Z}&=\mathrm{PROPAGATE}(\boldsymbol{X};\mathcal{G};K)_{\mathrm{HF-iter}}\\&=\left\langle\frac{\alpha\beta-\alpha+1}{\alpha\beta+1}\hat{\tilde{\boldsymbol{A}}}\boldsymbol{Z}^{(k-1)}+\frac{\alpha}{\alpha\beta+1}\boldsymbol{H}+\frac{\alpha\beta}{\alpha\beta+1}\tilde{\boldsymbol{L}}\boldsymbol{H}\right\rangle_K\\\boldsymbol{Z}^{(0)}&=\frac{1}{\alpha\beta+1}\boldsymbol{H}+\frac{\beta}{\alpha\beta+1}\tilde{\boldsymbol{L}}\boldsymbol{H}\text{且 }\boldsymbol{H}=f_\theta(\boldsymbol{X})\end{aligned} \tag{3.59}$$

我们直接使用 K 层的输出作为传播结果。这种迭代传播机制可以看作层级基于 $\hat{\tilde{\boldsymbol{A}}}$ 的邻居聚合，并在特征矩阵 $\boldsymbol{H}$ 和经过滤波的特征矩阵 $\tilde{\boldsymbol{L}}\boldsymbol{H}$ 上进行残差连接，同样，我们解耦了传播过程中的层级转换和聚合过程。

3.5.4 实验

实验设置

为了评估研究人员提出的 GNN-LF/HF 的有效性，我们在 6 个基准数据集上进行了实验。

Cora、Citeseer 和 Pubmed [101] 是三个标准的引文网络数据集，其中的节点代表文章，边是引文链接，特征是文章的词袋表示。

ACM[196] 数据集中的节点代表论文。如果两篇论文有相同的作者，则存在一条边。特征是论文关键词的词袋表示。三个类别分别表示数据库、无线通信和数据挖掘。

Wiki-CS[129] 是一个来自维基百科的数据集，其中的节点代表计算机科学文章，边是超链接，不同的类别代表文章的不同分支。

MS Academic [102] 是一个合著关系的微软学术图数据集，其中的节点代表作者，边代表合著关系，节点特征代表作者论文中的关键词。

节点分类结果

我们在半监督节点分类任务上评估了 GNN-LF/HF 相较于几种最先进的基线方法的有效性。我们使用 ACC（准确率）指标进行评估，并在表 3.4中给出了 ACC 的平均值和 95%置信度的不确定性，得出以下观察结果。

（1）GNN-LF/HF 在所有数据集上的表现始终优于所有最先进的基线。GNN-LF/HF 总是取得最优或次优的结果，这证明了所提出模型的有效性。从统一优化框架的角度看，我们可以验证 GNN-LF/HF 不仅保留了与原始特征相同的表示，而且考虑了基于低频或高频信息的相似性捕捉。这两种关系的平衡可以提取出更有意义的信号，从而表现得更好。

（2）从 GNN-LF/HF 闭式和迭代版本的结果可以看出，迭代 GNN-LF/迭代 GNN-HF 使用 10 个传播深度就能够有效地近似闭合 GNN-LF/闭合 GNN-HF。至于 GNN-LF 和 GNN-HF 之间的性能比较，我们发现很难确定哪一个是最好的，因为哪个滤波器表现得更好可能取决于不同数据集的特性。但总的来说，在 GNN 模型中灵活而全面地考虑多种信息总是可以在不同的网络上取得令人满意的结果。

（3）PPNP/APPNP 始终优于 GCN/SGC，因为前者的目标函数还考虑了拟合项，能够在传播过程中从特征中找到重要信息。另外，APPNP 的性能优于 JKNet，这主要是因为前者的传播过程充分利用了原始特征，并且 APPNP 在保持性能不下降的情况下，解耦了层级的非线性变换操作 [118]。模型之间的上述差异和结果的解释很容易从统一框架中得出。

表 3.4 节点分类结果

模型	数据集					
	Cora/%±σ	Citeseer/%±σ	Pubmed/%±σ	ACM/%±σ	Wiki-CS/%±σ	MS Academic/%±σ
MLP	57.79±0.11	61.20±0.08	73.23±0.05	77.39±0.11	65.66±0.20	87.79±0.42
LP	71.50±0.00	50.80±0.00	72.70±0.00	63.30±0.00	34.90±0.00	74.10±0.00
ChebNet	79.92±0.18	70.90±0.37	76.98±0.16	79.53±1.24	63.24±1.43	90.76±0.73
GAT	82.48±0.31	72.08±0.41	79.08±0.22	88.24±0.38	74.27±0.63	91.58±0.25
GraphSAGE	82.14±0.25	71.80±0.36	79.20±0.27	87.57±0.65	73.17±0.41	91.53±0.15
IncepGCN	81.94±0.94	69.66±0.29	78.88±0.35	87.75±0.61	60.54±1.06	75.45±0.49
GCN	82.41±0.25	70.72±0.36	79.40±0.15	88.38±0.51	71.97±0.51	92.17±0.11
SGC	81.90±0.23	72.21±0.22	78.30±0.14	87.56±0.34	72.43±0.28	88.35±0.36
PPNP	83.34±0.20	71.73±0.30	80.06±0.20	89.12±0.17	74.53±0.36	92.27±0.23
APPNP	83.32±0.42	71.67±0.48	80.05±0.27	89.04±0.21	74.30±0.50	92.25±0.18
JKNet	81.19±0.49	70.69±0.88	78.60±0.25	88.11±0.36	60.90±0.92	87.26±0.23
闭式 **GNN-LF**	83.70±0.14	71.98±0.33	80.34±0.18	89.43±0.20	**75.50±0.56**	**92.79±0.15**
迭代 **GNN-LF**	83.53±0.24	71.92±0.24	80.33±0.20	89.37±0.40	75.35±0.24	92.69±0.20
闭式 **GNN-HF**	**83.96±0.22**	**72.30±0.28**	80.41±0.25	89.46±0.30	74.92±0.45	92.47±0.23
迭代 **GNN-HF**	83.79±0.29	72.03±0.36	**80.54±0.25**	**89.59±0.31**	74.90±0.37	92.51±0.16

3.6 本章小结

本章介绍了同质图神经网络，其中最基本的部分是消息传递机制的设计。具体来说，本章介绍了三种具有代表性的方法：AM-GCN 增强了 GCN 融合属性和拓扑信息的能力；FAGCN 有助于现有的 GNN 摆脱低通滤波器的限制；GEN 为 GNN 学习了更好的消息传递拓扑。充分的实验证明了这些方法的有效性。此外，第 5 节的研究提出了大多数现有 GNN 的消息传递机制可以总结为一个具有灵活迭代算法的统一闭式框架。基于这个框架，我们设计了两种新的 GNN——GNN-LF 和 GNN-HF，它们分别可以进行低通和高通滤波。相信这些发现可以帮助研究人员更好地理解消息传递背后的原理。

3.7 扩展阅读

同质图神经网络的研究是 GNN 最基本的组成部分。要更全面地了解同质图神经网络，读者可以阅读最近关于图神经网络的综述 [8,206,241]。一般来说，现有的同质图神经网络可以分为两类——谱方法和空间方法，这两种方法为研究人员设计消息传递机制提供了不同方法。

谱方法将图拓扑作为滤波器，通过谱图理论设计新的拓扑，将消息传递到图滤波器后，节点特征中的基本频率信息被保留，噪声被过滤，3.3节和 3.5节介绍的同质图神经网络就属于这一类。第一个谱图神经网络（Spectral GNN，SGNN）[13] 由 Yann LeCun 提出，其特征分解的计算成本较高；ChebyNet 利用对称矩阵可对角化的特性解决了这个问题；GCN 则通过一阶近似简化了 ChebyNet。

基于空间方法侧重于设计强大的消息传递机制来聚合邻域信息，3.2节和 3.4节介绍的同质图神经网络就属于这一类。基于空间方法借鉴了最先进的神经网络架构，例如，GAT 使用注意力机制来学习不同邻居的重要性，PPNP 使用残差连接来处理 GNN 中的过平滑问题，AdaGCN [172] 则将传统的增强方法融入 GNN 中。

第 4 章　异质图神经网络

作为一种基于深度学习的强大的图表示技术，图神经网络（GNN）具有卓越的性能，并吸引了相当多研究人员的兴趣。最近，一些研究尝试将它们推广到包含不同类型节点和关系的异质图上。在本章中，我们将介绍三种异质图神经网络（HGNN），包括异质图传播网络（Heterogeneous graph Propagation Network，HPN）、基于距离编码的异质图神经网络（Distance encoding-based Heterogeneous graph Network，DHN）和基于协同对比学习的自监督异质图神经网络（HeCo）。

4.1　引言

以往的 GNN 主要关注同质图，而异质图（Heterogeneous Graph，HG）也随处可见，涵盖了从文献和社交网络到交通和通信系统等各个领域 [163]。由于异质图具有不同类型的节点和关系，因此能够在真实世界场景中模拟复杂的相互作用和极其丰富的语义。

近年来，异质图神经网络 [83, 191, 196, 199, 229] 在异质图处理领域取得了巨大的成功，因为它们能有效地将消息传递机制与复杂的异质性相结合。这些 HGNN 通常以分层的方式归纳为两个聚合步骤：

（1）在节点层面聚合由单一元路径提取的邻居；

（2）在语义层面通过多条元路径聚合丰富的语义信息。

到目前为止，HGNN 已经显著推动了面向推荐系统 [44] 和安全系统 [46] 等真实世界应用的异质图分析的发展。

在本章中，我们将介绍三种具有代表性的 HGNN，并专注于深度退化现象和区分能力两个关键问题。具体而言，异质图传播网络 [89] 从理论上分析了 HGNN 中的深度退化现象，并提出了一种新颖的卷积层来缓解这种语义混淆。在区分能力方面，基于距离编码的异质图神经网络 [88] 将异质距离编码注入聚合层，而基于协同对比学习的自监督异质图神经网络 [197] 则采用跨视图对比机制来同时捕捉局部和高阶结构。

4.2 异质图传播网络

4.2.1 概述

在实际应用 HGNN 时，人们发现了一种重要的现象，称为语义混淆。类似于同质图神经网络中的过度平滑 [115,212]，语义混淆意味着 HGNN 会将通过多条元路径提取的混淆语义注入节点嵌入。图 4.1(a) 显示了 HAN 在 ACM 学术图 [196] 上的聚类结果。它清晰地显示，随着模型深度的增加，HAN 的性能越来越差。实际上，发生语义混淆的原因有两个。首先，随着模型深度的增加，不同的节点将连接到相同的基于元路径的邻居。其次，语义层面聚合的多元路径组合实际上融合了多个不可区分的语义。语义混淆使 HGNN 难以成为真正的深度模型，严重限制了它们的表示能力，并损害了它们在下游任务上的性能。

因此，异质图传播网络从基于多元路径的随机游走的角度，分析了 HGNN 中的语义混淆，证明了 HGNN 和基于多元路径的随机游走 [109] 在本质上是等价的，进而减轻了语义混淆。具体而言，HPN 包含两部分：语义传播机制和语义融合机制。除了从基于元路径的邻居中聚合信息，语义传播机制还以适当的权重吸收节点的本地语义。因此，即使有更多的隐藏层，语义传播机制也能够捕捉每个节点的特征。语义融合机制则学习了元路径的重要性，并将它们融合为综合的节点嵌入。

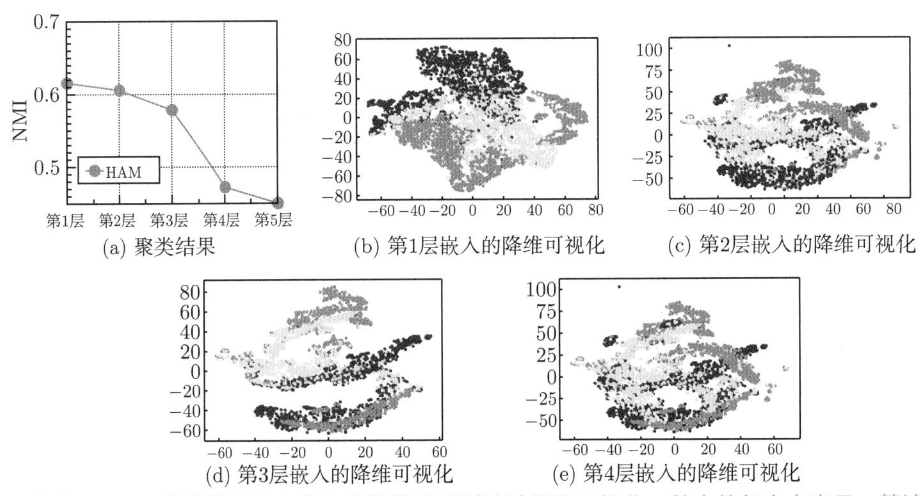

图 4.1 使用 HAN 不同层的论文嵌入进行聚类得到的结果和可视化。其中的每个点表示一篇论文，相应的颜色表示标签（如研究领域）

4.2.2 HPN 模型

HGNN 与基于元路径的随机游走的关系

作为经典的异质图算法，基于元路径的随机游走 [109] 主要包含基于单一元路径的随机游走和多元路径组合。给定一条元路径 Φ，元路径概率矩阵 $\boldsymbol{M}^{\Phi}$ 中的元素 $\boldsymbol{M}_{ij}^{\Phi}$ 表示通过元路径 Φ 从节点 i 转移到节点 j 的概率。基于单一元路径的 k 步随机游走定义如下：

$$\boldsymbol{\pi}^{\Phi,k} = \boldsymbol{M}^{\Phi} \cdot \boldsymbol{\pi}^{\Phi,k-1} \tag{4.1}$$

考虑到元路径集合 $\{\Phi_1, \Phi_2, \cdots, \Phi_P\}$ 及其权重 $\{w_{\Phi_1}, w_{\Phi_2}, \cdots, w_{\Phi_P}\}$，基于多元路径的 k 步随机游走定义如下：

$$\boldsymbol{\pi}^{k} = \sum_{p=1}^{P} w_{\Phi_p} \cdot \boldsymbol{\pi}^{\Phi_p,k} \tag{4.2}$$

定理 4.1 假设异质图是非周期的和不可约的，如果取极限 $k \to \infty$，则基于单一元路径的 k 步随机游走，将收敛到与节点无关的元路径特定极限分布 $\boldsymbol{\pi}^{\Phi,\lim}$。

$$\boldsymbol{\pi}^{\Phi,\lim} = \boldsymbol{M}^{\Phi} \cdot \boldsymbol{\pi}^{\Phi,\lim} \tag{4.3}$$

由于 $\boldsymbol{M}^{\Phi}$ 是元路径概率矩阵，因此基于元路径的随机游走是马尔可夫链。马尔可夫链的收敛性表明，如果取极限 $k \to \infty$，则 $\boldsymbol{\pi}^{\Phi,k}$ 会收敛到极限分布 $\boldsymbol{\pi}^{\Phi,\lim}$。显然，$\boldsymbol{\pi}^{\Phi,\lim}$ 仅取决于 $\boldsymbol{M}^{\Phi}$，并且与节点无关。

通过某些关系相连的不同节点会相互影响，有人已经证明，两个节点之间的影响分布与随机游走分布成比例 [212]。

定理 4.2 对于同构图上的聚合模型（如图神经网络），如果同构图是非周期的和不可约的，则节点 i 的影响分布 I_i 有望等价于 k 步随机游走分布。

通过定理 4.1 和定理 4.2 可知，单一元路径随机游走所揭示的影响分布与节点无关。因此，如果激活函数为线性函数，则 HGNN 中的节点级聚合在本质上等价于基于元路径的随机游走。基于上述分析，如果在节点级聚合中堆叠无限层，则学习到的节点嵌入 $\boldsymbol{Z}^{\Phi}$ 仅会受到元路径 Φ 的影响，因此它们独立于节点，无法捕捉每个节点的特征，不具有区分性。

定理 4.3 假设 k 步单一元路径随机游走是彼此独立的，如果取极限 $k \to \infty$，则 k 步多元路径随机游走的极限分布是单一元路径随机游走极限分布的加权组合，具体如下。

$$\boldsymbol{\pi}^{\lim} = \sum_{p=1}^{P} w_{\Phi_p} \cdot \boldsymbol{\pi}^{\Phi_p,\lim} \tag{4.4}$$

证明 因为 k 步单一元路径随机游走相互独立，所以根据极限的加法和常数倍法则可得 [254]：

$$\begin{aligned}\boldsymbol{\pi}^{\lim} &= \lim_{k\to\infty}\sum_{p=1}^{P} w_{\Phi_p}\cdot\boldsymbol{\pi}^{\Phi_p,k} = \sum_{p=1}^{P} w_{\Phi_p}\cdot\lim_{k\to\infty}\boldsymbol{\pi}^{\Phi_p,k} \\ &= \sum_{p=1}^{P} w_{\Phi_p}\cdot\boldsymbol{\pi}^{\Phi_p,\lim}\end{aligned} \tag{4.5}$$

这表明元路径的组合只能改变极限分布的位置，极限分布的收敛性保持不变。

根据定理 4.2 和定理 4.3 可以得出如下结论：通过节点层面和语义层面的学习得到的最终节点嵌入只受一组元路径的影响，因此仍不具有区分性。为了缓解语义混淆，HPN 改进了当前 HGNN 架构在节点层面或语义层面上的表现。

HPN 模型

HPN 模型主要包括语义传播机制和语义融合机制。受基于元路径的、带重启的随机游走的启发，语义传播机制强调节点的局部语义。语义融合机制能够学习元路径的重要性，并获得语义特定节点嵌入的最佳加权组合。

语义传播机制 给定一条元路径 Φ，语义传播机制 $\mathcal{P}_\Phi$ 先通过语义投影函数 f_Φ 将节点投影到语义空间中，然后通过语义聚合函数 g_Φ 从基于元路径的邻居节点中聚合信息，如下所示：

$$\boldsymbol{Z}^{\Phi} = \mathcal{P}_\Phi(\boldsymbol{X}) = g_\Phi(f_\Phi(\boldsymbol{X})) \tag{4.6}$$

其中，$\boldsymbol{X}$ 表示初始特征矩阵，$\boldsymbol{Z}^{\Phi}$ 表示语义特定的节点嵌入。为了处理异质图，语义投影函数 f_Φ 会将节点投影到语义空间中，如下所示：

$$\boldsymbol{H}^{\Phi} = f_\Phi(\boldsymbol{X}) = \sigma(\boldsymbol{X}\cdot\boldsymbol{W}^{\Phi} + \boldsymbol{b}^{\Phi}) \tag{4.7}$$

其中，$\boldsymbol{H}^{\Phi}$ 是节点特征矩阵的投影，$\boldsymbol{W}^{\Phi}$ 和 $\boldsymbol{b}^{\Phi}$ 分别表示元路径 Φ 的权重矩阵和偏置向量。需要注意的是，$\boldsymbol{H}^{\Phi}$ 也可以看作零阶节点嵌入 $\boldsymbol{Z}^{\Phi,0}$，它展现了每个节点的特征。为了缓解语义混淆，我们设计了语义聚合函数 g_Φ：

$$\boldsymbol{Z}^{\Phi,k} = g_\Phi(\boldsymbol{Z}^{\Phi,k-1}) = (1-\gamma)\cdot\boldsymbol{M}^{\Phi}\cdot\boldsymbol{Z}^{\Phi,k-1} + \gamma\cdot\boldsymbol{H}^{\Phi} \tag{4.8}$$

其中，$\boldsymbol{Z}^{\Phi,k}$ 表示第 k 层语义传播机制学习到的节点嵌入，$\boldsymbol{M}^{\Phi}\cdot\boldsymbol{Z}^{\Phi,k-1}$ 表示从基于元路径的邻居节点中聚合信息，γ 是一个权重系数，表示节点特征在聚合过程中的重要性。

为什么语义聚合函数 g_Φ 是有效的？ 这里建立了语义聚合函数 g_Φ 与基于 k 步元路径的重启随机游走之间的关系。对于节点 i，基于 k 步元路径的重启随机游走定义如下：

$$\boldsymbol{\pi}^{\Phi,k}(\boldsymbol{i}) = (1-\gamma)\cdot\boldsymbol{M}^{\Phi}\cdot\boldsymbol{\pi}^{\Phi,k-1}(\boldsymbol{i}) + \gamma\cdot\boldsymbol{i} \tag{4.9}$$

其中，$\boldsymbol{i}$ 是节点 i 的独热向量，γ 表示重启概率。

定理 4.4 假设异质图是非周期的和不可约的，如果取极限 $k \to \infty$，那么基于 k 步元路径的重启随机游走将会收敛到 $\pi^{\Phi,\lim}(\boldsymbol{i})$，它与起始节点 i 有关。

$$\pi^{\Phi,\lim}(\boldsymbol{i}) = \gamma \cdot (\boldsymbol{I} - (1-\gamma) \cdot \boldsymbol{M}^{\Phi})^{-1} \cdot \boldsymbol{i} \tag{4.10}$$

证明 如果取极限 $k \to \infty$：

$$\pi^{\Phi,\lim}(\boldsymbol{i}) = (1-\gamma) \cdot \boldsymbol{M}^{\Phi} \cdot \pi^{\Phi,\lim}(\boldsymbol{i}) + \gamma \cdot \boldsymbol{i} \tag{4.11}$$

解方程 (4.11)：

$$\pi^{\Phi,\lim}(\boldsymbol{i}) = \gamma \cdot (\boldsymbol{I} - (1-\gamma) \cdot \boldsymbol{M}^{\Phi})^{-1} \cdot \boldsymbol{i} \tag{4.12}$$

显然，$\pi^{\Phi,\lim}(\boldsymbol{i})$ 与起始节点 i 有关。

由定理 4.2 和定理 4.4 可知，基于元路径的重启随机游走所揭示的影响分布与节点相关。语义聚合函数 g_{Φ} 吸收了节点的局部语义信息，并使得语义特定的节点嵌入 $\boldsymbol{Z}^{\Phi,k}$ 具有区分性。

语义融合机制 给定一组元路径 $\{\Phi_1, \Phi_2, \cdots, \Phi_P\}$，得到 P 组语义特定的节点嵌入 $\left\{\boldsymbol{Z}^{\Phi_1}, \boldsymbol{Z}^{\Phi_2}, \cdots, \boldsymbol{Z}^{\Phi_P}\right\}$。语义融合机制 $\mathcal{F}$ 能将它们融合以用于具体的任务。将 P 组语义特定的节点嵌入作为输入，通过语义融合机制 $\mathcal{F}$ 得到最终的节点嵌入 $\boldsymbol{Z}$，如下所示：

$$\boldsymbol{Z} = \mathcal{F}(\boldsymbol{Z}^{\Phi_1}, \boldsymbol{Z}^{\Phi_2}, \cdots, \boldsymbol{Z}^{\Phi_P}) \tag{4.13}$$

从直观上，并不是所有的元路径都应该被同等看待。为了学习元路径的重要性，每个语义特定的节点嵌入都被投影到相同的隐空间中，并采用语义融合向量 $\boldsymbol{q}$ 来学习元路径的重要性。元路径 Φ_p 的重要性记为 w_{Φ_p}，定义如下：

$$w_{\Phi_p} = \frac{1}{|\mathcal{V}|} \sum_{i \in \mathcal{V}} \boldsymbol{q}^{\mathrm{T}} \cdot \tanh(\boldsymbol{W} \cdot \boldsymbol{z}_i^{\Phi_p} + \boldsymbol{b}) \tag{4.14}$$

其中，$\boldsymbol{W}$ 和 $\boldsymbol{b}$ 分别表示权重矩阵和偏置向量。需要注意的是，语义融合机制中的所有参数对于所有节点和语义是共享的。在获得元路径的重要性之后，使用 softmax 函数对其进行归一化，以获得每条元路径的权重 β_{Φ_p}：

$$\beta_{\Phi_p} = \frac{\exp(w_{\Phi_p})}{\sum_{p=1}^{P} \exp(w_{\Phi_p})} \tag{4.15}$$

使用学习到的权重作为系数，将 P 个语义特定的嵌入融合以获取最终嵌入 $\boldsymbol{Z}$，如下所示：

$$\boldsymbol{Z}=\sum_{p=1}^{P}\beta_{\Phi_p}\cdot\boldsymbol{Z}^{\Phi_p} \tag{4.16}$$

损失函数　对于半监督的节点分类任务，HPN 使用交叉熵损失函数更新参数：

$$\mathcal{L}=-\sum_{l\in\mathcal{Y}_L}\boldsymbol{Y}_l\cdot\ln(\boldsymbol{Z}_l\cdot\boldsymbol{C}) \tag{4.17}$$

其中，$\boldsymbol{C}$ 是一个投影矩阵，$\mathcal{Y}_L$ 是带标签的节点集合，$\boldsymbol{Y}_l$ 和 $\boldsymbol{Z}_l$ 分别是节点 l 的标签向量和嵌入。对于无监督的节点推荐任务，HPN 使用带有负采样的 BPR 损失函数 [76,195] 来更新模型参数：

$$\mathcal{L}=-\sum_{(u,v)\in\Omega}\log\sigma\left(\boldsymbol{z}_u^{\mathrm{T}}\boldsymbol{z}_v\right)-\sum_{(u,v')\in\Omega^-}\log\sigma\left(-\boldsymbol{z}_u^{\mathrm{T}}\boldsymbol{z}_{v'}\right) \tag{4.18}$$

其中，$(u,v)\in\Omega$ 和 $(u,v')\in\Omega^-$ 分别表示观测节点（正样本）对集合以及从所有未观测节点对中采样得到的负样本节点对集合。

4.2.3 实验

数据集和基线

数据集　HPN 的实验是在真实异质图 Yelp、ACM、IMDB、MovieLens 上进行的。关于数据集的详细介绍见表 4.1。

表 4.1　数据集参数

数据表	A-B	#A	#B	#A-B	特征数	元路径/语义
IMDB	Movie-Actor	4780	5841	14340	1232	Movie-Actor-Movie (MAM)
	Movie-Director	4780	2269	4780		Movie-Director-Moive (MDM)
ACM	Paper-Author	3025	5835	3025	1870	Paper-Author-Paper (PAP)
	Paper-Subject	3025	56	3025		Paper-Subject-Paper (PSP)
Yelp	Business-Category	4463	733	17123	144	Business-Category-Business (BCB)
	Business-Attribute	4463	144	82705		Business-Attribute-Business (BAB)
	Business-User	4463	29383	44816		Business-User-Business (BUB)
MovieLens	User-Movie	943	1682	100000	18	User-Movie (UM)
	User-User	943	943	47150		User-User (UU)

基线　HPN 与几种先进的基线做了比较，包括异质网络嵌入（如 mp2vec[41] 和 HERec[162]）、同质图神经网络（如 GCN[101] 和 PPNP [102]）和 HGNN（如 HAN [196] 和 MAGNN[55]）。在这里，两个 HPN 变体—$\mathrm{HPN_{pro}}$（重启概率 $\gamma=0$）和 $\mathrm{HPN_{fus}}$（对所有元路径进行简单平均）也设定为基线。

节点聚类

HPN 的实验旨在比较无监督模型（如 mp2vec 和 HERec）与半监督模型（如 GCN、PPNP、MAGNN、HAN 和 HPN）在节点聚类方面的性能。为此，HPN 依照之前的研究 [196]，通过前向传播获取所有模型学习到的节点嵌入，然后使用 k 均值算法测试它们的有效性。聚类任务的评估指标为 NMI 和 ARI，10 次运行的平均结果见表 4.2。

表 4.2 节点聚类任务的量化结果

数据集	指标	mp2vec	HERec	GCN	PPNP	HAN	MAGNN	HPN_{pro}	HPN_{fus}	HPN
Yelp	NMI	42.04	0.30	32.58	40.60	45.46	47.56	44.36	12.86	**48.90**
	ARI	38.27	0.41	23.30	37.72	41.39	43.24	42.57	10.54	**44.89**
ACM	NMI	21.22	40.70	51.40	61.68	61.56	64.12	65.60	67.55	**68.21**
	ARI	21.00	37.13	53.01	65.15	64.39	66.29	69.30	71.53	**72.33**
IMDB	NMI	1.20	1.20	5.45	10.20	10.87	11.79	9.45	12.01	**12.31**
	ARI	1.70	1.65	4.40	8.20	10.01	10.32	8.02	12.32	**12.55**

从表 4.2 可以看出，HPN 的表现显著优于其他基线。这说明了缓解语义混淆在 HGNN 中的重要性。同时，研究发现，HGNN 优于同质 GNN，因为它们可以捕捉更丰富的语义并更全面地描述节点特征。需要注意的是，HPN_{pro} 和 HPN_{fus} 的性能有不同程度的下降，这说明了语义传播机制和语义融合机制的重要性。

对于模型深度的鲁棒性

在 HPN 中，语义传播机制是一种显著的特性。与以前的 HGNN 相比，HPN 可以堆叠更多的层并学习更具表现力的节点嵌入。为了展示 HPN 中语义传播的优越性，我们分别对具有 1~5 层的 HAN 和 HPN 进行了测试，不同层数的 HAN/HPN 的聚类结果如图 4.2所示。

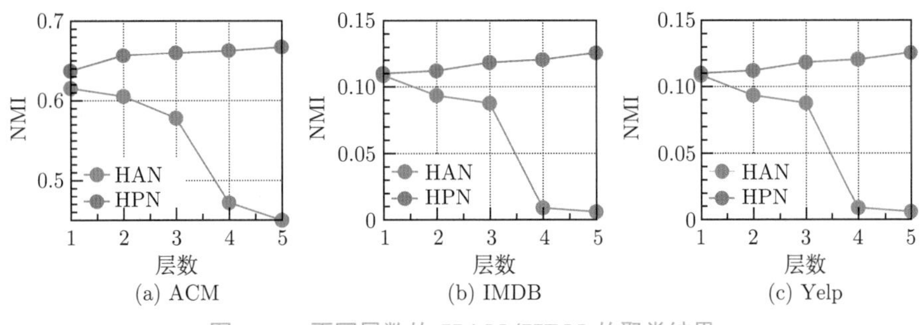

图 4.2 不同层数的 HAN/HPN 的聚类结果

可以看出，随着模型深度的增加，HAN 的性能在数据集 ACM 和 IMDB 上都变差了，而 HPN 的性能变得越来越好，这说明语义传播机制能够有效地缓解语义混淆。因此，即使堆叠更多的层，通过 HPN 学习的节点嵌入也仍然是可区分的。

更详细的描述和实验验证见参考文献 [89]。

4.3 基于距离编码的异质图神经网络

4.3.1 概述

传统的异质图神经网络主要关注如何处理异质性，以及如何通过聚合图结构上的邻居来学习个体节点嵌入。然而，这种学习范式不能建立节点之间的相关性 [114]，如图 4.3(b) 所示，节点 p_2 和 p_3 分别汇聚了一个作者和两个术语。对于节点对 (p_1, p_2) 和 (p_1, p_3)，HGNN 预测了相同的存在概率（$\hat{y}_{p_1,p_2} = \hat{y}_{p_1,p_3}$），如图 4.3(c) 所示。实际上，相对于节点 p_3，节点 p_1 与节点 p_2 更接近，因此链接 (p_1, p_2) 更可能存在。造成 HGNN 表现受限的一个重要原因是，每个节点都单独聚合结构邻居，从而在很大程度上忽略了节点之间的相关性（如距离）[114,148,222]。近期的一些研究 [114,222] 将不同的相关性集成到了同质图神经网络 [114] 的学习过程中。然而，这些相关性建模技术没有考虑到边的多样性，因此不能直接应用于异质图。

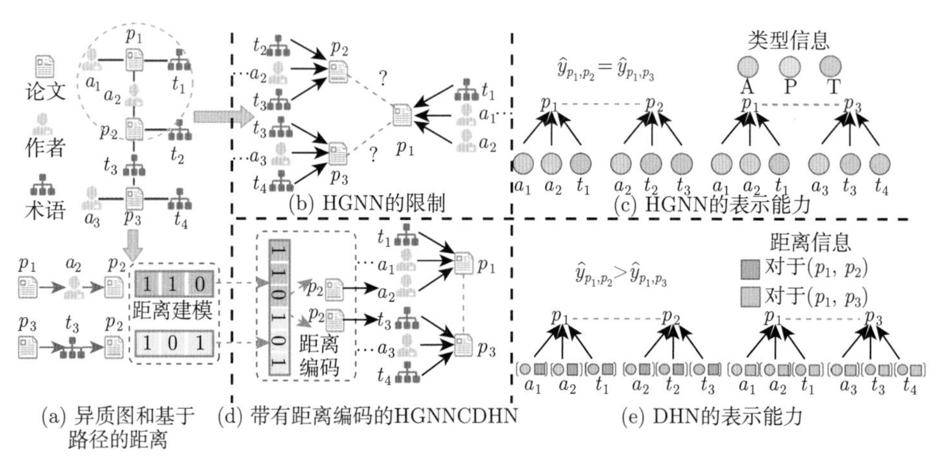

图 4.3 在学术引用异质图上对比 HGNN 和 DHN

由于节点之间存在多种类型的连接，在异质图中建立节点之间的相关性面临着更多的挑战。传统的度量方法（如 SPD）无法充分衡量异质图中节点之间的相关性，因为它们仅关注路径长度，而很大程度上忽略了路径类型的影响。如图 4.3(d) 所示，节点对 (p_2, p_1) 与

节点对 (p_2, p_3) 之间的相关性不同，因为它们是通过不同类型的路径连接的，传统的 SPD 度量方法将赋予它们相同的距离。

因此，异质距离编码（Heterogeneous Distance Encoding，HDE）被提出用于解决上述问题。通过将 HDE 注入 HGNN 的邻居聚合过程中，人们进一步提出了一种基于距离编码的异质图神经网络。具体而言，DHN 首先定义了异质最短路径距离，并设计了 HDE 来编码多个节点之间的这些距离。之后，DHN 将编码的相关性注入聚合过程中，以学习更具表现力的表示，进而进行链接预测。

4.3.2 DHN 模型

定义 4.1 异质包含子图 给定一个目标节点集合 $\mathcal{S} \subset \mathcal{V}$，$\mathcal{S}$ 的 k-hop 异质包含子图记作 $\mathcal{G}_{\mathcal{S}}^{k}$，指的是从异质图中由 $\mathcal{S}$ 中所有节点的 k-hop 邻居的并集所产生的子图。

例 4.1 以节点对 (p_1, a_2) 为例，1-hop 异质包含子图 $\mathcal{G}_{p_1,a_2}^{1}$ 在图 4.3(a) 中用绿色圆圈表示，它由节点 p_1 的 1-hop 邻居 $\{a_1, t_1, p_1, a_2\}$、节点 a_2 的 1-hop 邻居 $\{p_1, p_2, a_2\}$，以及它们之间的边组成。

定义 4.2 最短路径距离 给定节点对 (u, v)，路径 ρ 被定义为从节点 v 到节点 u 的节点序列，表示为 $\rho_{v \rightsquigarrow u} = (w_0, w_1, \cdots, w_p)$，其中 $w_0 = v$，$w_p = u$。在所有可能的路径 $\mathcal{P}_{v \rightsquigarrow u}$ 中，最短路径距离（Shortest Path Distance, SPD）代表节点 v 到节点 u 的相对距离，记为 $\mathrm{spd}(u|v) \in \mathbb{R}$。

$$\mathrm{spd}(u|v) = \min\left\{ \left|\rho_{v \rightsquigarrow u}\right| \middle| \forall \rho_{v \rightsquigarrow u} \in \mathcal{P}_{v \rightsquigarrow u} \right\} \tag{4.19}$$

其中，$|\rho_{v \rightsquigarrow u}|$ 表示路径 $\rho_{v \rightsquigarrow u}$ 中除了第一个节点 v 以外的节点数量。

例 4.2 如图 4.4 所示，从节点 p_1 到节点 p_2 的最短路径 $\rho_{p_1 \rightsquigarrow p_2}$ 是 (p_1, a_2, p_2)，相应的 $\mathrm{spd}(p_2|p_1)$ 值为 2。

异质距离编码

为了正确地衡量异质图上节点之间的相对距离，异质最短路径距离同时考虑了路径长度和路径类型，然后通过异质距离编码将其编码为节点之间的相关性。

定义 4.3 异质最短路径距离 给定节点对 (u, v)，异质最短路径距离描述了从节点 v 到节点 u 的相对距离，同时考虑了路径长度和路径类型，记为 $\boldsymbol{d}(u|v) \in \mathbb{R}^{|\mathcal{A}|}$。Hete-SPD 的第 j 个维度捕捉了与节点类型 $\mathcal{A}_j$ 相关的相对距离，如下所示。

$$\boldsymbol{d}_j(u|v) = \min\left\{ \left|\rho_{v \rightsquigarrow u}\right|_{\phi(w)=j} \middle| \ \forall \rho_{v \rightsquigarrow u} \in \mathcal{P}_{v \rightsquigarrow u} \right\} \tag{4.20}$$

其中，$|\rho_{v\rightsquigarrow u}|_{\phi(w)=j}$ 表示路径 $\rho_{v\rightsquigarrow u}$ 中除了第一个节点 v 之外，属于第 j 类节点的节点数量。

例 4.3 如图 4.4 所示，异质最短路径距离 $\boldsymbol{d}(p_2|p_1)$ 的值为 $[1,1,0]$，表示从节点 p_1 到节点 p_2 的异质最短路径经过一个作者（a_2）和一篇论文（p_2）。同时，异质最短路径距离 $\boldsymbol{d}(p_2|p_3)$ 的值为 $[1,0,1]$。可以看出，Hete-SPD 为节点对 (p_3,p_2) 和 (p_1,p_2) 分配了不同的距离。

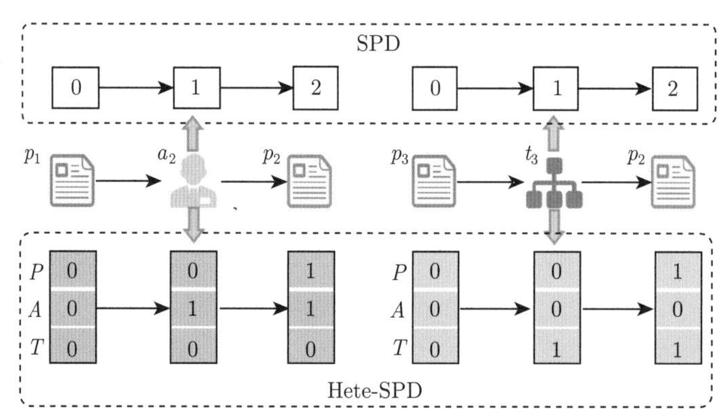

图 4.4 使用 SPD 和 Hete-SPD 计算 $\rho_{p_1\rightsquigarrow p_2}$ 和 $\rho_{p_3\rightsquigarrow p_2}$ 的一个例子。在这个例子中，SPD 不考虑路径类型，并为它们分配相同的距离。Hete-SPD 则计算与节点类型相关的相对距离，因而能区分两条不同的路径（如 $\boldsymbol{d}(p_2|p_1)=[1,1,0]$ 和 $\boldsymbol{d}(p_2|p_3)=[1,0,1]$）

定义 4.4 异质距离编码（HDE） 在异质图中，给定目标节点集合 $\mathcal{S}\subset\mathcal{V}$，节点 i 的异质距离编码表示所有从 $\mathcal{S}$ 中的节点到节点 i 的 Hete-SPD 的组合，记为 $\boldsymbol{h}_i^{\mathcal{S}}$，如下所示。

$$\boldsymbol{h}_i^{\mathcal{S}}=F\left(\mathrm{Enc}(\boldsymbol{d}(i|v))\middle|v\in\mathcal{S}\right)\tag{4.21}$$

其中，F 是融合函数，Enc 是编码函数。

例 4.4 给定一个待预测的节点对 (u,v)（$\mathcal{S}=\{u,v\}$），对于节点 i，相对于节点对 $\{u,v\}$ 的 HDE 如下所示：

$$\boldsymbol{h}_i^{\{u,v\}}=F\Big(\mathrm{Enc}\big(\boldsymbol{d}(i|u)\big),\mathrm{Enc}\big(\boldsymbol{d}(i|v)\big)\Big)\tag{4.22}$$

其中，F 是拼接运算符，Enc 则是逐元素独热编码的拼接运算符，具体如下：

$$\mathrm{Enc}\big(\boldsymbol{d}(i|u)\big)=\Big\|_j\,\mathrm{onehot}\Big(\min\big(\boldsymbol{d}_j(i|u),d_j^{\max}\big)\Big)\tag{4.23}$$

其中，$d_j^{\max}$ 是节点类型 $\mathcal{A}_j$ 的最大距离。

用于链接预测的异质距离编码

为了验证 HDE 的有效性，这里在链接预测任务上进行评估。DHN 的基本思想是捕捉节点之间的相关性，并将这种相关性整合到 HGNN 的聚合过程中。具体而言，给定节点对 (u,v)，DHN 将计算 HDE 以捕获它们之间的相关性并初始化邻居嵌入。然后，DHN 聚合异质邻居嵌入并将相关性注入最终的节点嵌入。最后，节点对的最终嵌入用于预测链接 (u,v) 存在的概率。

初始化节点嵌入 与以前的工作 [196, 229] 显著不同的是，DHN 通过 HDE 初始化节点嵌入以捕捉节点之间的相关性。具体来说，给定链接 (u,v)，DHN 同时利用与链接 (u,v) 相关的 HDE 和异质类型编码来初始化节点嵌入。

异质距离编码 对于给定的节点对 (u,v)，首先从节点对 (u,v) 计算 HDE。具体而言，就是提取节点对的 k-hop 异质闭合子图 $\mathcal{G}^k_{\{u,v\}}$，并且只计算 $\mathcal{G}^k_{\{u,v\}}$ 中节点 i 的 HDE。

异质类型编码 异质类型编码用于进一步初始化节点嵌入：

$$\boldsymbol{c}_i = \text{onehot}(\phi(i)) \tag{4.24}$$

其中，$\boldsymbol{c}_i \in \mathbb{R}^{|\mathcal{A}|}$ 表示节点 i 的类型。如图 4.4 所示，节点 p_1 的类型索引为 $j=\phi(p_1)=0$，对应的异质类型编码为 $[1,0,0]$。最后，对节点 i 的异质类型编码和异质距离编码进行拼接，并通过 MLP 投影作为初始嵌入，用于预测链接 (u,v) 是否存在，具体如下：

$$\boldsymbol{e}_i^{\{u,v\}} = \sigma(\boldsymbol{W}_0 \cdot \boldsymbol{c}_i || \boldsymbol{h}_i^{\{u,v\}} + \boldsymbol{b}_0) \tag{4.25}$$

其中，$\boldsymbol{e}_i^{\{u,v\}}$ 表示节点 i 的 (u,v) 相关的初始嵌入，$\boldsymbol{W}_0$ 和 $\boldsymbol{b}_0$ 分别表示权重矩阵和偏置向量。

异质图卷积 在初始化 (u,v) 相关的节点嵌入后，进一步设计异质图卷积来聚合异质包含子图中的邻居节点。以节点 u 为例，首先采样固定数量的邻居节点 $\mathcal{N}_u^{\{u,v\}}$，然后使用一种极其简单的聚合函数，具体如下：

$$\boldsymbol{x}_{u,l}^{\{u,v\}} = \sigma(\boldsymbol{W}^l \cdot (\boldsymbol{x}_{u,l-1}^{\{u,v\}} || \text{Avg}\{\boldsymbol{x}_{i,l-1}^{\{u,v\}}\} + \boldsymbol{b}^l), \forall i \in \mathcal{N}_u^{\{u,v\}} \tag{4.26}$$

其中，$\boldsymbol{W}^l$ 和 $\boldsymbol{b}^l$ 分别表示权重矩阵和偏置向量。在经过 L 层聚合后，可获得最终的节点嵌入 $\boldsymbol{z}_u^{\{u,v\}} = \boldsymbol{x}_{u,L}^{\{u,v\}}$。

损失函数和优化 对于节点对的 (u,v) 相关嵌入（如 $\boldsymbol{z}_u^{\{u,v\}}$ 和 $\boldsymbol{z}_v^{\{u,v\}}$），将它们拼接后输入 MLP 中，以获得预测得分 $\hat{y}_{u,v}$，具体如下：

$$\hat{y}_{u,v} = \sigma\left(\boldsymbol{W}_1 \cdot (\boldsymbol{z}_u^{\{u,v\}} || \boldsymbol{z}_v^{\{u,v\}}) + b_1\right) \tag{4.27}$$

其中，$\boldsymbol{W}^l$ 和 $\boldsymbol{b}^l$ 分别表示权重矩阵和偏置向量。损失函数如下所示：

$$\mathcal{L}=\sum_{(u,v)\in\mathcal{E}^{+}\cup\mathcal{E}^{-}}\left(y_{u,v}\log\hat{y}_{u,v}+(1-y_{u,v})\log\left(1-\hat{y}_{u,v}\right)\right) \tag{4.28}$$

其中，$\mathcal{E}^+$ 和 $\mathcal{E}^-$ 分别表示正负节点对。

4.3.3 实验

数据集和基线

表 4.3展示了在三个真实世界的异质图上进行的实验，并且对 DHN 与包括同质图卷积网络（如 GCN [101]、GAT [185]、GraphSAGE [73]、GIN [211] 和 DEGNN [114]）以及异质图卷积网络（如 HAN、MEIRec [44] 和 HGT [83]）在内的几种先进基线进行了比较。

表 4.3 数据集参数

数据集	A-B	#A	#B	#A-B	$\#\mathcal{V}$	$\#\mathcal{E}$
LastFM	Artist-Tag	1181	539	1500	3790	4500
	User-Artist	1496	1755	3000		
ACM	Term-Paper	381	769	1500	3908	4500
	Paper-Author	1000	2527	3000		
IMDB	Movie-Actor	3061	1374	7071	5296	10 132
	Movie-Director	3061	861	3061		
FreeBase	Movie-Writer	3492	4459	6414	43 854	75 517
	Movie-Director	3492	2502	3762		
	Movie-Actor	3492	33 401	65 341		

链接预测

链接预测被广泛用于测试图神经网络的泛化能力。表 4.4 展示了直推式和归纳式链接预测任务上的定量结果，可以发现：

（1）DHN 在所有数据集的直推式和归纳式场景中均表现优于所有基线，并且有显著提高。这证明了异质距离编码在建模节点对之间的相关性方面的有效性；

（2）与传统的单独学习节点嵌入的 GNN 方法（如 GCN、GraphSAGE、GIN、HAN、MEIRec 和 HGT）相比，虽然 DEGNN 和 DHN 都通过距离建模来捕捉节点之间的相关性，但是 Hete-SPD 相比 SPD 更强大，因为 Hete-SPD 充分考虑了路径长度和路径类型；

（3）在全面考虑图的异质性的情况下，HGNN 方法（包括 HAN、MEIRec、HGT 和 DHN）通常比同质 GNN 方法表现得好。在预测异质链接时，节点类型编码可能提供潜在有价值的信息，从而提高性能。

表 4.4 直推式和归纳式链接预测任务上的定量结果

场景类型	模型	LastFM				ACM				IMDB			
		A-T		U-A		P-A		T-P		M-A		M-D	
		Acc	AUC	Acc	AUC	Acc	AUC	Acc	AUC	Acc	AUC	Acc	AUC
直推式	GCN	50.12	50.31	50.21	50.41	50.12	50.43	50.31	50.87	50.51	50.98	50.89	51.02
	GraphSAGE	73.43	83.24	67.66	73.61	77.41	77.81	65.12	78.12	54.23	63.23	84.82	89.01
	GAT	50.54	50.61	51.02	51.21	50.12	50.67	51.21	51.98	51.01	51.44	51.23	51.92
	GIN	84.71	93.06	72.81	79.19	77.28	83.72	78.33	82.32	73.62	80.45	84.83	97.42
	DEGNN	85.32	93.72	73.33	80.49	85.12	91.79	79.78	85.51	78.57	88.28	94.18	96.26
	HAN	81.54	87.32	71.12	78.12	84.23	88.77	81.23	89.31	79.49	87.99	94.77	95.84
	MEIRec	84.27	93.24	72.21	86.32	84.08	90.18	81.51	89.86	79.06	85.23	95.75	96.64
	HGT	86.12	94.12	74.12	81.95	86.12	92.32	82.68	90.99	81.21	91.21	96.77	97.23
	DHN	**95.21**	**97.43**	**96.23**	**97.81**	**95.23**	**98.32**	**85.31**	**92.81**	**83.33**	**94.22**	**99.12**	**99.31**
	Imp.	10.6	3.5	29.8	13.3	10.6	6.5	3.2	2.1	2.6	3.3	2.4	2.4
归纳式	GCN	50.21	50.91	50.31	50.89	51.21	51.52	50.12	53.2	50.89	51.02	51.31	52.34
	GraphSAGE	63.11	59.45	66.8	70.29	57.22	52.12	52.12	54.44	61.32	62.31	63.12	64.21
	GAT	51.21	52.12	50.91	51.02	52.13	52.98	51.32	52.73	51.02	53.01	52.02	53.52
	GIN	80.33	82.53	66.83	71.16	60.23	62.31	61.71	61.57	55.12	64.12	70.41	75.01
	DEGNN	81.97	87.49	66.12	72.21	72.21	80.13	63.28	70.72	67.23	71.22	79.21	81.21
	HAN	79.51	85.12	78.85	83.99	81.91	85.23	78.91	86.89	80.61	86.15	90.22	93.12
	MEIRec	80.33	87.62	80.28	83.87	83.33	90.19	77.32	85.33	80.22	86.14	93.73	95.31
	HGT	83.44	89.22	83.01	86.21	85.12	92.13	79.22	87.53	81.12	89.21	95.21	96.52
	DHN	**88.67**	**94.88**	**92.68**	**98.15**	**91.22**	**95.07**	**82.05**	**94.85**	**82.95**	**94.46**	**98.19**	**99.51**
	Imp.	6.2	6.3	11.6	13.8	7.1	3.2	3.5	8.3	2.2	5.8	3.1	3

异质距离编码分析

HDE 的相关性建模在提高 HGNN 的表示能力方面起着关键作用。通过观察图 4.5(a) 可以发现，相对距离在一个较小的范围（通常为 2~3）内可以提供有价值的相关信息。与表 4.4 相比，即使 $d^{\max}=1$，DHN 的表现也远远优于所有基线。这是一个合理的现象，因为节点周围的局部结构对于链接预测是有益的 [230]，而长距离连接可能会引入噪声并导致过拟合。

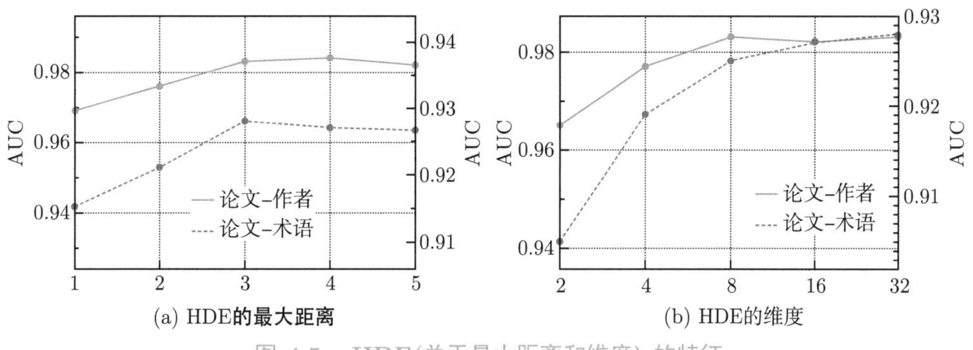

图 4.5 HDE(关于最大距离和维度) 的特征

如图 4.5(b) 所示，随着维度的增长，HDE 的有效性先是升高，而后趋于稳定，这意味着需要足够的维度来编码节点之间的相关性，而更大的维度可能会引入额外的冗余。

更详细的描述和实验验证见参考文献 [88]。

4.4 基于协同对比学习的自监督异质图神经网络

4.4.1 概述

作为自监督学习的一种典型技术，对比学习广受关注 [24,76,77,184]。通过最大化正样本之间的相似度和最小化负样本之间的相似度，对比学习能够学习到具有区分性的嵌入，即使没有标签信息，也能进行学习。对比学习在计算机视觉 [24,77] 和自然语言处理 [39,107] 领域得到了广泛应用，但在异质图领域，很少有研究探讨其巨大潜力。

在实践中，使用对比学习设计异质图神经网络是非常困难的，需要解决以下三个基本问题。

（1）*如何设计异质对比机制？*异质图由多种类型的节点和关系组成，这意味着它具有非常复杂的结构。为了学习一个可以完全编码这些语义的有效节点嵌入，仅在单一元路径视图上执行对比学习 [146] 是不够的。

（2）*如何在异质图中选择合适的视图？*尽管由于异质性，可以从异质图中提取许多不同的视图，但一个基本要求是，所选视图应涵盖本地和高阶结构。

（3）*如何设置难度较大的对比任务？*众所周知，适当的对比任务能够进一步促进学习更具有区分性的嵌入 [24,77,180]。如果两个视图过于相似，则监督信号太弱，无法学习到有信息量的嵌入。因此，我们需要在这两个视图上进行更复杂的对比学习。

基于协同对比学习的自监督异质图神经网络研究了异质图上的自监督学习问题。具体来说，与先前对比学习通过对比原始网络和损坏网络不同，HeCo 选择网络模式和元路径作为两个视图互相监督。网络模式视图能够捕捉局部结构，而元路径视图旨在捕捉高阶结构。为了使对比更加困难，视图掩码机制分别隐藏了网络模式和元路径的不同部分，这进一步增强了视图的多样性，有助于提取更高层次的因素。最后，由于图数据中的一个节点具有许多正样本 [24,77]，HeCo 适当调整了传统的对比损失函数来适应图数据。随着训练的进行，这两个视图将互相指导并协作优化。

4.4.2 HeCo 模型

HeCo 模型的整体架构如图 4.6所示，它通过网络模式视图和元路径视图对节点进行编码。在编码过程中，HeCo 创造性地引入了视图掩码机制，使得这两个视图能够相互补充和监督。利用这两个视图特定的嵌入，我们可以对这两个视图进行对比学习。

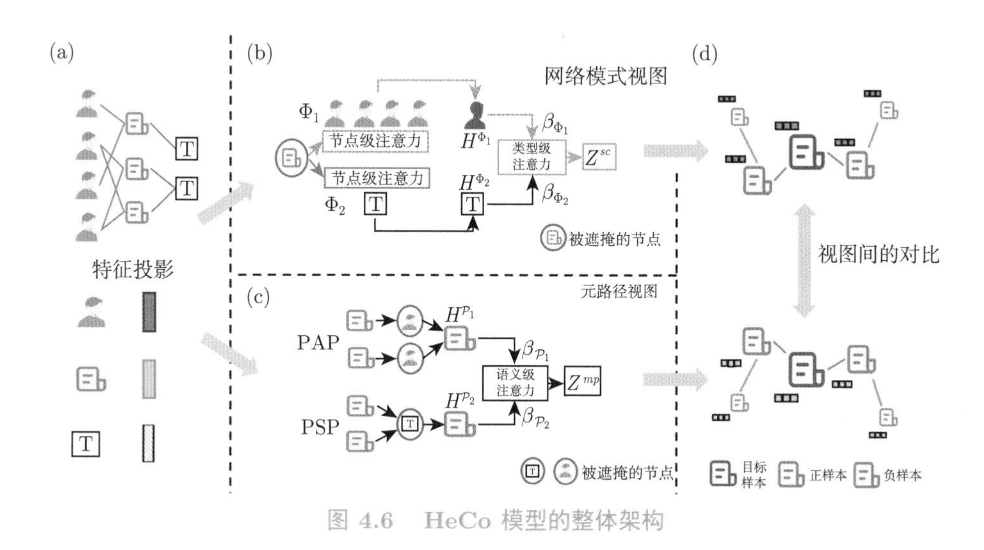

图 4.6 HeCo 模型的整体架构

节点特征变换

如图 4.6(a) 所示，因为异质图中存在不同类型的节点，所以需要将所有类型节点的特征投影到一个共同的隐空间中。具体来说，对于一个类型为 ϕ_i 的节点 i，设计一个类型特定的映射矩阵 $\boldsymbol{W}_{\phi_i}$，将其特征 x_i 转换到共同空间中，计算方式如下：

$$h_i = \sigma\left(\boldsymbol{W}_{\phi_i} \cdot x_i + \boldsymbol{b}_{\phi_i}\right) \tag{4.29}$$

其中，$h_i \in \mathbb{R}^{d\times 1}$ 表示节点 i 的特征投影，$\sigma(\cdot)$ 是激活函数，$\boldsymbol{b}_{\phi_i}$ 表示节点 i 的偏置向量。

基于网络模式视图的编码器

根据网络模式，假设目标节点 i 连接了其他 S 种类型的节点 $\Phi_1, \Phi_2, \cdots, \Phi_S$，节点 i 的类型为 Φ_m 的邻居被定义为 $N_i^{\Phi_m}$。对于节点 i，不同类型的邻居对其嵌入的贡献是不同的。因此，我们在节点层面和类型层面采用注意力机制分层聚合信息。具体来说，首先应用节点层面的注意力来融合具有类型 Φ_m 的邻居：

$$h_i^{\Phi_m} = \sigma\left(\sum_{j\in N_i^{\Phi_m}} \alpha_{i,j}^{\Phi_m} \cdot h_j\right) \tag{4.30}$$

其中，σ 是非线性激活函数，h_j 是节点 j 的特征投影。$\alpha_{i,j}^{\Phi_m}$ 表示类型为 Φ_m 的节点 j

对节点 i 的注意力值，计算方式如下：

$$\alpha_{i,j}^{\Phi_m}=\frac{\exp\left(\operatorname{LeakyReLU}\left(\boldsymbol{a}_{\Phi_m}^{\mathrm{T}}\cdot[h_i||h_j]\right)\right)}{\sum\limits_{l\in N_i^{\Phi_m}}\exp\left(\operatorname{LeakyReLU}\left(\boldsymbol{a}_{\Phi_m}^{\mathrm{T}}\cdot[h_i||h_l]\right)\right)} \tag{4.31}$$

其中，$\boldsymbol{a}_{\Phi_m}\in\mathbb{R}^{2d\times 1}$ 是 Φ_m 的节点层注意力向量，$||$ 表示连接操作。实际上，HeCo 并不会聚合 $N_i^{\Phi_m}$ 中的所有邻居信息，而是每个 epoch 随机采样一部分邻居。通过这种方式，在网络模式视图下，每个 epoch 中嵌入向量的多样性便得到了提高，从而使得后续的对比任务更具挑战性。

一旦获得所有类型嵌入 $\{h_i^{\Phi_1},\cdots,h_i^{\Phi_S}\}$，HeCo 就会利用类型层面的注意力将它们融合在一起，以获取节点 i 在网络模式视图下的最终嵌入 $\boldsymbol{z}_i^{sc}$。为此，首先计算每个节点类型的权重：

$$\begin{aligned}w_{\Phi_m}&=\frac{1}{|V|}\sum_{i\in V}\boldsymbol{a}_{sc}^{\mathrm{T}}\cdot\tanh\left(\boldsymbol{W}_{sc}h_i^{\Phi_m}+\boldsymbol{b}_{sc}\right)\\\beta_{\Phi_m}&=\frac{\exp\left(w_{\Phi_m}\right)}{\sum\limits_{i=1}^{S}\exp\left(w_{\Phi_i}\right)}\end{aligned} \tag{4.32}$$

其中，V 是目标节点的集合，$\boldsymbol{W}_{sc}\in\mathbb{R}^{d\times d}$ 和 $\boldsymbol{b}_{sc}\in\mathbb{R}^{d\times 1}$ 是可学习的参数，$\boldsymbol{a}_{sc}$ 表示类型层面的注意力向量，β_{Φ_m} 表示类型 Φ_m 对目标节点 i 的重要性。然后，加权求和各个类型嵌入以得到 $\boldsymbol{z}_i^{sc}$：

$$\boldsymbol{z}_i^{sc}=\sum_{m=1}^{S}\beta_{\Phi_m}\cdot h_i^{\Phi_m} \tag{4.33}$$

基于元路径视图的编码器

假设存在 M 条从节点 i 出发的元路径 $\{\mathcal{P}_1,\mathcal{P}_2,\cdots,\mathcal{P}_M\}$。给定其中一条元路径 $\mathcal{P}_n$，基于这条元路径的邻居被表示为 $N_i^{\mathcal{P}_n}$。例如，如图 4.7（a）所示，P_2 是 P_3 基于元路径 PAP 的邻居。每条元路径代表一个语义相似性，而元路径特定的 GCN [101] 被用于编码这一特性。

$$h_i^{\mathcal{P}_n}=\frac{1}{d_i+1}h_i+\sum_{j\in N_i^{\mathcal{P}_n}}\frac{1}{\sqrt{(d_i+1)(d_j+1)}}h_j \tag{4.34}$$

其中，d_i 和 d_j 分别是节点 i 和 j 的度，h_i 和 h_j 是它们的特征投影。对于 M 条元路径，节点 i 可以获得 M 个嵌入 $\{h_i^{\mathcal{P}_1},\cdots,h_i^{\mathcal{P}_M}\}$。然后，使用语义层面的注意力将这些嵌

入融合成元路径视图下的最终嵌入 $\boldsymbol{z}_i^{mp}$：

$$\boldsymbol{z}_i^{mp}=\sum_{n=1}^{M}\beta_{\mathcal{P}_n}\cdot h_i^{\mathcal{P}_n} \tag{4.35}$$

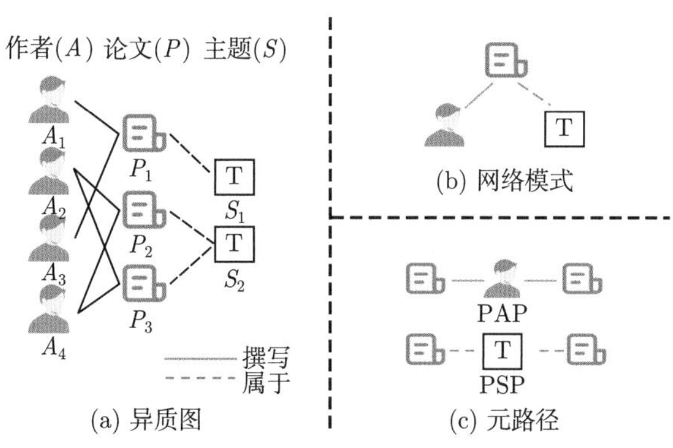

图 4.7 ACM 异质图上的元路径和网络模式

其中，$\beta_{\mathcal{P}_n}$ 表示元路径 $\mathcal{P}_n$ 的权重，计算方式如下：

$$\begin{aligned}w_{\mathcal{P}_n}&=\frac{1}{|V|}\sum_{i\in V}\boldsymbol{a}_{mp}^{\mathrm{T}}\cdot\tanh\left(\boldsymbol{W}_{mp}h_i^{\mathcal{P}_n}+\boldsymbol{b}_{mp}\right)\\\beta_{\mathcal{P}_n}&=\frac{\exp\left(w_{\mathcal{P}_n}\right)}{\sum_{i=1}^{M}\exp\left(w_{\mathcal{P}_i}\right)}\end{aligned} \tag{4.36}$$

其中，$\boldsymbol{W}_{mp}\in\mathbb{R}^{d\times d}$ 和 $\boldsymbol{b}_{mp}\in\mathbb{R}^{d\times 1}$ 是可学习参数，$\boldsymbol{a}_{mp}$ 表示语义层面的注意力向量。

视图掩码机制

在生成 $\boldsymbol{z}_i^{sc}$ 和 $\boldsymbol{z}_i^{mp}$ 的过程中，HeCo 使用了视图掩码机制，以分别隐藏网络模式视图和元路径视图的不同部分。特别地，图 4.8 给出了视图掩码机制的一个语义示例，其中目标节点是 P_1。在网络模式编码过程中，P_1 仅将其邻居（包括作者 A_1、A_2 和主题 S_1 ）聚合到 $\boldsymbol{z}_1^{sc}$ 中，而隐藏了自身的信息。在元路径编码过程中，消息仅通过元路径（如 PAP 和 PSP）从 P_2 和 P_3 传递到 P_1 以生成 $\boldsymbol{z}_1^{mp}$，中间节点 A_1 和 S_1 的信息被丢弃。因此，从这两个部分学习到的目标节点 P_1 的嵌入是相关但互补的。它们可以相互监督和训练，呈现出一种协同趋势。

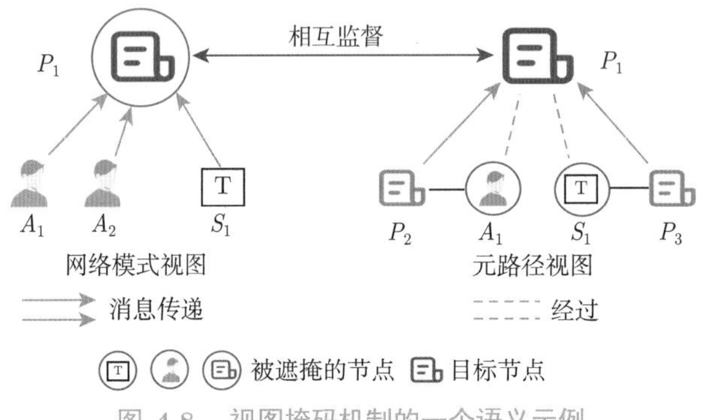

图 4.8 视图掩码机制的一个语义示例

协同对比学习的优化

将从上述两个视图获得的节点 i 的 $\boldsymbol{z}_i^{sc}$ 和 $\boldsymbol{z}_i^{mp}$ 输入 MLP 中，从而在这一空间中计算对比损失：

$$\begin{aligned}\boldsymbol{z}_i^{sc}\_\text{proj} &= \boldsymbol{W}^{(2)}\sigma\left(\boldsymbol{W}^{(1)}\boldsymbol{z}_i^{sc}+\boldsymbol{b}^{(1)}\right)+\boldsymbol{b}^{(2)}\\ \boldsymbol{z}_i^{mp}\_\text{proj} &= \boldsymbol{W}^{(2)}\sigma\left(\boldsymbol{W}^{(1)}\boldsymbol{z}_i^{mp}+\boldsymbol{b}^{(1)}\right)+\boldsymbol{b}^{(2)}\end{aligned} \tag{4.37}$$

其中，σ 为 ELU 非线性激活函数。在计算对比损失时，我们需要在异质图中定义正负样本。针对网络模式视图下的节点，我们提出了一种新的正样本选择策略，即如果两个节点被许多元路径连接，则它们可以当作正样本，如图 6.1（d）所示。其中，论文之间的链接表示它们是彼此的正样本。这种策略的优点之一是，所选择的正样本可以很好地反映目标节点的局部结构。

对于节点 i 和 j，定义函数 $\mathbb{C}_i(\cdot)$ 来计算连接这两个节点的元路径的数量：

$$\mathbb{C}_i(j)=\sum_{n=1}^{M}\mathbb{1}\left(j\in N_i^{\mathcal{P}_n}\right) \tag{4.38}$$

其中，$\mathbb{1}(\cdot)$ 为指示函数。然后，构建集合 $S_i=\{j|j\in V\text{ 且 }\mathbb{C}_i(j)\neq 0\}$，并根据 $\mathbb{C}_i(\cdot)$ 的值进行降序排列。接下来，如果 $|S_i|>T_{\text{pos}}$，其中的 T_{pos} 是一个阈值，则从 S_i 中选择前 T_{pos} 个节点作为节点 i 的正样本，记为 $\mathbb{P}_i$，否则保留 S_i 中的所有节点。剩余的所有节点则视为节点 i 的负样本，记为 $\mathbb{N}_i$。

有了正样本集合 $\mathbb{P}_i$ 和负样本集合 $\mathbb{N}_i$，我们就可以计算网络模式视图下的对比损失：

$$\mathcal{L}_i^{sc}=-\log\frac{\displaystyle\sum_{j\in\mathbb{P}_i}\exp\left(\text{sim}\left(\boldsymbol{z}_i^{sc}\_\text{proj},\boldsymbol{z}_j^{mp}\_\text{proj}\right)/\tau\right)}{\displaystyle\sum_{k\in\{\mathbb{P}_i\bigcup\mathbb{N}_i\}}\exp\left(\text{sim}\left(\boldsymbol{z}_i^{sc}\_\text{proj},\boldsymbol{z}_k^{mp}\_\text{proj}\right)/\tau\right)} \tag{4.39}$$

其中，$\text{sim}(\boldsymbol{u},\boldsymbol{v})$ 表示两个向量 $\boldsymbol{u}$ 和 $\boldsymbol{v}$ 之间的余弦相似度，τ 表示温度参数。请注意，对于一对节点，目标嵌入来自网络模式视图（$\boldsymbol{z}_i^{sc}$_proj），而正负样本的嵌入来自元路径视图（$\boldsymbol{z}_k^{mp}$_proj）。HeCo 通过这种方式，实现了跨视图的自监督。

$\mathcal{L}_i^{mp}$ 的计算方法与 $\mathcal{L}_i^{sc}$ 类似，所不同的是，目标嵌入来自元路径视图，而正负样本的嵌入来自网络模式视图。整体的目标函数如下：

$$\mathcal{J} = \frac{1}{|V|}\sum_{i\in V}[\lambda\cdot\mathcal{L}_i^{sc} + (1-\lambda)\cdot\mathcal{L}_i^{mp}] \tag{4.40}$$

其中的 λ 是平衡这两种视图的参数。在最终的模型中，$\boldsymbol{z}^{mp}$ 用于执行下游任务，因为目标类型的节点明确地参与了 $\boldsymbol{z}^{mp}$ 的生成。

4.4.3 实验

实验设置

数据集 表 4.5 展示了在 4 个真实的异质图上进行实验时采用的数据集参数，它们分别是 ACM [244]、DBLP[55]、Freebase [117] 和 AMiner[81]。

表 4.5 数据集参数

数据集	节点	关系	元路径
ACM	论文 (P):4019 作者 (A):7167 主题 (S):60	P-A:13407 P-S:4019	PAP PSP
DBLP	作者 (A):4057 论文 (P):14328 会议 (C):20 术语 (T):7723	P-A:19645 P-C:14328 P-T:85810	APA APCPA APTPA
Freebase	电影 (M):3492 演员 (A):33401 导演 (D):2502 编剧 (W):4459	M-A:65341 M-D:3762 M-W:6414	MAM MDM MWM
AMiner	论文 (P):6564 作者 (A):13329 文献 (R):35890	P-A:18007 P-R:58831	PAP PRP

基线 HeCo 的实验与三种基线进行了比较，它们分别是无监督同质方法（如 GraphSAGE[73] 和 DGI[184]）、无监督异质方法（如 HERec[162]、HetGNN[229] 和 DMGI[146]）以及半监督异质方法（如 HAN）。

节点分类

在节点分类任务中，节点的学习嵌入用于训练线性分类器。为了更全面地评估 HeCo，为每个数据集分别选择 20、40、60 个标记节点作为训练集，并选择 1000 个节点作为验证集，另外选择 1000 个节点作为测试集。评估指标则使用常见的 Ma-F1、Mi-F1 和 AUC。节点分类任务上的定量结果如表 4.6 所示。

表 4.6 节点分类任务上的定量结果

数据集	指标	划分比例/%	GraphSAGE /%$\pm\sigma$	HERec /%$\pm\sigma$	HetGNN /%$\pm\sigma$	HAN /%$\pm\sigma$	DGI /%$\pm\sigma$	DMGI /%$\pm\sigma$	HeCo /%$\pm\sigma$
ACM	Ma-F1	20	47.13±4.7	55.13±1.5	72.11±0.9	85.66±2.1	79.27±3.8	87.86±0.2	**88.56±0.8**
		40	55.96±6.8	61.61±3.2	72.02±0.4	87.47±1.1	80.23±3.3	86.23±0.8	**87.61±0.5**
		60	56.59±5.7	64.35±0.8	74.33±0.6	88.41±1.1	80.03±3.3	87.97±0.4	**89.04±0.5**
	Mi-F1	20	49.72±5.5	57.47±1.5	71.89±1.1	85.11±2.2	79.63±3.5	87.60±0.8	**88.13±0.8**
		40	60.98±3.5	62.62±0.9	74.46±0.8	87.21±1.2	80.41±3.0	86.02±0.9	**87.45±0.5**
		60	60.72±4.3	65.15±0.9	76.08±0.7	88.10±1.2	80.15±3.2	87.82±0.5	**88.71±0.5**
	AUC	20	65.88±3.7	75.44±1.3	84.36±1.0	93.47±1.5	91.47±2.3	**96.72±0.3**	96.49±0.3
		40	71.06±5.2	79.84±0.5	85.01±0.6	94.84±0.9	91.52±2.3	96.35±0.3	**96.40±0.4**
		60	70.45±6.2	81.64±0.7	87.64±0.7	94.68±1.4	91.41±1.9	**96.79±0.2**	96.55±0.3
DBLP	Ma-F1	20	71.97±8.4	89.57±0.4	89.51±1.1	89.31±0.9	87.93±2.4	89.94±0.4	**91.28±0.2**
		40	73.69±8.4	89.73±0.4	88.61±0.8	88.87±1.0	88.62±0.6	89.25±0.4	**90.34±0.3**
		60	73.86±8.1	90.18±0.3	89.56±0.5	89.20±0.8	89.19±0.9	89.46±0.6	**90.64±0.3**
	Mi-F1	20	71.44±8.7	90.24±0.4	90.11±1.0	90.16±0.9	88.72±2.6	90.78±0.3	**91.97±0.2**
		40	73.61±8.6	90.15±0.4	89.03±0.7	89.47±0.9	89.22±0.5	89.92±0.4	**90.76±0.3**
		60	74.05±8.3	91.01±0.3	90.43±0.6	90.34±0.8	90.35±0.8	90.66±0.5	**91.59±0.2**
	AUC	20	90.59±4.3	98.21±0.2	97.96±0.4	98.07±0.6	96.99±1.4	97.75±0.3	**98.32±0.1**
		40	91.42±4.0	97.93±0.1	97.70±0.3	97.48±0.6	97.12±0.4	97.23±0.2	**98.06±0.1**
		60	91.73±3.8	98.49±0.1	97.97±0.2	97.96±0.5	97.76±0.5	97.72±0.4	**98.59±0.1**
Freebase	Ma-F1	20	45.14±4.5	55.78±0.5	52.72±1.0	53.16±2.8	54.90±0.7	55.79±0.9	**59.23±0.7**
		40	44.88±4.1	59.28±0.6	48.57±0.5	59.63±2.3	53.40±1.4	49.88±1.9	**61.19±0.6**
		60	45.16±3.1	56.50±0.4	52.37±0.8	56.77±1.7	53.81±1.1	52.10±0.7	**60.13±1.3**
	Mi-F1	20	54.83±3.0	57.92±0.5	56.85±0.9	57.24±3.2	58.16±0.9	58.26±0.9	**61.72±0.6**
		40	57.08±3.2	62.71±0.7	53.96±1.1	63.74±2.7	57.82±0.8	54.28±1.6	**64.03±0.7**
		60	55.92±3.2	58.57±0.5	56.84±0.7	61.06±2.0	57.96±0.7	56.69±1.2	**63.61±1.6**
	AUC	20	67.63±5.0	73.89±0.4	70.84±0.7	73.26±2.1	72.80±0.6	73.19±1.2	**76.22±0.8**
		40	66.42±4.7	76.08±0.4	69.48±0.2	77.74±1.2	72.97±1.1	70.77±1.6	**78.44±0.5**
		60	66.78±3.5	74.89±0.4	71.01±0.5	75.69±1.5	73.32±0.9	73.17±1.4	**78.04±0.4**
AMiner	Ma-F1	20	42.46±2.5	58.32±1.1	50.06±0.9	56.07±3.2	51.61±3.2	59.50±2.1	**71.38±1.1**
		40	45.77±1.5	64.50±0.7	58.97±0.9	63.85±1.5	54.72±2.6	61.92±2.1	**73.75±0.5**
		60	44.91±2.0	65.53±0.7	57.34±1.4	62.02±1.2	55.45±2.4	61.15±2.5	**75.80±1.8**
	Mi-F1	20	49.68±3.1	63.64±1.1	61.49±2.5	68.86±4.6	62.39±3.9	63.93±3.3	**78.81±1.3**
		40	52.10±2.2	71.57±0.7	68.47±2.2	76.89±1.6	63.87±2.9	63.60±2.5	**80.53±0.7**
		60	51.36±2.2	69.76±0.8	65.61±2.2	74.73±1.4	63.10±3.0	62.51±2.6	**82.46±1.4**
	AUC	20	70.86±2.5	83.35±0.5	77.96±1.4	78.92±2.3	75.89±2.2	85.34±0.9	**90.82±0.6**
		40	74.44±1.3	88.70±0.4	83.14±1.6	80.72±2.1	77.86±2.1	88.02±1.3	**92.11±0.6**
		60	74.16±1.3	87.74±0.5	84.77±0.9	80.39±1.5	77.21±1.4	86.20±1.7	**92.40±0.7**

可以看出，HeCo 在所有数据集和所有划分方式上通常优于所有其他方法，甚至比半监督方法 HAN 表现得还好。你可以观察到，在大多数情况下，HeCo 优于 DMGI，而 DMGI 甚至在某些设置下比其他基线更差，这表明单个视图是嘈杂和不完整的。因此，在跨视图之间进行对比学习是有效的。此外，即使 HAN 利用了标签信息，HeCo 在所有情况下的表现也仍然比 HAN 好。这表明了跨视图对比学习的巨大潜力。

协同趋势分析

HeCo 的一个显著特点就是引入了交叉视图协作机制，即 HeCo 采用网络模式视图和元路径视图来协同学习嵌入。HeCo 研究了网络模式视图下的类型级注意力 β_Φ 以及元路径视图下的语义级注意力 $\beta_\mathcal{P}$ 随着训练轮数（epoch 数）的协同变化趋势，如图 4.9 所示。对于 ACM 和 AMiner，这两个视图的变化趋势是协同且一致的。具体来说，对于 ACM，类型 A 的 β_Φ 相比类型 S 的 β_Φ 更高，并且元路径 PAP 的 $\beta_\mathcal{P}$ 也超过了元路径 PSP 的 β_p。对于 AMiner，类型 R 和元路径 PRP 则相对更重要。这表明网络模式视图和元路径视图会在训练过程中相互适应，并通过对比相互协同优化。

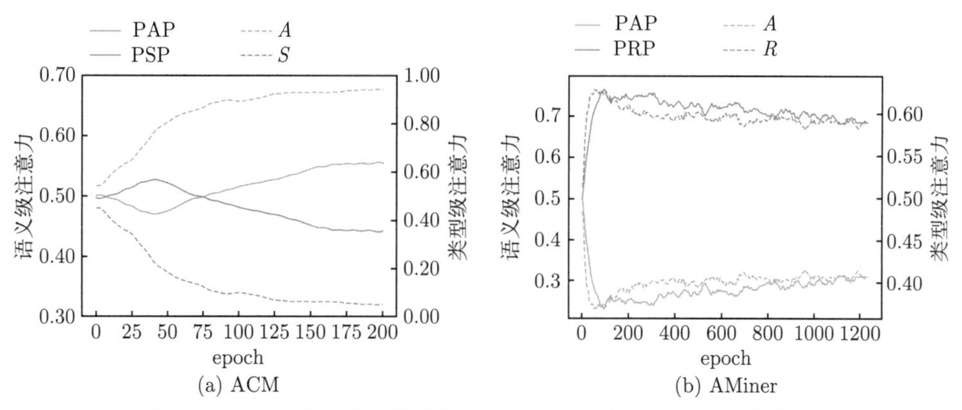

(a) ACM (b) AMiner

图 4.9 注意力在网络模式视图和元路径视图下的协同变化趋势

更详细的描述和实验验证见参考文献 [197]。

4.5 本章小结

异质图由于能够建模各种类型的节点和它们之间的多样化交互，因此在许多场景下都很常见。最近，研究人员提出了异质图神经网络，旨在将消息传递机制与异质性相结合，以便能够更好地保留异质图中的复杂结构和丰富语义。

但是，HGNN 并不完美，它存在许多固有的限制。在本章中，我们介绍了三种比较具有代表性的 HGNN，它们专注于解决模型深度增加时面临的语义混淆问题或判别能力受限问题。具体而言，首先，我们介绍了一种异质图传播网络，以缓解模型深度增加时面临的语义混淆问题；其次，我们介绍了一种基于距离编码的异质图神经网络，它将异质最短路径距离注入聚合过程，以学习更具代表性的节点嵌入；最后，我们介绍了一种基于协同对比学习的自监督异质图神经网络，以实现 HGNN 的跨视图对比学习。我们的实验证明了这些方法在各种任务和数据集上的有效性。

4.6 扩展阅读

异质图在现实世界中已经变得十分普遍，涵盖了从文献网络、社交网络到推荐系统等各个领域。众所周知，异质图是一个强大的模型，它可以包含丰富的语义和结构信息。在数据挖掘和机器学习领域，对异质图数据的研究正在如火如荼地进行。

与图神经网络（GNN）可以直接融合邻居属性来更新节点嵌入相比，异质图神经网络（HGNN）需要克服属性的异质性，并设计有效的融合方法来利用邻域信息。幸运的是，近年来，HGNN 已经取得巨大的进展，这清晰地表明它是一种强大且有前途的图分析范式。除了本章描述的三种方法之外，下面简要总结其他一些典型方法。HAN 和 HetGNN[229] 都利用层次聚合来捕捉丰富的语义。MEIRec[44] 和 IntentGC[245] 则应用 HGNN 来解决意图推荐问题。Hu 等人 [82] 提出了一种用于短文本分类的异质图注意力网络。GTN[226] 通过学习边类型的软选择并自动生成元路径，解决了元路径选择问题。HGT 采用异质互注意力来聚合元关系三元组，而 MAGNN[55] 则利用关系旋转编码器来聚合元路径实例。

更全面的介绍请参考最近的综述性文献 [193]。

第 5 章　动态图神经网络

图神经网络旨在将节点嵌入低维空间，并保留网络结构和属性。然而，在现实世界的复杂系统中，网络通常包含了多种类型的时序交互行为，即动态图。本章将介绍三种用于建模时序演化结构的动态图神经网络，包括简单的同质拓扑结构和时序异质图。

5.1　引言

图神经网络因其能够使用潜在表示编码网络的结构和属性的能力，在网络分析方面大放异彩 [16,31]。目前，最前沿的一些动态图神经网络技术 [69,150,151,177,187] 在许多数据挖掘任务中都取得了优异的成绩。这些研究大多专注于具有固定结构的静态网络。然而，现实场景中的图通常表现出复杂的时序性和异质性。如何改进时序异质图的表示学习仍然是一个开放的问题。

为了捕捉动态图的时序演化，一般是将整个图划分成若干快照，并通过将所有快照的表示输入像长短期记忆网络（LSTM）和门控循环单元（Gated Recurrent Unit, GRU）这样的序列模型来生成表示 [66,124,144,205,256]。然而，时序网络的演化通常遵循两个动态的过程——微观上边的建立和宏观上网络规模的变化。这种动态图神经网络的设计并不适用于建模异质图，因为它忽略了不同类型的交互中所存在的丰富语义。

本章将介绍建模同质图和异质图中复杂动态性的三种典型方法。5.2 节将介绍一种新型时序网络嵌入模型（名为 M^{2}DNE），它基于时序点过程对图的微观和宏观动态性进行建模。5.3 节将介绍动态异质图嵌入模型（名为 HPGE），它通过建模多类型时序交互事件的形成过程来同时保留动态演化特征和结构语义信息。5.4 节将介绍基于动态元路径的时序异质图建模方法（名为 DyMGNN），它通过设计动态元路径和异质交互演化注意力机制来有效刻画语义的时间偏序和相互影响。

5.2　基于微观和宏观动态性的图表示学习

5.2.1　概述

时序网络（又称为时序图）旨在展示网络演化过程，不仅包括微观上网络结构的变化，还包括宏观上网络规模的变化。在微观层面上，时序网络结构演变表示边建立的过程，即两个节点交互的时序事件。如图 5.1所示，在时间 t 产生的边与时间 t 之前的历史邻居有一定的关联，不同的邻居可能产生不同的影响。例如，事件 (v_3, v_2, t_i) 和 (v_4, v_2, t_i) 对事件 (v_3, v_4, t_j) 的影响应该大于对事件 (v_3, v_1, t_i) 的影响，因为节点 v_2、v_3 和 v_4 形成了一个封闭的三元组 [85,250]。在宏观层面上，时序网络具有另外一个显著特征：在时序演化的过程中，网络的规模随着时间演化呈现出明显的分布，例如 S 形的 sigmoid 函数曲线 [111] 或类似幂律的模式 [227]。如图 5.1所示，当网络随时间演化时，边不断建立，并形成每个时间戳下的网络结构。

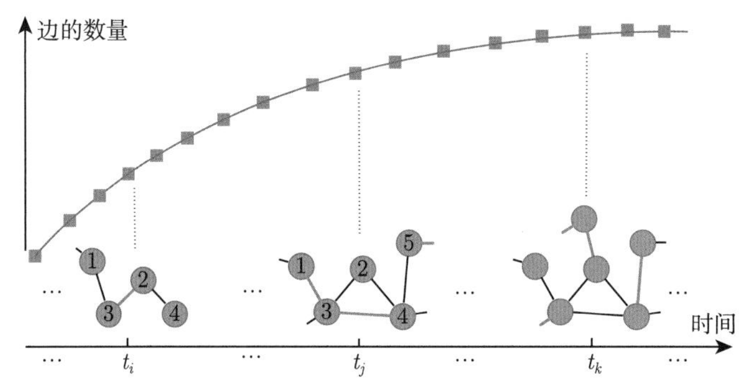

图 5.1　时序网络中的微观和宏观动态性

在本节中，我们将介绍一种同时建模微观和宏观动态性的新型时序网络嵌入模型，名为 M^{2}DNE。具体而言，为了建模时序网络中边建立的时序事件（微观动态性），M^{2}DNE 设计了一个时序注意力机制点过程，旨在使用节点嵌入对条件强度函数参数化，用分层的注意力点过程来捕捉细粒度的结构和时序特性。同时，为了对时序网络规模的演化模式（宏观动态性）进行建模，M^{2}DNE 定义了一个通用的动力学方程作为网络嵌入的非线性函数，用以捕获网络内部的演变模式，并在更高阶的结构层次对网络表示施以约束，将动态分析与时序网络的表示学习很好地耦合起来，最后将微观和宏观动态性的表示结合起来，并共同优化它们。简而言之，M^{2}DNE 能够整体刻画拓扑结构的形成过程和网络规模的演化模式。

5.2.2 M^{2}DNE 模型

从微观角度看 [见图 5.2(a)]，M^{2}DNE 将边的建立视为时序事件，并使用时序注意力点过程来捕捉网络嵌入的细粒度结构和时序特性。边 [如 (v_3, v_4, t_j)] 的建立由节点本身和它们的历史邻居（如 $\{v_1, v_2, \cdots\}$ 和 $\{v_5, v_2, \cdots\}$）决定，其中，不同的影响是用分层的时序注意力来捕捉的。从宏观角度看 [见图 5.2(b)]，网络规模的内在演化模式约束了更高阶的网络结构，即一个以网络嵌入 $\boldsymbol{U}$ 和时间戳 t 为参数的动力学方程。微观和宏观动态性相互演化，派生出节点嵌入 [见图 5.2(c)]。

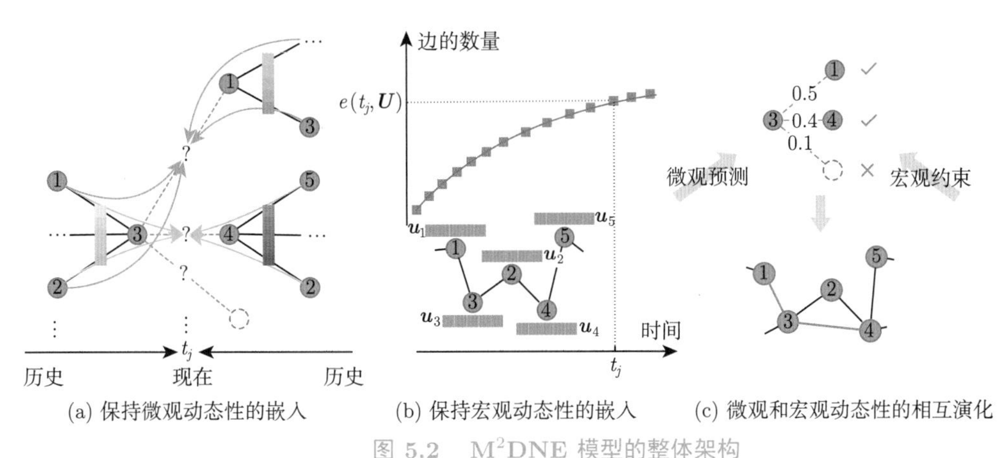

(a) 保持微观动态性的嵌入　(b) 保持宏观动态性的嵌入　(c) 微观和宏观动态性的相互演化

图 5.2　M²DNE 模型的整体架构

保持微观动态性的嵌入

给定一条时序边 $o=(i,j,t)$（一个时序事件），用网络嵌入 $\boldsymbol{U}=[\boldsymbol{u}_i]^{\mathrm{T}}$ 对事件的强度 $\tilde{\lambda}_{i,j}(t)$ 进行参数化。由于相似的节点 i 和 j 之间更有可能建立边 (i,j,t)，节点 i 和 j 之间的相似性应该与节点 i 和 j 在时间 t 建立边的事件强度成正比。此外，历史邻居和当前节点之间的相似性表示历史事件对事件 (i,j,t) 的影响程度，它应该随着时间的推移而降低，并且不同的邻居应有不同程度的影响。事件发生的强度 $o=(i,j,t)$ 由来自节点本身的基础强度和来自双向邻居的历史影响组成，如下所示：

$$
\begin{aligned}
\tilde{\lambda}_{i,j}(t) = & \underbrace{g(\boldsymbol{u}_i,\boldsymbol{u}_j)}_{\text{基础强度}} \\
& \underbrace{+ \beta_{ij} \sum_{p\in\mathcal{H}^i(t)} \alpha_{pi}(t) g(\boldsymbol{u}_p,\boldsymbol{u}_j)\kappa(t-t_p) + (1-\beta_{ij}) \sum_{q\in\mathcal{H}^j(t)} \alpha_{qj}(t) g(\boldsymbol{u}_q,\boldsymbol{u}_i)\kappa(t-t_q)}_{\text{历史影响}}
\end{aligned} \tag{5.1}
$$

其中，$g(\cdot)$ 是衡量两个节点相似性的函数，这里定义 $g(\boldsymbol{u}_i,\boldsymbol{u}_j)=-||\boldsymbol{u}_i-\boldsymbol{u}_j||_2^2$。也可以使用其他指标，如余弦相似性。$\mathcal{H}^i(t)=\{p\}$ 和 $\mathcal{H}^j(t)=\{q\}$ 分别为节点 i 和 j 在时间 t 之前的历史邻居。$\kappa(t-t_p)=\exp(-\delta_i(t-t_p))$ 是时间衰减函数，衰减率 $\delta_i>0$ 与节点有关，t_p 是历史事件 (i,p,t_p) 的时间。α 和 β 是由分层的时序注意力机制决定的两个注意力

系数。非线性转移函数 $f:\mathbb{R}\to\mathbb{R}_+$（如指数函数）用于确保强度是正值，即

$$\lambda_{i,j}(t)=f(\tilde{\lambda}_{i,j}(t)) \tag{5.2}$$

局部注意力系数定义如下：

$$\tilde{\alpha}_{pi}(t)=\sigma(\kappa(t-t_p)\boldsymbol{a}^{\mathrm{T}}[\boldsymbol{W}\boldsymbol{u}_i\oplus\boldsymbol{W}\boldsymbol{u}_p]) \tag{5.3}$$

$$\alpha_{pi}(t)=\frac{\exp\left(\tilde{\alpha}_{pi}(t)\right)}{\sum\limits_{p'\in\mathcal{H}^i(t)}\exp\left(\tilde{\alpha}_{p'i}(t)\right)} \tag{5.4}$$

其中，$\oplus$ 是连接操作符，$\boldsymbol{a}\in\mathbb{R}^{2d}$ 为注意力向量，$\boldsymbol{W}$ 为局部权重矩阵。这里引入了时间衰减系数 $\kappa(t-t_p)$，如果时间戳 t_p 接近 t，那么节点 p 将对事件 $o=(i,j,t)$ 产生较大的影响。类似地，也可以得到 $\alpha_{qj}(t)$。

节点 i 的所有邻居对当前事件 o 的全局注意力如下：

$$\tilde{\beta}_i=s(\kappa(\overline{t-t_p})\tilde{\boldsymbol{u}}_i),\quad \tilde{\beta}_j=s(\kappa(\overline{t-t_q})\tilde{\boldsymbol{u}}_j) \tag{5.5}$$

$$\beta_{ij}=\frac{\exp(\tilde{\beta}_i)}{\exp(\tilde{\beta}_i)+\exp(\tilde{\beta}_j)} \tag{5.6}$$

其中，$s(\cdot)$ 是一个单层神经网络，它将来自邻居聚合后的嵌入 $\tilde{\boldsymbol{u}}_i$ 和过去事件的平均时间衰减系数 $\kappa(\overline{t-t_p})=\exp(-\delta_i(\overline{t-t_p}))$ 作为输入。

因此，微观动态属性的目标优化函数如下：

$$\mathcal{L}_{\mathrm{mi}}=-\sum_{t\in\mathcal{T}}\sum_{(i,j,t)\in\mathcal{E}}\log p(i,j|\mathcal{H}^i(t),\mathcal{H}^j(t)) \tag{5.7}$$

保持宏观动态性的嵌入

定义宏观动态性为时间 t 增加的新边的数量，如下所示：

$$\Delta e'(t)=n(t)r(t)(\zeta(n(t)-1)^{\gamma}) \tag{5.8}$$

其中，$n(t)$ 为网络演化到时间 t 时的节点数，可在网络演化到时间 t 时得到；ζ 和 γ 是可学习参数。在下一个时间戳，网络中的每个节点都会尝试与其他 $\zeta(n(t)-1)^{\gamma}$ 个节点以 $r(t)$ 的连接率建立联系。

连接率 $r(t)$ 在推动网络规模的演化过程中起着至关重要的作用，它不仅取决于时序信息，还取决于网络的结构特性。一方面，在网络建立之初，边的建立速度更快，增长率则

随着网络的密集化而衰减，因此连接率应该随着时间的推移而衰减；另一方面，边的建立促进了网络结构的演化，因此连接率应该与网络的结构特性相关联。为了捕捉网络嵌入中的时序和结构信息，M^{2}DNE 用一个时序衰减项 t^θ 和节点嵌入来表示网络的连接率，即

$$r(t) = \frac{\frac{1}{|\mathcal{E}|}\sum\limits_{(i,j,t)\in\mathcal{E}} \sigma(-||\boldsymbol{u}_i - \boldsymbol{u}_j||_2^2)}{t^\theta} \tag{5.9}$$

其中，θ 是时序衰减指数，$\sigma(x) = \exp(x)/(1+\exp(x))$ 是 sigmoid 函数。

然后，通过最小化平方和误差来学习式(5.8)中的参数：

$$\mathcal{L}_{\text{ma}} = \sum_{t\in\mathcal{T}} (\Delta e(t) - \Delta e'(t))^2 \tag{5.10}$$

其中，$\Delta e'(t)$ 是预测的在时间 t 产生的新边数量。

优化目标

最终的优化目标可以表述如下：同时建模微观和宏观动态性，并统一地捕捉网络拓扑结构的形成过程和网络规模的演化模式。

$$\mathcal{L} = \mathcal{L}_{\text{mi}} + \epsilon\mathcal{L}_{\text{ma}} \tag{5.11}$$

其中，$\epsilon \in [0,1]$ 是宏观动态性表示学习的权重。

5.2.3 实验

实验设置

数据集 实验采用来自不同领域的三个数据集，它们分别是 Eucore、DBLP 和 Tmall。Eucore 由电子邮件数据生成，用户之间的通信被视为边，5 个部门被视为标签。DBLP 是一个合著者网络，以 10 个研究领域为标签。Tmall 是从销售数据中提取出来的，用户和商品被视为节点，购买关系被视为边，购买次数最多的 5 个类别则被视为标签。

参数设置 实验对 M^{2}DNE 与 6 种网络嵌入方法进行了比较，它们分别是 DeepWalk [150]、LINE [177]、SDNE [187]、TNE [251]、DynamicTriad（简称 Dy.Triad）[250] 和 HTNE [256]。MDNE 是只捕捉微观动态性的 M^{2}DNE 变体。为了公平，我们为所有方法设置嵌入维数 $d=128$，并设置负样本的个数为 5。对于 M^{2}DNE，在 Eucore、DBLP 和 Tmall 数据集上，将历史邻居的数量分别设置为 2、5 和 2，并将平衡因子 ϵ 分别设置为 0.3、0.4 和 0.3。

有效性实验分析

节点分类 在完全演化的网络上学习节点嵌入后，训练一个逻辑回归分类器，以节点嵌入作为输入特征。将训练集的比例分别设置为 40%、60% 和 80%，则节点分类实验结果见表 5.1。

表 5.1 节点分类实验结果

数据集	指标	训练集的比例	DeepWalk	LINE	SDNE	TNE	Dy.Triad	HTNE	MDNE	M^{2}DNE
Eucore	Ma-F1	40%	**0.1878**	0.1765	0.1723	0.0954	0.1486	0.1319	0.1598	0.1365
		60%	0.1934	0.1777	0.1834	0.1272	0.1796	0.1731	0.1855	**0.1952**
		80%	0.2049	0.1278	0.1987	0.1389	0.1979	0.1927	0.1948	**0.2057**
	Mi-F1	40%	0.2089	0.2266	0.2129	0.2298	0.2310	0.2200	0.2273	**0.2311**
		60%	0.2245	0.1933	0.2321	0.2377	0.2333	0.2400	0.2501	**0.2533**
		80%	0.2400	0.1466	0.2543	0.2432	0.2400	0.2672	0.2702	**0.2800**
DBLP	Ma-F1	40%	0.6708	0.6393	0.5225	0.0580	0.6045	0.6768	0.6883	**0.6902**
		60%	0.6717	0.6499	0.5498	0.1429	0.6477	0.6824	0.6915	**0.6948**
		80%	0.6712	0.6513	0.5998	0.1488	0.6642	0.6836	0.6905	**0.6975**
	Mi-F1	40%	0.6653	0.6437	0.5517	0.2872	0.6513	0.6853	0.6892	**0.6923**
		60%	0.6689	0.6507	0.5932	0.2931	0.6680	0.6857	0.6922	**0.6947**
		80%	0.6638	0.6474	0.6423	0.2951	0.6695	0.6879	0.6924	**0.6971**
Tmall	Ma-F1	40%	0.4909	0.4371	0.4845	0.1069	0.4498	0.5481	0.5648	**0.5775**
		60%	0.4929	0.4376	0.4989	0.1067	0.4897	0.5489	0.5681	**0.5799**
		80%	0.4953	0.4397	0.5312	0.1068	0.5116	0.5493	0.5728	**0.5847**
	Mi-F1	40%	0.5711	0.5367	0.5734	0.3647	0.5324	0.6253	0.6344	**0.6421**
		60%	0.5734	0.5392	0.5788	0.3638	0.5688	0.6259	0.6369	**0.6438**
		80%	0.5778	0.5428	0.5832	0.3642	0.6072	0.6264	0.6401	**0.6465**

可以看到，MDNE 和 M^{2}DNE 仅有一种情况没有取得比其他对比方法更好的结果。具体来说，与静态网络的方法（DeepWalk、LINE 和 SDNE）相比，MDNE 和 M^{2}DNE 的良好性能表明，模型中保留的网络结构形成过程提供了有效信息，能使节点嵌入更具区分性。与时序网络的方法（TNE、DynamicTriad 和 HTNE）相比，MDNE 和 M^{2}DNE 通过分层的时序注意力机制，捕捉到了从邻居聚合的局部和全局结构信息，从而增强了结构嵌入的准确性。此外，M^{2}DNE 通过在潜在的嵌入空间中对高阶的网络结构进行编码，进一步提高了节点分类的性能。纵向比较后可以发现，MDNE 和 M^{2}DNE 在几乎所有情况下对不同规模的训练数据有最好的表现，体现了模型的稳定性和鲁棒性。

时序节点推荐 对于时间 t 之前网络中的每个节点 v_i，实验预测 v_i 在时间 t 有 top-k 个可能的邻居。类似于网络重建任务，实验将采用相同的相似性度量方式，计算排序分数，然后得出分数最高的前 k 个节点作为候选节点。这个任务主要用于评估时序网络嵌入方法的性能。不过，为了提供更全面的比较，这里还与一种流行的静态方法 DeepWalk 做了比较。

图 5.3 给出了时序节点预测任务的评估结果，评估指标为 Recall 和 Precision。可以看到，MDNE 和 M^{2}DNE 在不同的指标上都比所有的基线表现得好。与次优方法（HTNE）相比，M^{2}DNE 的推荐性能在 Eucorc 数据集上的 k 为 10 时，Recall 和 Precision 方面分别提升了 10.88% 和 8.34%；而在数据集 DBLP 上，M^{2}DNE 的推荐性能在 Recall 和 Precision 方面分别提升了 6.05% 和 11.69%。这验证了 MDNE 和 M^{2}DNE 中提出的时序注意力点过程能够有效建模网络的细粒度结构和动态演化模式。此外，M^{2}DNE 推荐性能的显著提升还得益于宏观动态性对网络嵌入表示的高阶约束，从而实现了对网络结构的内在演化进行编码。

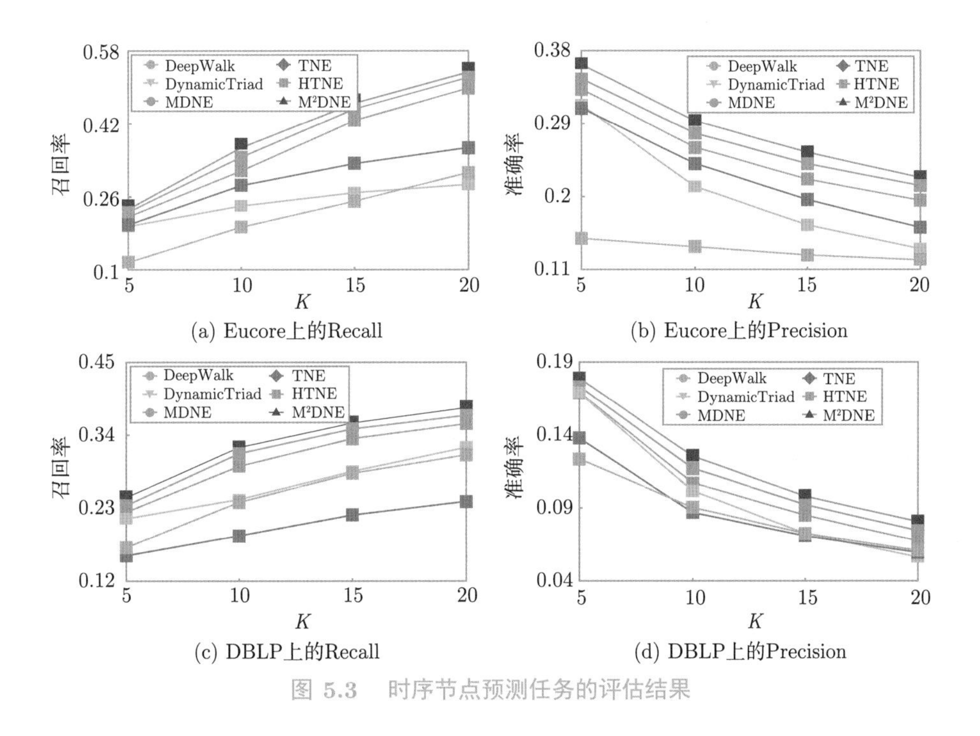

图 5.3 时序节点预测任务的评估结果

更详细的描述和实验验证见参考文献 [123]。

5.3 基于异质霍克斯过程的动态异质图表示学习

5.3.1 概述

实际场景中的复杂系统通常与不同类型的节点之间的多种时序互动有关，形成动态异质图。以图 5.4 为例，在学术图谱中，两类节点（作者和会议）之间有两种交互（作者的合作关系和作者出席会议的关系），这些交互都用一个连续的时间戳来描述交互发生的时间。

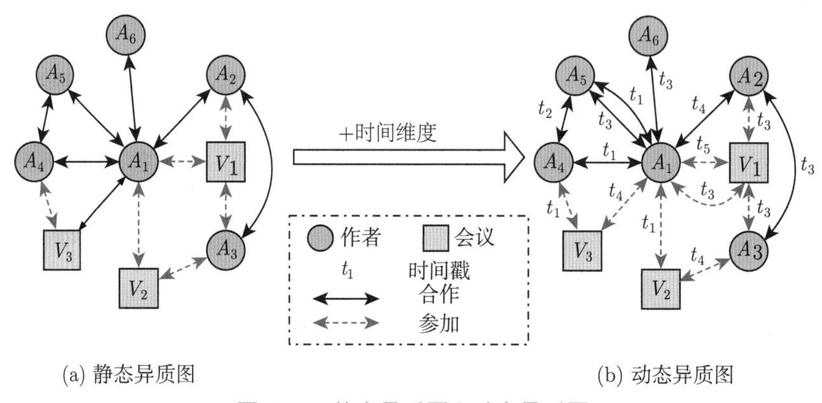

(a) 静态异质图

(b) 动态异质图

图 5.4 静态异质图和动态异质图

目前在这方面已经有几种异质图嵌入方法 [41,83,196,243]，其中，早期方法 [41,53] 采用基于元路径的异质序列 [175]，而最近的研究 [54,83,196,243] 表明，图神经网络的异质邻域聚合可以增强节点表示。但即便如此，人们在动态异质图嵌入方面的研究依旧有限，目前主要面临两个挑战：如何建模异质交互的连续动态以及如何建模不同语义的复杂影响。

针对以上挑战，本章提出了用于动态异质图嵌入的异质霍克斯过程（HPGE）。为了处理连续的动态变化，我们可将异质交互视为多个时序事件，这些时序事件随着时间的推移逐渐发生，并通过设计异质条件强度来衡量历史异质事件对当前异质事件的影响，将霍克斯过程引入异质图嵌入。为了处理语义的复杂影响，HPGE 使用了异质演化的注意力机制，该机制既建模了同类型历史交互事件引起的类型内潜在影响，也考虑了其他类型的历史交互事件所导致的类型间潜在影响。此外，为了建模历史异质事件的影响在时间维度上的区别，HPGE 采用时序重要性采样策略，权衡历史异质事件的时间和类型上的重要性，从中选择较有代表性的异质事件进行影响力传播。

5.3.2 HPGE 模型

HPGE 模型主要由三部分组成：首先，如图 5.5(a) 所示，给定 A_1、A_3 和 V_1 各自的时序异质邻域，HPGE 使用异质条件强度函数来刻画事件间的激励影响；其次，HPGE 在图 5.5(b) 中设计了一种注意力机制来捕捉同类型邻居（内部注意力）以及从历史类型到当前类型的演变（类型间注意力）的时序重要性；最后，为了让 HPGE 更高效，如图 5.5(c) 所示，我们采用了时序重要性采样（Temporal Importance Sampling，TIS）策略，在时间和结构两个维度上提取具有代表性的邻域。

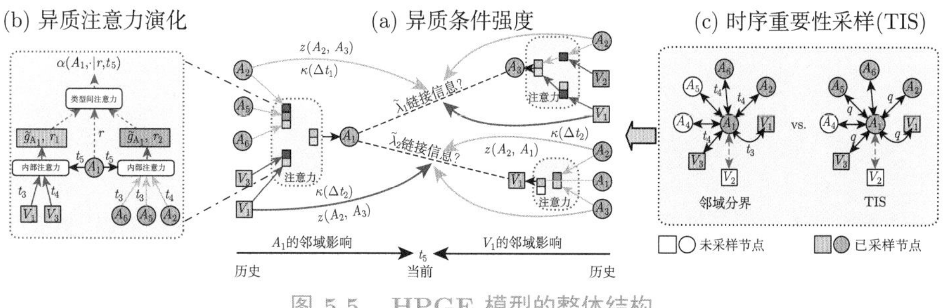

图 5.5 HPGE 模型的整体结构

异质条件强度函数

在动态异质图上，各种类型的边随着时间的推移不断建立，这可以看作一系列观察到的异质事件。给定事件 $e=(v_i,v_j,t,r)$，定义异质条件强度函数如下：

$$
\begin{aligned}
\tilde{\lambda}(e) = & \underbrace{\mu_r(v_i,v_j)}_{\text{基本强度}} \\
& + \underbrace{\gamma_1 \sum_{r'\in\mathcal{R}} \sum_{p\in\mathcal{N}_{i,r',<t}} \alpha(p,e) z(v_p,v_j)\kappa_i(t-t_p)}_{\text{源节点 } v_i \text{上异质邻域的激励}} \\
& + \underbrace{\gamma_2 \sum_{r''\in\mathcal{R}} \sum_{q\in\mathcal{N}_{j,r'',<t}} \alpha(q,e) z(v_q,v_i)\kappa_j(t-t_q)}_{\text{目标节点 } v_j \text{ 上异质邻域的激励}}
\end{aligned}
\tag{5.12}
$$

其中，γ_1 和 γ_2 是平衡参数。这个异质条件强度函数由三个主要部分组成，它们分别是基本强度、源节点 v_i 上异质邻域的激励以及目标节点 v_j 上异质邻域的激励。首先，给定节点 v_i 和 v_j 以及事件类型 r，基本强度 $\mu_r(v_i,v_j)$ 定义如下：

$$
\mu_r(v_i,v_j) = -\sigma(f(\boldsymbol{h}_i\boldsymbol{W}_{\phi(v_i)} - \boldsymbol{h}_j\boldsymbol{W}_{\phi(v_j)})\boldsymbol{W}_r + b_r) \tag{5.13}
$$

其中，$\boldsymbol{h}_i\in\mathbb{R}^d$ 和 $\boldsymbol{h}_j\in\mathbb{R}^d$ 是节点 v_i 和 v_j 的嵌入。d 是节点嵌入的维度，$\boldsymbol{W}_{\phi(\cdot)}\in\mathbb{R}^{d\times d}$ 表示类型 $\phi(\cdot)$ 的投影矩阵。$f(\cdot)$ 表示元素级非负运算，用于衡量节点 v_i 和 v_j 的对称相似性，这里采用的是自阿达玛乘积，即 $f(\boldsymbol{X})=\boldsymbol{X}\odot\boldsymbol{X}$。$\boldsymbol{W}_r$ 和 b_r 分别是 r 类型事件的投影和偏置，$\sigma(\cdot)$ 为非线性激活函数。

历史邻居和目标节点之间的相似性还与它们的类型有关，即

$$
z(v_p,v_j) = -\|\boldsymbol{h}_p\boldsymbol{W}_{\phi(p)} - \boldsymbol{h}_j\boldsymbol{W}_{\phi(j)}\|_2^2 \tag{5.14}
$$

其中，$\|\cdot\|_2^2$ 为欧氏距离，负号表示越近的节点影响越大。

异质注意力演化机制

当前事件的重要性 $\alpha(p,e)$ 定义如下：

$$\alpha(p,e)=\xi(v_p,t_p|r',v_i,t)\beta(r|r',v_i,t) \tag{5.15}$$

其中，r' 和 r 分别表示历史事件和当前事件的类型，t_p 和 t 是对应的时间戳，$\xi(v_p,t_p|r',v_i,t)$ 是同类型事件之间的异质时序注意力值，计算公式为

$$\xi(v_p,t_p|r',v_i,t)=\mathrm{softmax}(\sigma(\kappa_i(t-t_p)[\boldsymbol{h}_i\boldsymbol{W}_{\phi(v_i)}\oplus\boldsymbol{h}_j\boldsymbol{W}_{\phi(v_j)}]\boldsymbol{W}_{\xi})) \tag{5.16}$$

其中，$\boldsymbol{W}_{\xi}\in\mathbb{R}^{2d\times 1}$ 为可学习的注意力投影矩阵，$\oplus$ 表示连接操作，$\mathrm{softmax}(x)$ 的形式是 $\exp(x)/\sum_{x'}\exp(x')$。为了同时考虑关联的异质性和影响的衰减性，HPGE 设计了 $\beta(r|r',v_i,t)$ 来表示不同历史类型对当前类型的影响。

$$\beta(r|r',v_i,t)=\mathrm{softmax}(\tanh(\tilde{\boldsymbol{g}}_i\boldsymbol{W}_r)\boldsymbol{w}_r)^{\mathrm{T}} \tag{5.17}$$

其中，$\boldsymbol{W}_r\in\mathbb{R}^{d|\mathcal{R}|\times d_m}$ 和 $\boldsymbol{w}_r\in\mathbb{R}^{d_m\times 1}$ 是可学习的投影矩阵，d_m 是潜在维度的长度，这里设定 $d_m=0.5d$。$\tilde{\boldsymbol{g}}_i$ 是历史激励的连接结果，$\tilde{\boldsymbol{g}}_i=[\tilde{\boldsymbol{g}}_{i,1}\oplus\tilde{\boldsymbol{g}}_{i,2}\oplus\cdots\oplus\tilde{\boldsymbol{g}}_{i,|\mathcal{R}|}]$，而来自邻居 r' 的激励的计算方法如下：

$$\tilde{\boldsymbol{g}}_{i,r'}=\sigma\left(\left[\sum_p\xi(v_p,t_p|r',v_i,t)\boldsymbol{h}_p\boldsymbol{W}_{\phi(v_p)}\kappa_i(t-t_p)\right]\boldsymbol{W}_{\beta,r'}+b_{\beta,r'}\right) \tag{5.18}$$

其中，$\boldsymbol{W}_{\beta,r'}\in\mathbb{R}^{d\times d}$ 和 $b_{\beta,r'}$ 是可学习的投影矩阵和偏置。显然，这是一个基于时序激励聚合的类型内注意力值。

时序重要性采样策略

随着时间的推移，越来越多的事件堆积起来，计算异质条件强度函数的代价变得越来越昂贵。为此，HPGE 采用了时序重要性采样（TIS）策略，该策略考虑了时序信息和结构信息来提取邻域的表示。TIS 的采样器用于对激励率和时序衰减函数进行加权，定义如下：

$$q(v_p|v_i,r',t)=\frac{\kappa_i(t-t_p)N_i(v_p)}{\sum\limits_{v_{p'}\in\mathcal{N}_{i,r',<t}}\kappa_i(t-t'_p)N_i(v'_p)} \tag{5.19}$$

其中，$q(v_p|v_i,r',t)$ 表示抽样概率，具体取决于 r' 类型历史事件关联节点 v_h 的重要性、邻域 $N_i(v_p)$ 对应的交互次数以及时间 t。

优化目标

给定节点 v_i 和 v_j 在时间 t 之前的历史邻域 $\mathcal{N}_{i,<t}$ 和 $\mathcal{N}_{j,<t}$，当前事件 e 的损失定义如下：

$$\mathcal{L}_{\text{hp}}(e) = -\sum_{e\in\mathcal{E}} \log\sigma(\tilde{\lambda}(e)) - \sum_{k} \mathbb{E}_{j'} \log\sigma(-\tilde{\lambda}(e_{j'})) - \sum_{k} \mathbb{E}_{i'} \log\sigma(-\tilde{\lambda}(e_{i'})) \tag{5.20}$$

其中，$e_{i'}$ 和 $e_{j'}$ 是 $e_{i',j,r,t}$ 和 $e_{i,j',r,t}$ 的缩写，k 是负样本的大小，所有事件的损失为 $\mathcal{L}_{\text{hp}} = \dfrac{1}{|\mathcal{E}|}\sum_{e\in\mathcal{E}} \mathcal{L}_{\text{hp}}(e)$。

此外，针对节点分类和时序链接预测等下游任务，统一的损失函数可以表示如下：

$$\mathcal{L} = \mathcal{L}_{\text{hp}} + \omega_1 \mathcal{L}_{\text{task}} + \omega_2 \Omega(\boldsymbol{\Theta}) \tag{5.21}$$

其中，$\Omega(\boldsymbol{\Theta})$ 是可学习参数的 L_2 范数正则化，$\mathcal{L}_{\text{task}}$ 是特定任务的损失。对于节点分类和时序链接预测，我们可以将节点嵌入或节点对嵌入的连接输入多层感知机（Multi-Layer Percepteon，MLP），以提取节点类别或节点对链接概率的分布。

5.3.3 实验

实验设置

数据集和基线 实验在三个实际场景的数据集上进行，它们分别是 AMiner、DBLP 和 Yelp。我们对 HPGE 与三组图嵌入模型进行了比较，它们分别是异质图嵌入模型（metapath2-vec [41]、HEP [248]、HAN [196] 和 HGT [83]）、动态图嵌入模型（CTDNE [136]、EvolveGCN [144] 和 M^{2}DNE [123]），以及动态异质图嵌入模型（DHNE [218]、DyHNE [198] 和 DyHATR [213]）。

参数设置 为了公平起见，对于所有方法，我们将设置嵌入维数 $d = 128$，批大小为 1024，学习率为 0.001，正则化权值 $\omega_2 = 0.01$（如果有正则化），负采样大小为 $k = 5$（如果有负采样）。对于 HAN、HGT、M^{2}DNE、DyHATR 和 HPGE，在这三个数据集上，相邻候选对象的大小分别为 5、5 和 10，对 HPGE 使用 TIS 策略进行采样，对 M^{2}DNE 使用分界策略，对其他数据使用随机抽样。对于动态图表示学习的模型，将事件视为同质。对于 metapath2vec 和 DHNE，分别在这三个数据集上通过 A-A、A-A 和 B-U-B 对序列进行采样。所有基线的其他参数均与原始论文一致。对于 HPGE，设置 $\gamma_1 = 0.5$、$\gamma_2 = 0.5$、$\omega_1 = 1$，并将模型在这三个数据集上的迭代次数分别设置为 500、500 和 50。

有效性实验分析

节点分类 节点分类任务旨在预测 AMiner 和 DBLP 上作者的研究领域以及 Yelp 上商家的营业类别。训练/测试比例被设置为 80%/20%。将所有方法重复执行 5 次，并计算它们在 Mi-F1 和 Ma-F1 指标上的平均分数。

如表 5.2 所示，HPGE 在这三个数据集上始终优于所有基线，据此得出的结论如下。

表 5.2 节点分类方法的性能评估结果（加粗部分为最优结果，带下画线的部分为次优结果）

数据集	AMiner		DBLP		Yelp	
指标	Mi-F1	Ma-F1	Mi-F1	Ma-F1	Mi-F1	Ma-F1
metapath2vec	0.824	0.853	0.874	0.885	0.537	0.642
HEP	0.949	0.952	0.903	0.913	0.622	0.694
HAN	0.967	0.970	0.912	0.914	0.621	0.691
HGT	0.963	0.971	0.920	0.927	0.633	0.705
CTDNE	0.897	0.895	0.872	0.892	0.512	0.639
EvolveGCN	0.952	0.955	0.887	0.881	0.611	0.687
M^2DNE	0.969	0.972	0.891	0.909	0.619	0.693
DHNE	0.901	0.913	0.888	0.909	0.578	0.665
DyHNE	0.970	0.978	0.922	0.922	0.622	0.721
DyHATR	0.973	0.969	0.933	0.935	0.627	0.717
HPGE	**0.988**	**0.984**	**0.951**	**0.952**	**0.649**	**0.731**

（1）与异质图嵌入方法（metapath2vec、HEP、HAN 和 HGT）相比，HPGE 能够对异质事件的时序动态进行建模。同样，与动态图嵌入方法（CTDNE、EvolveGCN 和 M^2DNE）相比，HPGE 的优势主要体现在对交互事件中丰富语义信息的建模。因此，相对于这些方法，HPGE 的性能提升更大。

（2）与同时考虑了时序和异质信息的次优方法 DyHATR 相比，HPGE 仍然可以实现实质性的提升。这些稳定的提升表明，对动态异质图的形成过程进行建模比仅仅关注快照之间的演化能更好地捕捉节点的演化特征。

（3）与 AMiner 和 DBLP 相比，HPGE 在 Yelp 上的改进更大。潜在的原因是，Yelp 是一个更大的数据集，时序重要性采样策略发挥的效果更好。

时序链接预测 时序链接预测任务旨在预测各类交互事件在时间 t 发生与否。给定时间 t 之前的所有时序异质事件，分别对交互事件中的每个节点采样两个负样本（即整体的正负样本比例为 1:4）。在这三个数据集上测试 HPGE 和对比方法的性能，评价指标为准确率、$F1$ 得分和 ROC-AUC，效果越好，评价指标的值越大。将所有方法重复执行 5 次，表 5.3 展示了它们在准确率、$F1$ 得分和 ROC-AUC 指标上的平均表现。显然，HPGE 在这三个数据集上仍然取得了最好的性能。HPGE 基于事件类型评估节点的相似性，并通过时序点过程不断传播类型的影响；而传统的异质建模只能建模语义特征，而不能建模交互特征。此外，HAN、HEP、HGT、DyHNE、DyHATR 和 HPGE 始终比 CTDNE、EvolveGCN 和 M^2DNE 表现得好。这一现象表明，与简单地保留演化结构相比，将语义集成到链接的形成过程中更有利于时序链接预测。

表 5.3 时序链接预测的结果（加粗部分为最优结果，带下画线的部分为次优结果）

数据集	AMiner			Yelp			DBLP		
指标	ACC	$F1$ 得分	AUC	ACC	$F1$ 得分	AUC	ACC	$F1$ 得分	AUC
metapath2vec	0.806	0.359	0.759	0.790	0.419	0.702	0.798	0.375	0.656
HEP	0.921	0.814	0.944	0.853	0.566	0.829	0.910	0.753	0.934
HAN	0.923	0.811	0.955	0.855	0.591	0.833	0.903	0.751	0.940
HGT	0.938	0.822	0.963	0.859	0.588	0.833	0.899	0.761	0.941
CTDNE	0.824	0.382	0.763	0.806	0.342	0.635	0.713	0.345	0.653
EvolveGCN	0.904	0.767	0.922	0.822	0.526	0.785	0.853	0.714	0.905
M^{2}DNE	0.929	0.790	0.951	0.854	0.547	0.818	0.896	0.734	0.939
DHNE	0.875	0.634	0.827	0.831	0.504	0.717	0.821	0.668	0.808
DyHNE	0.928	**0.838**	0.959	0.861	0.592	0.831	0.909	0.767	0.940
DyHATR	0.941	0.832	0.966	0.870	0.598	0.843	0.914	0.773	0.936
HPGE	**0.953**	0.835	**0.976**	**0.873**	**0.603**	**0.850**	**0.938**	**0.793**	**0.957**

更详细的描述和实验验证见参考文献 [91]。

5.4 基于动态元路径的时序异质图神经网络

5.4.1 概述

真实场景中的图，如社交网络图、电商平台图、学术图等，存在多种类型的关联关系，并以各种方式动态交互。如图 5.6 所示，学术图中存在作者（A）、论文（P）和会议（C）三种类型的节点，还存在撰写（AP）和收录（PC）两种类型的交互以及这些交互所对应的时间戳。这些组合形成了一个典型的时序异质图（Temporal Heterogeneous Graph，THG），其中含有复杂的演化和丰富的语义信息 [163,228]。

近年来，一些工作受到同质图神经网络的启发，尝试将邻域信息聚合过程扩展为考虑节点和边关系类型的异质信息传播机制 [20,92,175,196,229,247]。然而，这些工作大多处理的是由不变关系组成的静态图结构，而忽略了实际场景中广泛存在的时序信息。动态图神经网络 [124,126] 能利用图上的时序信息，一种经典的范式是将全局图分成几个独立的快照 [98,144]。然而，由于忽略了丰富的语义信息，这种动态图神经网络并不适用于建模具有动态交互的异质图。在时序异质图上对动态语义进行建模，并对语义的相互演化进行建模，是一个不小的挑战。

基于动态元路径的时序异质图神经网络（DyMGNN）能有效地学习时序异质图上的节点表示。为了应对动态语义建模的挑战，DyMGNN 用动态元路径来描述节点之间的时序语义信息，并用基于动态元路径的时序重要性采样策略来采样语义上具有代表性的重要邻居节点。针对语义级交互演化，DyMGNN 设计了异质交互演化注意力机制来有效建模时序和语义层级的交互演化。

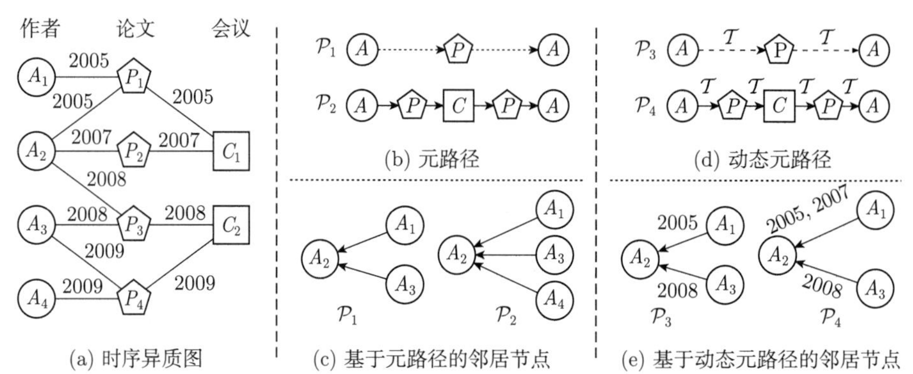

图 5.6　时序异质图的例子以及元路径和动态元路径的比较。图 (a) 展示了由作者、论文和会议组成的时序异质图，以及它们之间的动态交互关系。图 (b) 和图 (c) 分别展示了静态元路径和采样邻域。图 (d) 和图 (e) 则分别展示了考虑时序信息的动态元路径和采样邻域

5.4.2　DyMGNN 模型

DyMGNN 模型的整体架构如图 5.7 所示。具体来说，DyMGNN 首先进行基于动态元路径的时序重要性采样，以得到具有代表性的邻居。考虑到不同语义下的节点会随着时间而演化且不同节点的演化模式不同，DyMGNN 将为时序异质图中的每个节点划分出软子图快照，进而通过注意力机制和时序编码有效地聚合节点的语义级时序表示（例如，从快照 s 的元路径 $\mathcal{P}$ 中聚合 $\boldsymbol{h}_{i,\mathcal{P},s}$）。进一步地，DyMGNN 设计了异质交互演化注意力机制，旨在建模不同语义下、不同时间上的相互影响，从而增强节点的表示，得到 $\boldsymbol{h}_i$。最后，节点表示 $\boldsymbol{h}_i$ 被输入具体的任务，从而得到优化。

动态语义建模

具体来说，给定动态元路径 $\mathcal{P}: \mathcal{A}_1 \xrightarrow{\mathcal{R}_1,\mathcal{T}} \mathcal{A}_2 \xrightarrow{\mathcal{R}_2,\mathcal{T}} \cdots \xrightarrow{\mathcal{R}_l,\mathcal{T}} \mathcal{A}_{l+1}$，从目标节点反向搜索邻居节点并计算候选节点 v_k 的重要性，如下所示：

$$p(v_k|v_{k+1},\mathcal{P}) = \begin{cases} 0 & t_k > \min_k \\ f(\min_k - t_k) & 其他 \end{cases} \tag{5.22}$$

其中，t_k 表示边 $e_{v_k,v_{k+1}}$ 交互的时间戳；$\min_k = \min\{t_n|k < n \leqslant l+1, t_n > 0\}$ 表示当前节点到目标节点的最小时间戳；$f(\cdot)$ 是激活函数（如 softmax 函数），用于评估节点 v_k

在时间 t_k 的重要性。根据 $p(v_k|v_{k+1},\mathcal{P})$ 对基于动态元路径的邻居节点进行的采样，称为时序重要性采样。

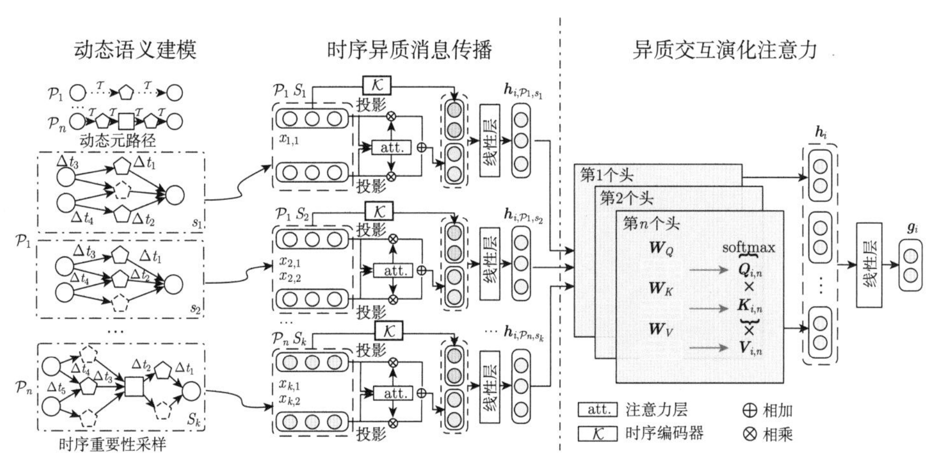

图 5.7 DyMGNN 模型的整体架构

时序异质信息传播机制

时序异质图结构会随着时间动态地发生变化，针对每个快照上的每种动态元路径，DyMGNN 设计了不同的时序异质信息传播机制。给定节点 v_i 在快照时的邻居 $(v_{j1},v_{j2},\cdots,v_{jn})$，DyMGNN 采用异质的节点级注意力机制来增强或削弱邻居信息，如下所示：

$$a'_{i,j}=\sigma[(\boldsymbol{x}_i\boldsymbol{W}^{\text{ATT}}_{\phi(v_i)}||\boldsymbol{x}_j\boldsymbol{W}^{\text{ATT}}_{\phi(v_j)})\boldsymbol{W}^{\text{ATT}}_{\psi(v_i,v_j)}+b^{\text{ATT}}_{\psi(v_i,v_j)}] \tag{5.23}$$

其中，$a'_{i,j}\in\mathbb{R}_+$ 是 v_j 对 v_i 的权重；$\boldsymbol{x}_i\in\mathbb{R}^{d_{\phi(v_i)}}$ 是 v_i 的属性特征，维度为 $d_{\phi(v_i)}$；$\boldsymbol{W}^{\text{ATT}}_{\phi(v_i)}\in\mathbb{R}^{d_{\phi(v_i)}\times d}$ 是节点类型为 $\phi(v_i)$ 的属性映射参数矩阵；$\boldsymbol{W}^{\text{ATT}}_{\psi(v_i,v_j)}$ 和 $b^{\text{ATT}}_{\psi(v_i,v_j)}$ 是 $\psi(v_i,v_j)$ 语义下的注意力参数矩阵和偏置值。进一步地，将动态元路径 $\mathcal{P}$ 在快照 s 时的注意力权重 $a_{i,j,s}$ 归一化，便可以得到

$$a_{i,j,s}=\frac{a'_{i,j}}{\displaystyle\sum_{v'_j\in\text{Nbr}(v_i,s,\mathcal{P})}a'_{i,j'}} \tag{5.24}$$

其中，$\text{Nbr}(v_i,s,\mathcal{P})$ 是动态元路径 $\mathcal{P}$ 在快照 s 时的邻域。$\boldsymbol{h}'_{i,\mathcal{P},s}$ 可以表示如下：

$$\boldsymbol{h}'_{i,\mathcal{P},s}=\text{AGG}(\{a_{i,j,s}\cdot\boldsymbol{x}_j\boldsymbol{W}_{\phi(v_j)}|j\in\text{Nbr}(v_i,s,\mathcal{P})\}) \tag{5.25}$$

其中，$\text{AGG}(\cdot)$ 是池化函数，这里选择的是 sum 函数。需要注意的是，由于不同类型节点的属性属于不同的空间，因此需要使用 $\boldsymbol{W}_{\phi(x_j)}$ 将所有属性投影在同一个潜在空间中，

如图 5.7 所示。受参考文献 [210] 的启发，DyMGNN 使用时序编码器来编码节点 v_i 在元路径 $\mathcal{P}$ 的第 s 个快照处的嵌入，即

$$\boldsymbol{h}_{i,\mathcal{P},s} = \sigma((\boldsymbol{h}'_{i,\mathcal{P},s} + \mathcal{K}(T - t_s))\boldsymbol{W}_S + \boldsymbol{b}_S) \tag{5.26}$$

其中，$\boldsymbol{W}_S \in \mathbb{R}^{d\times d}$ 和 $\boldsymbol{b}_S \in \mathbb{R}$ 是可学习的参数矩阵，$\mathcal{K}(\cdot)$ 是时序编码器。

异质交互演化注意力机制

给定不同的动态元路径，时序异质图上存在多个语义层面的节点表征（如偏好或兴趣），它们会随着时间的推移相互演化。为了对偏好的演化进行建模，DyMGNN 提出了异质交互演化注意力机制，以捕捉节点在语义层面交互演化的潜在关联。给出节点 v_i 的嵌入矩阵 $\boldsymbol{h}_i$，维度为 $N_S \times N_{\mathcal{P}} \times d$，其中 N_S 为快照数，分别计算 $\boldsymbol{Q}_i = \boldsymbol{h}_i\boldsymbol{W}_Q$、$\boldsymbol{K}_i = \boldsymbol{h}_i\boldsymbol{W}_K$ 和 $\boldsymbol{V}_i = \boldsymbol{h}_i\boldsymbol{W}_V$。然后将所有 $\boldsymbol{Q}_i$、$\boldsymbol{K}_i$ 和 $\boldsymbol{V}_i$ 设计为多头形式，并分为 N_h 部分，则节点 v_i 在 n 部分的注意力 $\mathrm{att}_{i,n}$ 表示如下：

$$\mathrm{att}_{i,n} = \mathrm{softmax}(\boldsymbol{Q}_{i,n}^{\mathrm{T}}\boldsymbol{K}_{i,n}/\sqrt{d/n}) \tag{5.27}$$

接下来，将所有节点的子表示连接起来，合并的节点表示为 $\boldsymbol{h}_i$：

$$\boldsymbol{h}_i = ||_{n=0}^{N_h}(\mathrm{att}_{i,n} \cdot \boldsymbol{V}_{i,n}) \tag{5.28}$$

最后，可以得到节点的最终表示如下：

$$\boldsymbol{g}_i = [\boldsymbol{h_i}||\boldsymbol{x}_i]\boldsymbol{W}_{\phi(v_i),G} + b_{\phi(v_i),G} \tag{5.29}$$

其中，$\boldsymbol{W}_{\phi(v_i),G}$ 和 $b_{\phi(v_i),G}$ 分别表示考虑了节点类型的参数映射矩阵和偏置值。有别于传统的自注意力机制，交互演化注意力机制同时考虑了连续时间上的动态性和语义，并细粒度地建模时序异质图上的节点表示，从而捕捉语义和时间上的相互影响。

优化目标

模型整体的交叉熵损失定义如下：

$$\mathcal{L} = \sum_{i,z} -y_{i,z}\log(\hat{y}_{i,z}) - (1 - y_{i,z})\log(1 - \hat{y}_{i,z})) + \alpha\Omega(\boldsymbol{\Theta}) \tag{5.30}$$

其中，y 是真实值，$\hat{y}$ 是预测值，$\Omega(\boldsymbol{\Theta})$ 表示对所有的可学习参数 $\boldsymbol{\Theta}$ 进行正则化以避免过拟合，α 是对应的权重。对于链接预测任务，i 和 z 是边的两个端点，两个节点之间连接的概率则表示为 $\mathrm{MLP}(\boldsymbol{g}_i||\boldsymbol{g}_z)$。最后，可以使用 Adam [100] 来最小化式 (5.30)。

5.4.3 实验

数据集和基线 实验对 DyMGNN 的性能进行了实证。具体来说，我们将在三个公开的、真实的时序异质图上测试模型，包括 AMiner 学术数据集、DBLP 学术数据集和 Yelp 商业数据集，并对比三种类型的 8 个代表性方法，它们分别针对动态图神经网络（DGNN [124]、EvolveGCN [144]、M^{2}DNE [123] 和 TGAT [210]）、异质图神经网络（HAN [196] 和 HGT [83]）以及动态异质图（DyHNE [198] 和 DyHATR [213]）。

参数设置 对于数据集 AMiner、DBLP 和 Yelp，设置每个快照的时间跨度为 1 年，所有数据集的基于动态元路径的邻居数为 5。为这三个数据集分别设置快照数 N_S 为 10、6 和 10。对于所有的基线（对比方法）和 DyMGNN，设定最大迭代次数为 200，节点维度为 $d = 128$，学习率为 0.001，正则化权重为 $\alpha = 0.001$。每个批次的大小则设定为 128。基线的其余参数是按照原始论文设置的。对于所有的同质图模型（DGNN、EvolveGCN、M^{2}DNE 和 TGAT），忽略边的类型。

有效性实验分析

节点分类 在节点分类任务中，分别将 AMiner 和 DBLP 上作者的研究领域和 Yelp 上商家的营业类别作为标签，并选取不同规模（比例为 40%、60% 和 80%）的节点作为训练集。表 5.4 给出了节点分类方法的性能评估结果，通过分析可以发现：DyMGNN 在这三个数据集上始终优于所有基线。与动态同质图方法（如 DGNN、EvolveGCN、TGAT 和 M^{2}DNE）相比，DyMGNN 的优势在于充分利用了异质语义信息而非单一的边类型。与静态的异质图模型（如 HAN 和 HGT）以及动态的异质图模型（如 DyHNE 和 DyHATR）相比，DyMGNN 具有建模不同语义之间的细粒度相互演化的能力。同时，语义注意力机制也体现了其优势。不同于 DyHNE 将所有语义视为同等重要，基于语义注意力机制的 DyHATR 和 DyMGNN 由于能够评估不同语义的重要性，因此取得了更好的性能。

时序链接预测 在时序链接预测任务中，模型将预测 AMiner 和 DBLP 数据集上的“APA”链接以及 Yelp 数据集上的“BRURB”链接。数据集的时间跨度被设置为最近一年（AMiner 和 DBLP）或最近一个季度（Yelp）。从表 5.5 可以看出，DyMGNN 的表现一直优于所有基线，以 ROC-AUC 指标为例，它对次优结果的提升率从 0.8% 到达 2.3%。此外，动态异质图方法 DyHNE 和 DyHATR 在这三个数据集上的表现都优于其他方法，这再次验证了建模时序信息和异质信息的优越性。注意，DyHNE 在 AMiner 数据集上的表现优于 DyHATR，而在 DBLP 和 Yelp 数据集上表现较差。然而，DyMGNN 在这三个数据集上都保持了优势，这表明 DyMGNN 更稳定。

表 5.4 节点分类方法的性能评估结果

数据集	指标	划分比例	方法								
			DGNN	E.GCN	M^2DNE	TGAT	HAN	HGT	DyHNE	DyHATR	DyMGNN
AMiner	Mi-F1	40%	0.779	0.819	0.826	0.835	0.868	0.872	0.884	0.877	**0.925**
		60%	0.795	0.835	0.830	0.841	0.880	0.892	0.895	0.899	**0.925**
		80%	0.812	0.861	0.834	0.850	0.901	0.906	0.918	0.907	**0.947**
	Ma-F1	40%	0.794	0.814	0.811	0.829	0.855	0.865	0.876	0.872	**0.923**
		60%	0.817	0.821	0.828	0.840	0.871	0.889	0.897	0.902	**0.922**
		80%	0.834	0.845	0.829	0.846	0.892	0.918	0.913	0.932	**0.944**
DBLP	Mi-F1	40%	0.589	0.659	0.686	0.677	0.698	0.693	0.690	0.700	**0.717**
		60%	0.623	0.672	0.701	0.680	0.712	0.717	0.702	0.728	**0.739**
		80%	0.644	0.679	0.710	0.691	0.724	0.720	0.733	0.726	**0.745**
	Ma-F1	40%	0.581	0.632	0.657	0.649	0.666	0.658	0.642	0.671	**0.689**
		60%	0.633	0.658	0.670	0.651	0.684	0.686	0.654	0.689	**0.705**
		80%	0.652	0.666	0.688	0.670	0.691	0.694	0.692	0.697	**0.711**
Yelp	Mi-F1	40%	0.566	0.592	0.601	0.585	0.620	0.628	0.616	0.633	**0.651**
		60%	0.572	0.607	0.602	0.590	0.631	0.658	0.625	0.638	**0.672**
		80%	0.587	0.619	0.610	0.608	0.644	0.648	0.652	0.641	**0.662**
	Ma-F1	40%	0.540	0.577	0.569	0.545	0.600	0.609	0.607	0.609	**0.621**
		60%	0.555	0.582	0.570	0.570	0.610	0.616	0.615	0.612	**0.628**
		80%	0.563	0.590	0.579	0.572	0.618	0.632	0.629	0.633	**0.643**

（加粗部分为最优结果，带下画线的部分为次优结果）

表 5.5 时序链接预测的结果

数据集	指标	方法									提升率
		DGNN	E.GCN	M^2DNE	TGAT	HAN	HGT	DyHNE	DyHATR	DyMGNN	
AMiner	F1	0.744	0.747	0.750	0.772	0.764	0.772	0.789	0.785	**0.799**	1.3%
	PR-AUC	0.769	0.766	0.778	0.800	0.795	0.803	0.815	0.809	**0.820**	0.6%
	ROC-AUC	0.838	0.782	0.848	0.880	0.877	0.882	0.893	0.882	**0.900**	0.8%
DBLP	F1	0.610	0.625	0.606	0.616	0.634	0.639	0.642	0.655	**0.662**	1.1%
	PR-AUC	0.629	0.638	0.636	0.648	0.656	0.652	0.654	0.663	**0.673**	1.5%
	ROC-AUC	0.664	0.669	0.679	0.684	0.683	0.681	0.685	0.690	**0.706**	2.3%
Yelp	F1	0.579	0.618	0.594	0.599	0.605	0.610	0.616	0.626	**0.643**	2.7%
	PR-AUC	0.616	0.629	0.628	0.613	0.647	0.652	0.648	0.657	**0.676**	2.9%
	ROC-AUC	0.635	0.658	0.654	0.647	0.669	0.672	0.664	0.670	**0.685**	1.9%

（加粗部分为最优结果，带下画线的部分为次优结果，表中还展示了 DyMGNN 相对于次优方法的提升效果）

更详细的描述和实验验证见参考文献 [90]。

5.5 本章小结

本章介绍了基于图神经网络的动态图表示学习方法。M^{2}DNE 从微观和宏观的角度探索时序网络嵌入，并设计了一个时序注意力点过程来捕捉细粒度的结构和时序属性。HPGE 引入了霍克斯过程，通过异质条件强度函数和时序重要性采样策略，有效地模拟了时序异质事件的形成过程。DyMGNN 通过基于动态元路径的时序重要性采样策略和异质交互演化机制，来处理动态语义和语义层级的相互演化。真实的公开数据集上的实验结果表明，本章介绍的方法始终优于其他对比方法（基线）。

5.6 扩展阅读

目前，对动态图建模的研究逐渐兴起，动态图建模在很多场景下得到了广泛应用（如推荐系统 [233] 和异常检测 [17]）。最近的研究大致可以分为两大类：动态同质图建模 [43,149,174] 和动态异质图建模 [84,249]。

对于动态同质图建模，参考文献 [149] 将强化学习引入传统的基于快照–循环神经网络的动态图神经网络中，旨在处理不完整动态图的数据稀疏性。考虑到传统的表示学习技术会受到图规模迅速增大的影响，参考文献 [174] 提出在双曲空间中学习动态图表示，以弥补这一缺陷。此外，参考文献 [43] 关注动态图的时序和结构因素之间复杂的相互影响，提出了时空图神经网络来提取它们之间潜在的相互作用，以保持更高的可解释性。对于动态异质图建模，参考文献 [249] 通过与残差压缩聚合相结合，对异质动态属性进行建模。针对节点类型的不同，参考文献 [84] 结合霍克斯过程和分级注意力机制来学习多类型的节点嵌入。

此外，还有一些参考文献 [15,98,193] 总结了许多有关动态建模和异质建模的前沿工作。

第 6 章　双曲图神经网络

图神经网络是强大的图深度表示学习方法。大多数 GNN 会学习欧几里得空间中的节点表示。然而，一些研究发现，与欧几里得几何相比，双曲几何实际上可以提供更强大的能力，来嵌入具有无标度或分层结构的图。所以，最近的一些工作开始在双曲空间中设计 GNN。本章将介绍三种双曲 GNN，它们能够通过学习双曲图表示来获得更好的性能。

6.1　引言

真实世界的数据通常与图结构一起出现，例如社交网络、引文网络、生物网络。图神经网络[64,158]作为用于这种图数据的强大的深度表示学习方法，在网络分析方面表现出优异的性能，引起人们相当大的研究兴趣。目前已有许多研究使用神经网络来处理图数据。例如，参考文献 [64] 和参考文献 [158] 利用深度神经网络来学习基于节点特征和图结构的节点表示；参考文献 [36]、参考文献 [73]、参考文献 [101] 通过将卷积运算推广到图，提出了图卷积网络；参考文献 [185] 利用 GNN 中的注意力机制，设计了一种新型的卷积式图神经网络。这些 GNN 已被广泛用于解决许多实际应用问题。参考文献 [45]、参考文献 [169]、参考文献 [219] 提出了基于 GNN 的推荐系统。参考文献 [145] 和参考文献 [154] 利用图卷积来解决疾病预测问题。

本质上，大多数现有的 GNN 模型主要是为欧几里得空间中的图设计的。主要原因是，欧几里得空间是直观可见的三维空间的自然概括。然而，真实世界的空间结构化数据还可以是非欧几里得曲面（如双曲空间）[12,202]。例如，生物学家可以检查蛋白质表面的几何形状，以确定它与其他生物分子的相互作用，从而发现药物；物理学家发现在双曲空间中，可以自然地发现复杂网络的一些统计力学（如异质度分布）[104]；在此类情况下，假设空间结构在欧氏平面上的现有模型可能无法实现令人满意的性能。另外，一些工作[104,138]已经证明双曲空间可以是图数据的潜在空间，因为双曲空间可以自然地反映图的一些性质，如层次结构和无标度结构[104,131]。受此启发，双曲空间中的图数据研究受到的关注越来越多，如双曲图嵌入[57,138,139,157]。

在本章中，我们将介绍三种双曲 GNN。首先，基于注意力机制，人们设计了双曲图注意力网络来学习超双曲空间中的双曲图表示。其次，为了学习更好的双曲图表示，人们提出了洛伦兹图卷积网络（LGCN），旨在严格保证学习的节点特征遵循双曲几何。最后，人们提出了双曲异质网络嵌入（HHNE），旨在保留双曲空间中异质图的结构和语义信息。

6.2 双曲图注意力网络

6.2.1 概述

双曲图表示学习已显示出非常有前景的结果 [57, 138, 139, 157]。然而在双曲空间中，设计图注意力网络有两个关键挑战。其中一个挑战是，GNN 中有许多不同的过程，如投影步骤、注意力机制和传播步骤。然而，与欧几里得空间不同，双曲空间不是向量空间，因此向量运算（包括向量加法、向量减法和标量乘法）不能在双曲空间中进行。尽管在设计双曲图操作方面已经有一些尝试，如特征变换 [22, 119]，但目前尚不清楚如何在双曲设置中设计多头注意力机制，这是 GAT（图注意力网络）中的关键步骤 [185]。此外，由于双曲空间具有负曲率，因此需要为模型选择适当的曲率。如何以优雅的方式有效地实现 GNN 的双曲图操作，尤其是针对多头注意力？另一个挑战是，双曲空间中的数学运算比欧几里得空间中的数学运算复杂。数学运算的一些基本性质，如“向量加法”的交换性或结合性，在双曲空间中不再满足。如何保证所提出模型中的学习效率？

在 6.2 节中，我们将利用图注意力网络来学习双曲空间中图的节点表示。由于陀螺向量空间框架为双曲几何提供了一种优雅的代数形式，本章将利用这个框架来学习双曲空间中的图表示。具体来说，首先使用这个框架中定义的操作来转换图中的特征；然后利用双曲空间的积空间中的相似性，建模非欧几里得设置中的多头注意力机制；最后，进一步设计一个使用对数和指数映射的并行策略，以提高所提出模型的学习效率。综合实验结果可以发现，与最先进的方法相比，所提出的模型是有效的。

6.2.2 HAT 模型

HAT 框架

一种名为 HAT 的欧几里得图注意力网络模型的整体框架如图 6.1 所示。因此，HAT 模型可以概括为如下两个过程。

（1）双曲特征投影。给定原始输入节点的特征，该过程能通过指数映射和双曲线性变换将其投影到双曲空间中，从而获得双曲空间中节点的潜在表示。

（2）双曲注意力机制。该过程设计了一种基于双曲近似的注意力机制，以聚合潜在的表征；同时还设计了一种加速策略，旨在通过使用对数和指数映射来加速所提出的模型，因为双曲空间中的操作通常比欧几里得空间中的操作更复杂、更耗时。此外，我们可以利用双曲空间的积空间来实现多头注意力。最后，将聚合的表示提供给下游任务的损失函数。

在这里，我们主要描述一个单一的图注意力层，因为在实验中，单一的图注意力层被用于所提出的所有 HAT 架构。另外，所有的图操作都建立在一个开放的 d 维庞加莱球上，$\mathbb{D}_c^d := \{\boldsymbol{x} \in \mathbb{R}^d : c\|\boldsymbol{x}\|^2 < 1\}$，它的黎曼度量为 $g_{\boldsymbol{x}} = (\lambda_{\boldsymbol{x}}^c)^2 g^{\mathbb{R}}$。

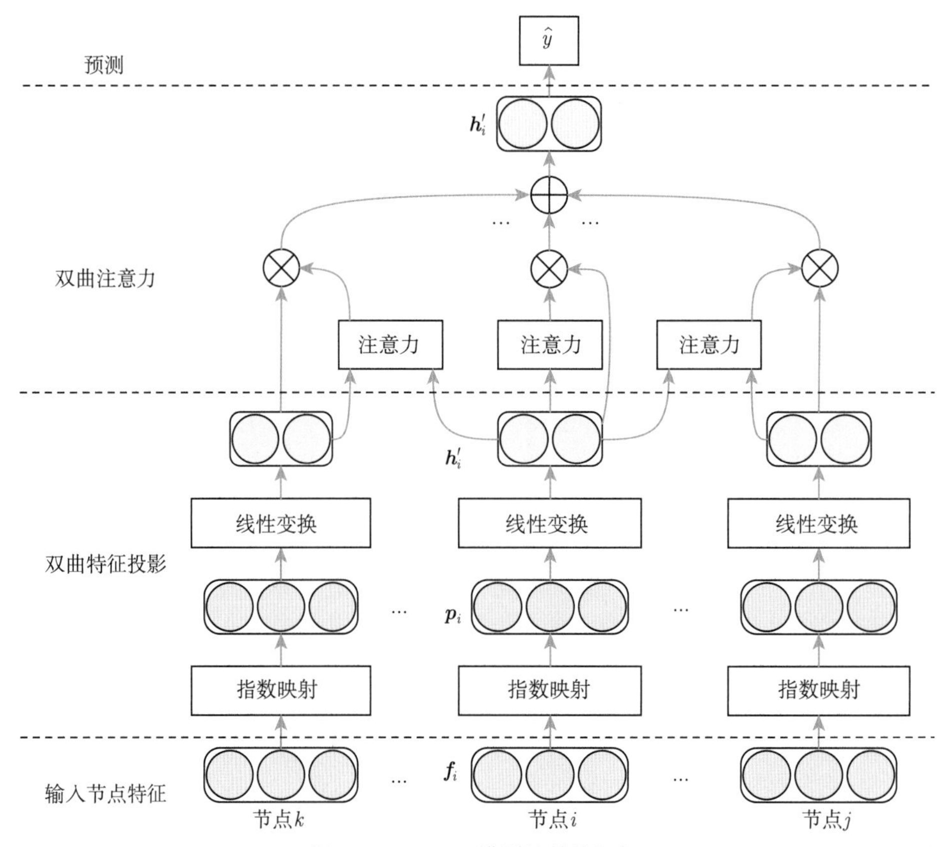

图 6.1 HAT 模型的整体框架

双曲特征投影

GNN 的输入是节点特征，它们通常存在于欧几里得空间中。为了使节点特征在双曲空间中可用，可使用指数映射将节点特征投影到双曲空间中 [22,119]。

具体来说，假设 $\boldsymbol{f}_i$ 表示节点 i 的特征，则对于 $\boldsymbol{f}_i \in T_{\boldsymbol{x}}\mathbb{D}_c^d\backslash\{\mathbf{0}\}$ 来说（其中，$\boldsymbol{x}$ 是双曲空间中的一个点，$T_{\boldsymbol{x}}\mathbb{D}_c^d$ 是点 $\boldsymbol{x}$ 的切线空间），当 $\boldsymbol{x}=\mathbf{0}$ 时，指数映射定义如下：

$$\exp_{\mathbf{0}}^c(\boldsymbol{f}_i)=\tanh(\sqrt{c}\|\boldsymbol{f}_i\|)\frac{\boldsymbol{f}_i}{\sqrt{c}\|\boldsymbol{f}_i\|} \tag{6.1}$$

这里假设节点特征 $\boldsymbol{f}_i$ 位于点 $\boldsymbol{x}=\mathbf{0}$ 的切线空间中，所以我们能得通过 $\mathbf{p}j=\exp-0^c(\mathbf{f}_i)$ 得到双曲空间中的新特征 $\mathbf{p}_i \in \mathbb{D}_c^d$。

然后，将 $\boldsymbol{p}_i$ 转换为更高层次的潜在表征 $\boldsymbol{h}_i$ 以获得足够的表征能力（又称表示能力）。为此，我们使用了一个由权重矩阵 $\boldsymbol{M}\in\mathbb{R}^{d'\times d}$（其中，$d'$ 是最终表征的维度）参数化的共享线性转换。挑战在于，不能简单地使用欧几里得矩阵–向量乘法，作为替代，这里使用莫比乌斯矩阵–向量乘法 [58]。如果 $\boldsymbol{M}\boldsymbol{p}_i \neq \mathbf{0}$，则有

$$\boldsymbol{h}_i = \boldsymbol{M} \otimes_c \boldsymbol{p}_i = \frac{1}{\sqrt{c}} \tanh\left(\frac{\|\boldsymbol{M}\boldsymbol{p}_i\|}{\|\boldsymbol{p}_i\|} \tanh^{-1}(\sqrt{c}\|\boldsymbol{p}_i\|)\right) \frac{\boldsymbol{M}\boldsymbol{p}_i}{\|\boldsymbol{M}\boldsymbol{p}_i\|} \tag{6.2}$$

其中，$\boldsymbol{h}_i \in \mathbb{D}_c^{d'}$ 是双曲空间中节点 i 的表征，它可以视为 HAT 隐藏层中的一个潜在表示。

双曲注意力机制

接下来，在节点上应用自注意力机制。注意力系数 α_{ij} 指示节点 j 对节点 i 的重要性，如下所示：$\alpha_{ij} = f(\boldsymbol{h}_i, \boldsymbol{h}_j)$，其中的 f 代表计算注意力系数的函数。这里只计算节点 $j \in N_i$ 的 α_{ij}，其中的 N_i 是图中节点 i 的邻居。考虑到相似度高的节点 j 和 i 有一个大的注意力系数 α_{ij}，可基于双曲空间中的距离来定义 f，它能够衡量节点之间的相似性。具体来说，给定两个节点的潜在表征 $\boldsymbol{h}_i, \boldsymbol{h}_j \in \mathbb{D}_c^d$，这个距离由式 (6.3) 给出：

$$d_c(\boldsymbol{h}_i, \boldsymbol{h}_j) = \frac{2}{\sqrt{c}} \tanh^{-1}(\sqrt{c}\|-\boldsymbol{h}_i \oplus_c \boldsymbol{h}_j\|) \tag{6.3}$$

其中，算子 $\oplus_c$ 是 $\mathbb{D}_c^d$ 中的莫比乌斯加，定义如下：

$$\boldsymbol{h}_i \oplus_c \boldsymbol{h}_j := \frac{(1 + 2c\langle \boldsymbol{h}_i, \boldsymbol{h}_j \rangle + c\|\boldsymbol{h}_j\|^2)\boldsymbol{h}_i + (1 - c\|\boldsymbol{h}_i\|^2)\boldsymbol{h}_j}{1 + 2c\langle \boldsymbol{h}_i, \boldsymbol{h}_j \rangle + c^2\|\boldsymbol{h}_i\|^2\|\boldsymbol{h}_j\|^2}$$

然后，进行自注意力系数的计算：$\alpha_{ij} = -d_c\big(\boldsymbol{h}_i, \boldsymbol{h}_j\big)$。对于节点 i 的所有邻居（包括节点 i 自身），我们需要使它们的注意力系数容易比较，为此使用 softmax 函数将它们归一化：$w_{ij} = \dfrac{\exp(\alpha_{ij})}{\sum_{l \in N_i} \exp(\alpha_{il})}$。归一化的注意力系数 w_{ij} 用来计算所有节点 $j \in N_i$ 的潜在表征的线性组合。因此，节点 i 的最终聚合表示 $\boldsymbol{h}_i'$ 如下：

$$\boldsymbol{h}_i' = \sigma^{\otimes_c}\left(\sum\nolimits_{j \in N_i}^{\oplus_c} w_{ij} \otimes_c \boldsymbol{h}_j\right) \tag{6.4}$$

其中，$\sum^{\oplus_c}$ 是莫比乌斯加的累积，$\sigma^{\otimes_c}$ 是双曲非线性的，操作 $w_{ij} \otimes_c \boldsymbol{h}_j$ 可用莫比乌斯标量乘法来实现，$\boldsymbol{h}_j \in \mathbb{D}_c^d \backslash \{\mathbf{0}\}$ 和 $w_{ij} \in \mathbb{R}$ 的莫比乌斯标量乘法被定义为 $w_{ij} \otimes_c \boldsymbol{h}_j := \dfrac{1}{\sqrt{c}} \tanh\left(w_{ij} \tanh^{-1}(\sqrt{c}\|\boldsymbol{h}_j\|)\right) \dfrac{\boldsymbol{h}_j}{\|\boldsymbol{h}_j\|}$。

多头注意力

多头注意力可以使模型获得更好的结果 [185]。我们的目标是将自注意力机制扩展到多头注意力，但目前尚不清楚如何在双曲空间中设计多头注意力。设计双曲多头注意力的主要

挑战是，如何以一种优雅的方式实现 concatenation 操作？为了解决这个挑战，你应该在双曲空间的积空间中设计多头注意力。具体来说，对于具有 K 头注意力的 HAT 来说，一些操作，包括输入节点特征、进行双曲特征投影（见图 6.1），对每个注意力都是独立进行的，没有任何变化。对于双曲注意力部分，因为节点特征存在于 K 个 m 维的双曲空间 $\mathbb{D}^m \times \mathbb{D}^m \cdots$ 中，所以把节点 i 的潜在表征表示为 H_i，它由 K 个 m 维特征 $\boldsymbol{h}_i^{(1)}, \boldsymbol{h}_i^{(2)}, \cdots, \boldsymbol{h}_i^{(K)}$: $H_i = \|_{k=1}^{K} \boldsymbol{h}_i^{(k)}$ 组成。双曲多头注意力的注意力参数 α'_{ij} 的计算公式为 $\alpha'_{ij} = -d_p(H_i, H_j)$，其中 $d_p(\cdot,\cdot)$ 是双曲空间的积空间中的距离。给定节点的潜在表征 H_i, H_j，这个距离被定义为 $d_p(H_i, H_j) = \sqrt{\sum_{k=1}^{K} d_c^2(\boldsymbol{h}_i^{(k)}, \boldsymbol{h}_j^{(k)})}$，它也是度量距离。另外，可以通过 softmax 函数对节点 i 的所有邻居的注意力系数进行归一化：$w'_{ij} = \dfrac{\exp(\alpha'_{ij})}{\sum_{l \in N_i} \exp(\alpha'_{il})}$。接下来，通过加速策略独立地为每个注意力聚合节点表示：

$$\boldsymbol{h}_i^{\prime(k)} = \sigma^{\otimes_c}\left(\sum\nolimits_{j \in N_i}^{\oplus_c} w'_{ij} \otimes_c \boldsymbol{h}_j^{\prime(k)}\right) \tag{6.5}$$

因此，具有多头注意力的 HAT 的最终输出为 $H'_i = \|_{k=1}^{K} \boldsymbol{h'}_i^{(k)}$。

HAT 的加速

在 HAT 模型中，式(6.4)和式 (6.5)的计算非常费时，这严重影响了 HAT 的学习效率。如前所述，式(6.4)和式 (6.5)中的莫比乌斯加法不可交换，也不可结合，这意味着必须按顺序计算结果。具体来说，以式(6.4)为例，若将 $w_{ij} \otimes_c \boldsymbol{h}_j$ 表示为 $\boldsymbol{v}_{ij}$，则式(6.4)中的累加项可以改写为

$$\sum\nolimits_{j \in N_i}^{\oplus_c} \boldsymbol{v}_{ij} = \boldsymbol{v}_{i1} \oplus_c \boldsymbol{v}_{i2} \oplus_c \boldsymbol{v}_{i3} \oplus_c \cdots = \Big(\big((\boldsymbol{v}_{i1} \oplus_c \boldsymbol{v}_{i2}) \oplus_c \boldsymbol{v}_{i3}\big) \oplus_c \cdots\Big) \tag{6.6}$$

由此可见，式(6.6)的计算必须以串行的方式进行。众所周知，在一个大图中，总有一些中心点有很多边，所以计算将变得非常不实用。

莫比乌斯版本的运算 [58] 提供了一种灵活的方式来解决这个问题。实际上，陀螺向量空间中的一些运算可以用对数映射和指数映射来导出 [58]。以莫比乌斯标量乘法为例，首先使用对数映射将表征投影到切线空间，然后将投影的表征乘以切线空间中的标量，最后使用指数映射将它们投影回流形上 [58]。对数图和指数图能够以正确的方式在两个流形之间映射节点表征。具体来说，对于 $\boldsymbol{v}_i \in \mathbb{D}_c^d$ 和 $\boldsymbol{v}_j \in \mathbb{D}_c^d \backslash \{\boldsymbol{0}\}$ 这两个点，$\boldsymbol{v}_i = \boldsymbol{0}$ 时的对数映射 $\log_{\boldsymbol{v}_i}^c : \mathbb{D}_c^n \to T_{\boldsymbol{v}_i}\mathbb{D}_c^n$ 如下：$\log_{\boldsymbol{0}}^c(\boldsymbol{v}_j) = \tanh^{-1}(\sqrt{c}\|\boldsymbol{v}_j\|)\dfrac{\boldsymbol{v}_j}{\|\boldsymbol{v}_j\|}$。对数映射使得我们能够得到切线空间中 $\log_{\boldsymbol{0}}^c(\boldsymbol{v}_j)$ 的表示。由于切线空间是矢量空间，因此我们可以像在欧几里得空间中

那样，将表征 $\sum_{j\in N_i}\log_{\mathbf{0}}^{c}\left(w_{ij}\otimes_c \boldsymbol{h}_j\right)$ 结合起来。在进行完线性组合之后，使用指数映射将表征投影回双曲空间，最终的表征如下 [22,119]：

$$\boldsymbol{h}_i' = \sigma^{\otimes_c}\left(\exp_{\mathbf{0}}^{c}\left(\sum_{j\in N_i}\log_{\mathbf{0}}^{c}\left(w_{ij}\otimes_c \boldsymbol{h}_j\right)\right)\right) \tag{6.7}$$

通过切线聚合对 HAT 进行加速的示意图如图 6.2 所示。不同于式(6.4) 和式(6.5)，式(6.7)中的累加运算是可交换和可结合的，可以用并行的方式来计算。因此，HAT 模型相对来说更加高效。此外，根据参考文献 [22] 和参考文献 [104]，也可以改变双曲空间的曲率，让 HAT 学习给定图的双曲空间曲率。

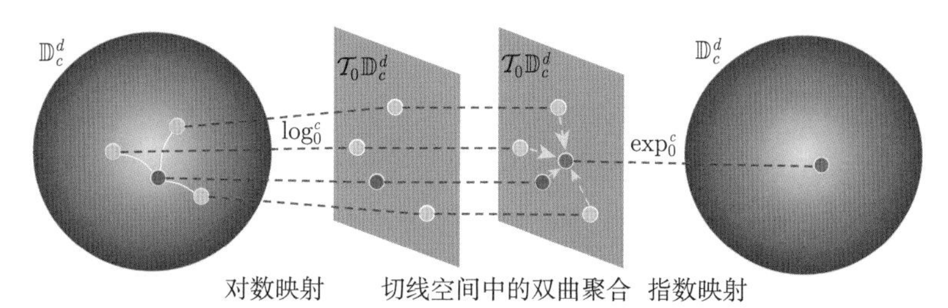

图 6.2 通过切线聚合对 HAT 进行加速。通过使用对数映射和指数映射，以及节点表征在双曲空间和欧几里得空间之间的映射，邻居的表征得以在切线空间中聚合

6.2.3 实验

实验设置

数据集 这里使用 4 种广泛使用的真实世界中的图进行评估，它们分别是 Cora、Citeseer、Pubmed [159] 和 Amazon Photo [161]。各数据集的总结见表 6.1。为了量化哪些数据集适合在双曲空间中建模，我们还计算了 δ_{avg}-hyperbolicity [68] 来量化这些数据集与树的相似性。δ_{avg}-hyperbolicity 低的图，表明该图有一个潜在的双曲几何。

表 6.1 各数据集的总结

数据集	节点数	边数	特征数	类别数
Cora	2708	5429	1433	7
Citeseer	3327	4732	3703	6
Pubmed	19 717	44 338	500	3
Amazon Photo	7650	143 663	745	8

基线 对 HAT 与以下几种先进的方法进行比较：DeepWalk[150]、PoincaréEmb[138]、GCN[101]、GAT [185]、HGNN [119] 和 HGCN [22]。

节点分类

节点分类是一项被广泛用于评估嵌入效果的基本任务。对于 GCN、GAT 和 HAT 来说，它们是半监督模型，可以直接用来对节点进行分类。DeepWalk 则采用 $k=5$ 的 KNN 分类器来对节点进行分类。本实验报告了随机权重初始化下 10 次运行的平均 Mi-F1 结果。

结果见表 6.2。很明显，HAT 在大多数情况下取得了最好的性能，其优越性在低维度设置中更为显著。具体来说，从表 6.2 中可以推断出，与次优结果相比，HAT 在这 4 个 8 维的数据集上取得了更好的结果。另外，我们还计算了这 4 个数据集的 δ_{avg}。一个图的 δ_{avg}-hyperbolicity 越低，表明这个图越适合嵌入双曲空间。双曲 GNN（如 HGNN、HGCN 和 HAT）的表现大致符合这一点。一方面，与欧氏 GNN（如 GCN 和 GAT）相比，双曲 GNN 在 Amazon Photo 上的表现更好，这是因为 Amazon Photo 的 δ_{avg}-hyperbolicity 很低。另一方面，因为 Citeseer 的 δ_{avg}-hyperbolicity 更高，所以 HAT 在 64 维的 Citeseer 上表现不佳。尽管如此，HAT 也取得了较有竞争力的结果。可以发现，基于 GNN 的方法通常相比其他基线（如 DeepWalk 和 PoincaréEmb）表现更好，因为 GNN 模型中结合了图结构和节点特征。此外，与欧几里得 GNN 相比，HAT 在大多数情况下表现更好，特别是在低维度上。这证明了在双曲空间中对图进行建模的优越性。

表 6.2 节点分类任务的量化结果

数据集	维数	DeepWalk	PoincaréEmb	GCN	GAT	HGNN	HGCN	HAT
Cora $\delta_{\text{avg}}=0.353$	8	64.5±1.2	57.5±0.6	80.3±0.8	80.4±0.8	80.4±1.2	80.0±0.7	**82.6±0.7**
	16	65.2±1.6	64.4±0.3	81.9±0.6	81.7±0.7	81.6±0.8	81.3±0.6	**83.3±0.6**
	32	65.9±1.5	64.9±0.4	81.5±0.4	82.6±0.7	81.3±0.6	81.7±0.7	**83.6±0.5**
	64	66.5±1.7	68.6±0.4	81.6±0.4	83.1±0.6	81.9±0.7	81.4±0.6	**83.4±0.5**
Citeseer $\delta_{\text{avg}}=0.461$	8	47.8±1.6	38.6±0.4	68.9±0.7	69.5±0.8	70.6±0.9	70.9±0.6	**71.3±0.7**
	16	46.2±1.5	40.4±0.5	69.8±0.5	70.4±0.7	71.0±0.8	71.2±0.5	**72.2±0.6**
	32	43.6±1.9	43.5±0.5	70.4±0.5	71.9±0.7	71.8±0.5	71.9±0.4	**72.2±0.4**
	64	46.6±1.4	43.6±0.4	70.8±0.4	**72.4±0.7**	71.5±0.5	71.7±0.5	72.1±0.4
Pubmed $\delta_{\text{avg}}=0.355$	8	73.2±0.7	66.0±0.8	78.6±0.4	71.9±0.7	75.6±0.4	77.9±0.6	**78.9±0.8**
	16	73.9±0.8	68.0±0.4	79.1±0.5	75.9±0.7	78.3±0.6	78.4±0.4	**79.3±0.5**
	32	72.4±1.0	68.4±0.5	78.7±0.5	78.2±0.6	78.7±0.4	78.6±0.6	**79.6±0.5**
	64	73.5±1.0	69.9±0.6	79.1±0.5	78.7±0.4	78.7±0.5	79.3±0.5	**79.5±0.5**
Amazon Photo $\delta_{\text{avg}}=0.268$	8	76.2±0.7	77.9±0.9	84.1±0.9	81.9±0.9	84.2±1.3	86.7±0.8	**88.7±0.5**
	16	78.9±0.8	78.6±0.9	86.0±0.7	83.4±0.8	85.9±0.8	86.3±0.5	**89.3±0.5**
	32	81.7±1.0	76.2±0.8	86.7±0.7	84.3±0.7	86.5±0.5	87.9±0.4	**89.7±0.5**
	64	77.5±1.0	78.6±0.6	86.9±0.6	84.5±0.7	87.9±0.8	88.9±0.4	**89.4±0.4**

注：最好的结果用粗体数字标注。

关于 HAT 的更多详细介绍见参考文献 [238]。

6.3 洛伦兹图卷积网络

6.3.1 概述

大多数 GNN 在欧几里得几何中学习节点表示，但在嵌入无标度或分层结构的图的情况下，这可能会有很大的失真。最近，一些 GNN 被提出来用于处理非欧几里得几何中的这个问题，如双曲几何。尽管双曲 GNN 取得了很好的性能，但现有的双曲图操作实际上并不严格遵循双曲几何。这可能会限制双曲几何的能力，从而损害双曲 GNN 的性能。本节将介绍一种新型的双曲 GNN——洛伦兹图卷积网络（LGCN），它严格地保证了所学的节点特征遵循双曲几何。具体来说，就是使用洛伦兹版本重建双曲 GCN 的图操作，如特征转换和非线性激活。另外，本节还将介绍一种基于洛伦兹距离中心点的优雅的邻域聚合方法。我们在 6 个数据集上进行的实验显示，LGCN 的表现比最先进的方法更好。与现有的双曲 GCN 相比，LGCN 在学习与树相似的图的表示时，失真度更低。

6.3.2 LGCN 模型

LGCN 框架

LGCN 通过设计图的操作来保证双曲空间的数学意义。具体来说，LGCN 首先将输入的节点特征映射到双曲空间，然后通过精心设计的洛伦兹矩阵–向量乘法进行特征转换。另外，基于中心点的洛伦兹聚合被提出来用于聚合特征，而聚合权重是通过自注意力机制学习得到的。可以使用洛伦兹非线性激活来获得输出的节点特征。请注意，LGCN 利用双曲面模型来描述双曲空间，双曲空间被定义为具有恒定负曲率 $-1/\beta$ $(\beta > 0)$ 的 n 维双曲面流形：$\mathbb{H}^{n,\beta} := \{\boldsymbol{x} \in \mathbb{R}^{n+1} : \langle \boldsymbol{x}, \boldsymbol{x} \rangle_{\mathcal{L}} = -\beta, x_0 > 0\}$，其中 $\langle \boldsymbol{x}, \boldsymbol{y} \rangle_{\mathcal{L}} := -x_0 y_0 + \sum_{i=1}^{n} x_i y_i$ 是洛伦兹标量积。

不同曲率的映射特征

LGCN 的输入节点特征可以存在于欧氏空间或双曲空间中。对于 k 维输入特征，可以分别表示为 $\boldsymbol{h}^{k,E} \in \mathbb{R}^k$ （E 表示欧几里得空间）和 $\boldsymbol{h}^{k,\beta'} \in \mathbb{H}^{k,\beta'}$。如果原始特征存在于欧几里得空间中，则需要将它们映射到双曲空间中。假设输入特征 $\boldsymbol{h}^{k,E}$ 存在于原点 $\mathbf{0} = (\sqrt{\beta}, 0, \cdots, 0) \in \mathbb{H}^{k,\beta}$ 处的切线空间 $\mathbb{H}^{k,\beta}$（即 $\mathcal{T}_{\mathbf{0}}\mathbb{H}^{k,\beta}$）中。在 $\boldsymbol{h}^{k,E}$ 的第一个坐标处添加一个“0”元素，以满足切线空间中的约束条件 $\langle (0, \boldsymbol{h}^{k,E}), \mathbf{0} \rangle_{\mathcal{L}} = 0$，即 $\mathcal{T}_{\boldsymbol{x}}\mathbb{H}^{n,\beta} := \{\boldsymbol{v} \in \mathbb{R}^{n+1} : \langle \boldsymbol{v}, \boldsymbol{x} \rangle_{\mathcal{L}} = 0\}$。所以，输入特征 $\boldsymbol{h}^{k,E} \in \mathbb{R}^k$ 能通过指数映射被映射到双曲空间：

$$\boldsymbol{h}^{k,\beta} = \exp_{\mathbf{0}}^{\beta}\left((0, \boldsymbol{h}^{k,E})\right), \exp_{\boldsymbol{x}}^{\beta}(\boldsymbol{v}) = \cosh\left(\frac{\|\boldsymbol{v}\|_{\mathcal{L}}}{\sqrt{\beta}}\right)\boldsymbol{x} + \sqrt{\beta}\sinh\left(\frac{\|\boldsymbol{v}\|_{\mathcal{L}}}{\sqrt{\beta}}\right)\frac{\boldsymbol{v}}{\|\boldsymbol{v}\|_{\mathcal{L}}} \tag{6.8}$$

如果输入特征 $\boldsymbol{h}^{k,\beta'}$ 存在于一个双曲空间（例如，前一个 LGCN 层的输出）中，这个双曲空间的曲率 $-1/\beta'$ 可能与目前双曲面模型的曲率不同，则可以将其转换为具有特定曲率 $-1/\beta$ 的双曲面模型：

$$\boldsymbol{h}^{k,\beta} = \exp_{\mathbf{0}}^{\beta}(\log_{\mathbf{0}}^{\beta'}(\boldsymbol{h}^{k,\beta'})), \log_{\boldsymbol{x}}^{\beta}(\boldsymbol{y}) = d_{\mathbb{H}}^{\beta}(\boldsymbol{x},\boldsymbol{y})\frac{\boldsymbol{y}+\frac{1}{\beta}\langle\boldsymbol{x},\boldsymbol{y}\rangle_{\mathcal{L}}\boldsymbol{x}}{\|\boldsymbol{y}+\frac{1}{\beta}\langle\boldsymbol{x},\boldsymbol{y}\rangle_{\mathcal{L}}\boldsymbol{x}\|_{\mathcal{L}}} \tag{6.9}$$

洛伦兹特征变换

为了在双曲面模型上应用线性变换，人们提出了洛伦兹矩阵–矢量乘法。

定义 6.1 洛伦兹矩阵–矢量乘法 如果 $\boldsymbol{M}:\mathbb{R}^n\to\mathbb{R}^m$ 是一个矩阵表示的线性映射，给定两个点 $\boldsymbol{x}=(x_0,\cdots,x_n)\in\mathbb{H}^{n,\beta}$ 和 $\boldsymbol{v}=(v_0,\cdots,v_n)\in\mathcal{T}_{\mathbf{0}}\mathbb{H}^{n,\beta}$，则有 $\boldsymbol{M}^{\otimes^{\beta}}(\boldsymbol{x})=\exp_{\mathbf{0}}^{\beta}(\hat{\boldsymbol{M}}(\log_{\mathbf{0}}^{\beta}(\boldsymbol{x})))$，$\hat{\boldsymbol{M}}(\boldsymbol{v})=(0,\boldsymbol{M}(v_1,\cdots,v_n))$。

洛伦兹矩阵–向量乘法与双曲面模型上的其他矩阵–向量乘法 [22,119] 的关键区别在于矩阵 $\boldsymbol{M}$ 的大小。假设一个 n 维的特征需要转换成一个 m 维的特征。自然地，矩阵 $\boldsymbol{M}$ 的大小应该是 $m\times n$，这在洛伦兹矩阵–向量乘法中是满足的。然而，对于其他方法 [22,119]，矩阵 $\boldsymbol{M}$ 的大小是 $(m+1)\times(n+1)$。另外，洛伦兹矩阵–矢量乘法具有以下性质。

性质 6.1 给出双曲空间中的一个点，分别表示为双曲面模型的 $\boldsymbol{x}^{n,\beta}\in\mathbb{H}^{n,\beta}$ 或者庞加莱球模型 [58] 的 $\boldsymbol{x}^{n,\alpha}\in\mathbb{D}^{n,\alpha}$。记 $\boldsymbol{M}$ 为一个 $m\times n$ 的矩阵，用在双曲面模型中的洛伦兹矩阵–向量乘法 $\boldsymbol{M}\otimes^{\beta}\boldsymbol{x}^{n,\beta}$ 等价于用在庞加莱球模型中的莫比乌斯矩阵–向量乘法 $\boldsymbol{M}\otimes^{\alpha}\boldsymbol{x}^{n,\alpha}$。

性质 6.1 优雅地衔接了双曲面模型和庞加莱球模型之间的矩阵–向量乘法关系。使用洛伦兹矩阵–向量乘法对双曲面模型进行特征转换，即 $\boldsymbol{h}^{d,\beta}=\boldsymbol{M}\otimes^{\beta}\boldsymbol{h}^{k,\beta}$。

洛伦兹邻居聚合

在欧几里得空间中，邻居聚合是为了计算邻居特征权重的算术平均值或中心点（又称为质心），如图 6.3 (a) 所示。因此，我们的目标是在双曲空间中聚合邻居特征，以符合这些含义。弗雷歇 Fréchet 均值 [52,96] 提供了一种可行的方法来计算黎曼流形中的中心点。另外，算术平均值也可以解释为一种弗雷歇均值。因此，弗雷歇均值符合邻居聚合的含义。弗雷歇均值的主要思想是最小化与一组点的（平方）距离的期望值。然而，弗雷歇均值不具有关于双曲空间中固有距离 $d_{\mathbb{H}}^{\beta}$ 的闭式解，并且需要通过梯度下降来低效地计算。因此，人们提出了一种基于平方洛伦兹距离的中心点的、优雅的邻居聚合方法，它可以很好地平衡数学意义和效率。

定理 6.1 通过中心点的洛伦兹聚合 对于一个节点特征 $\boldsymbol{h}_i^{d,\beta}\in\mathbb{H}^{d,\beta}$，它的邻居的集合 $N(i)$ 带着聚合权重 $w_{ij}>0$，邻居聚合包括节点的中心点 $\boldsymbol{c}^{d,\beta}$，最小化问题可以表示

为 $\arg\min_{\boldsymbol{c}^{d,\beta}\in\mathbb{H}^{d,\beta}}\sum_{j\in N(i)\cup\{i\}}w_{ij}d_{\mathcal{L}}^2(\boldsymbol{h}_j^{d,\beta},\boldsymbol{c}^{d,\beta})$，其中 $d_{\mathcal{L}}^2(\cdot,\cdot)$ 表示平方洛伦兹距离。这个问题有如下闭式解：

$$\boldsymbol{c}^{d,\beta}=\sqrt{\beta}\frac{\sum_{j\in N(i)\cup\{i\}}w_{ij}\boldsymbol{h}_j^{d,\beta}}{|\|\sum_{j\in N(i)\cup\{i\}}w_{ij}\boldsymbol{h}_j^{d,\beta}\|_{\mathcal{L}}|} \tag{6.10}$$

对于点 $\boldsymbol{x}^{n,\beta},\boldsymbol{y}^{n,\beta}\in\mathbb{H}^{n,\beta}$，平方洛伦兹距离被定义为 [153] $d_{\mathcal{L}}^2(\boldsymbol{x}^{n,\beta},\boldsymbol{y}^{n,\beta})=-2\beta-2\langle\boldsymbol{x}^{n,\beta},\boldsymbol{y}^{n,\beta}\rangle_{\mathcal{L}}$。

图 6.3(b) 展示了通过中心点的洛伦兹聚合。与 Fréchet/Karcher 均值类似，通过洛伦兹聚合计算的节点特征是平方洛伦兹距离的期望值的最小值，而且洛伦兹邻居聚合的特征是双曲面模型在几何学中的质心 [108,153]。另外，一些双曲 GCN[22,119,238] 在切面空间中聚合邻居 [见图 6.3(c)]，这只能视为切线空间而非双曲空间中的质心或算术平均值。因此，通过平方洛伦兹距离的中心点的洛伦兹聚合是一种很有前途的方法，与其他双曲 GCN 相比，它符合更优雅的数学含义。

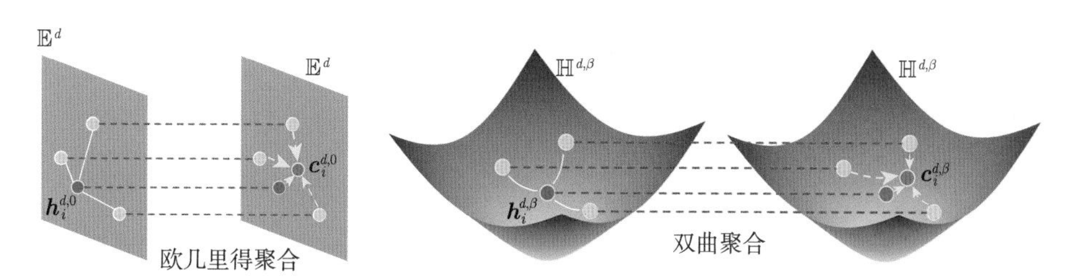

(a) 欧几里得空间中的欧几里得聚合　　(b) 通过中心点在双曲面模型上进行双曲聚合

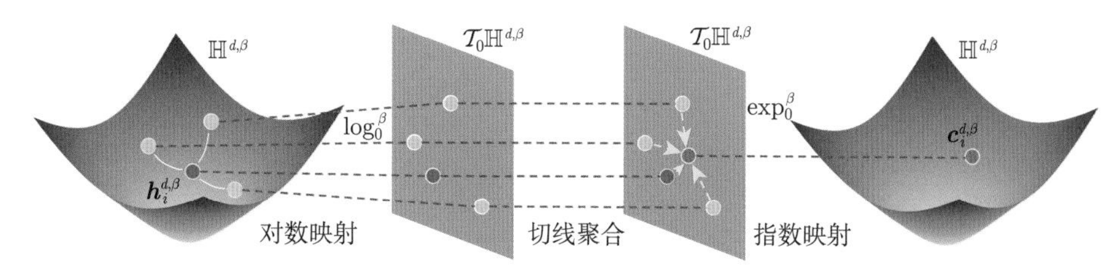

(c) 切线空间中的双曲聚合

图 6.3　三种类型的邻居聚合。这三种类型的邻居聚合可以视为分别在欧氏空间、双曲空间和切线空间中计算质心

如式(6.10)所示，其中的聚合权重 w_{ij} 用于表明一个中心节点的邻居对于这个中心节点的重要性。在这里，我们提出一种旨在学习聚合权重 w_{ij} 的自注意力机制。对于两个节点的特征 $\boldsymbol{h}_i^{d,\beta},\boldsymbol{h}_j^{d,\beta}\in\mathbb{H}^{d,\beta}$，表示节点 j 对节点 i 的重要性的注意力参数 μ_{ij} 可以计算如下：$\mu_{ij}=\mathrm{ATT}(\boldsymbol{h}_i^{d,\beta},\boldsymbol{h}_j^{d,\beta},\boldsymbol{M}_{\mathrm{att}})$，其中的 $\mathrm{ATT}(\cdot)$ 表示计算注意力参数的函数，$d\times d$ 大小的矩阵 $\boldsymbol{M}_{\mathrm{att}}$ 则是为了将节点特征转换为基于注意力的特征。考虑到较大的注意力系

数 μ_{ij} 表示节点 j 和节点 i 的相似性较高，基于平方洛伦兹距离，我们将 ATT(·) 定义为 $\mu_{ij} = -d_{\mathcal{L}}^2(\boldsymbol{M}_{\text{att}} \otimes^{\beta} \boldsymbol{h}_i^{d,\beta}, \boldsymbol{M}_{\text{att}} \otimes^{\beta} \boldsymbol{h}_j^{d,\beta})$。对于节点 i 的所有邻居 $N(i)$（包括节点 i 自身），使用 softmax 函数对它们进行归一化，以计算聚合权重：$w_{ij} = \dfrac{\exp(\mu_{ij})}{\sum_{t \in N(i) \cup \{i\}} \exp(\mu_{it})}$。

洛伦兹非线性激活

非线性激活是 GCN 不可或缺的一部分。类似于特征变换，双曲面模型 [22] 上现有的非线性激活也使得特征能够从双曲面模型中分离出来。在这里，我们可以根据洛伦兹版本推导出洛伦兹非线性激活。

定义 6.2 洛伦兹非线性激活 如果 $\sigma : \mathbb{R}^n \to \mathbb{R}^n$ 是一个点态非线性映射，给定两个点 $\boldsymbol{x} = (x_0, \cdots, x_n) \in \mathbb{H}^{n,\beta}$ 和 $\boldsymbol{v} = (v_0, \cdots, v_n) \in \mathcal{T}_{\boldsymbol{0}}\mathbb{H}^{n,\beta}$，则洛伦兹版本的 $\sigma^{\otimes^{\beta}}$ 为 $\sigma^{\otimes^{\beta}}(\boldsymbol{x}) = \exp_{\boldsymbol{0}}^{\beta}(\hat{\sigma}^{\otimes^{\beta}}(\log_{\boldsymbol{0}}^{\beta}(\boldsymbol{x}))), \hat{\sigma}^{\otimes^{\beta}}(\boldsymbol{v}) = (0, \sigma(v_1), \cdots, \sigma(v_n)))$。

洛伦兹非线性激活确保了变换后的特征仍然存在于双曲空间中。根据洛伦兹非线性激活，LGCN 层的输出为 $\boldsymbol{u}^{d,\beta} = \sigma^{\otimes^{\beta}}(\boldsymbol{c}^{d,\beta})$，它可以用于下游任务，如链接预测和节点分类。

6.3.3 实验

实验设置

数据集 我们的实验一共使用了 6 个数据集，它们分别是 Cora、Citeseer、Pubmed[217]、Amazon、USA [155] 和 Disease [22]。我们将计算 δ_{avg}-hyperbolicity[3] 以量化这些数据集与树的相似性。如果一个图的 δ_{avg}-hyperbolicity 较低，则表明该图具有潜在的双曲几何。

基线 我们将对 LGCN 与一个欧氏网络嵌入模型（DeepWalk）和一个双曲网络嵌入模型（PoincaréEmb）进行比较，此外还将与欧几里得 GCN（如 HGCN 和 HAT [238]）进行比较。

链接预测

利用费米–狄拉克解码器计算边的概率得分 [22, 104, 138]。对于输出节点特征 $\boldsymbol{u}_i^{d,\beta}$ 和 $\boldsymbol{u}_j^{d,\beta}$，$\boldsymbol{u}_i^{d,\beta}$ 和 $\boldsymbol{u}_j^{d,\beta}$ 之间存在边 e_{ij} 的概率如下：$p(\boldsymbol{u}_i^{d,\beta}, \boldsymbol{u}_j^{d,\beta}) = 1/(e^{(d_{\mathcal{L}}^2(\boldsymbol{u}_i^{d,\beta}, \boldsymbol{u}_j^{d,\beta})-r)/t} + 1)$, 其中 r 和 t 是超参数。然后，最小化交叉熵损失以训练 LGCN 模型。根据参考文献 [22]，对于所有数据集，将所有边随机规划分为三部分，所占比例分别为 85%、5%、10%，相应地用作训练集、验证集和测试集。评估指标是 AUC，结果如表 6.3 所示。

可以看到，LGCN 在所有情况下都表现最好，对于低维环境，LGCN 的优越性更为显著。这表明 LGCN 的图操作提供了强大的图嵌入能力。

对于 δ_{avg} 值较小的数据集，双曲 GCN 的性能优于欧几里得 GCN，这进一步证实了双曲空间建模与树相似的图数据的能力。此外，与网络嵌入方法相比，GCN 在大多数情况下可以实现更好的性能，这表明 GCN 可以从图的结构和特征信息中获益。

表 6.3 链接预测任务的 AUC（加粗的部分表示最优结果）

数据集	维数	DeepWalk/%	PoincaréEmb/%	GCN/%	GAT/%	HGCN/%	HAT/%	LGCN/%
Disease $\delta_{\mathrm{avg}}=0.00$	8	57.3±1.0	67.9±1.1	76.9±0.8	73.5±0.8	84.1±0.7	83.9±0.7	**89.2±0.7**
	16	55.2±1.7	70.9±1.0	78.2±0.7	73.8±0.6	91.2±0.6	91.8±0.5	**96.6±0.6**
	32	49.1±1.3	75.1±0.7	78.7±0.5	75.7±0.3	91.8±0.3	92.3±0.5	**96.3±0.5**
	64	47.3±0.1	76.3±0.3	79.8±0.5	77.9±0.3	92.7±0.4	93.4±0.4	**96.8±0.4**
USA $\delta_{\mathrm{avg}}=0.16$	8	91.5±0.1	92.3±0.2	89.0±0.6	89.6±0.9	91.6±0.8	92.7±0.8	**95.3±0.2**
	16	92.3±0.0	93.6±0.2	90.2±0.5	91.1±0.5	93.4±0.3	93.6±0.6	**96.3±0.2**
	32	92.5±0.1	94.5±0.1	90.7±0.5	91.7±0.5	93.9±0.2	94.2±0.6	**96.5±0.1**
	64	92.5±0.1	95.5±0.1	91.2±0.3	93.3±0.4	94.2±0.2	94.6±0.6	**96.4±0.2**
Amazon $\delta_{\mathrm{avg}}=0.20$	8	96.1±0.0	95.1±0.4	91.1±0.6	91.3±0.6	93.5±0.6	94.8±0.8	**96.4±1.1**
	16	96.6±0.0	96.7±0.3	92.8±0.8	92.8±0.9	96.3±0.9	96.9±1.0	**97.3±0.8**
	32	96.4±0.0	96.7±0.1	93.3±0.9	95.1±0.5	97.2±0.8	97.1±0.7	**97.5±0.3**
	64	95.9±0.0	97.2±0.1	94.6±0.8	96.2±0.2	97.1±0.7	97.3±0.6	**97.6±0.5**
Cora $\delta_{\mathrm{avg}}=0.35$	8	86.9±0.1	84.5±0.7	87.8±0.9	87.4±1.0	91.4±0.5	91.1±0.4	**92.0±0.5**
	16	85.3±0.8	85.8±0.8	90.6±0.7	93.2±0.4	93.1±0.4	93.0±0.3	**93.6±0.4**
	32	82.3±0.4	86.5±0.6	92.0±0.6	93.6±0.3	93.3±0.3	93.1±0.3	**94.0±0.4**
	64	81.6±0.4	86.7±0.5	92.8±0.4	93.5±0.3	93.5±0.2	93.3±0.3	**94.4±0.2**
Pubmed $\delta_{\mathrm{avg}}=0.36$	8	81.1±0.1	83.3±0.5	86.8±0.7	87.0±0.8	94.6±0.2	94.4±0.3	**95.4±0.2**
	16	81.2±0.1	85.1±0.5	90.9±0.6	91.6±0.3	96.1±0.2	96.2±0.3	**96.6±0.1**
	32	76.4±0.1	86.5±0.1	93.2±0.5	93.6±0.2	96.2±0.2	96.3±0.2	**96.8±0.1**
	64	75.3±0.1	87.4±0.1	93.6±0.4	94.6±0.2	96.5±0.2	96.5±0.1	**96.9±0.0**
Citeseer $\delta_{\mathrm{avg}}=0.46$	8	80.7±0.3	79.2±1.0	90.3±1.2	89.5±0.9	93.2±0.5	93.1±0.3	**93.9±0.6**
	16	78.5±0.5	79.7±0.7	92.9±0.7	92.2±0.7	94.3±0.4	93.6±0.5	**95.4±0.5**
	32	73.1±0.4	79.8±0.6	94.3±0.6	93.4±0.4	94.7±0.3	94.2±0.5	**95.8±0.3**
	64	72.3±0.3	79.6±0.6	95.4±0.5	94.4±0.3	94.8±0.3	94.3±0.2	**96.4±0.2**

节点分类

将 Disease 数据集中的节点划分为三部分，所占比例分别为 30%、10% 和 60%，相应地用作训练集、验证集和测试集 [22]。对于其他数据集，对每个类别仅使用 20 个节点进行训练，使用 500 个节点进行验证，并使用 1000 个节点进行测试。详细的设置与参考文献 [22]、[101]、[185]、[217] 中的相同，然后使用正确率评估结果，如表 6.4 所示。可以发现，在大多数情况下，LGCN 相比基线表现得更好；而且对于具有较小 δ_{avg} 值的数据集，双曲 GCN 优于欧几里得 GCN，GCN 则优于网络嵌入方法。另请注意，在 Citeseer 数据集上，双曲 GCN 与欧几里得 GCN 相比没有明显的优势，其中 Citeseer 数据集具有最大的 δ_{avg} 值。我们认为，Citeseer 数据集没有明显的与树相似的结构，这使得双曲 GCN 无法很好地完成这项任务。尽管如此，得益于定义良好的洛伦兹图运算，LGCN 仍取得了极具竞争力的结果。在参考文献 [239] 中，可以找到带有更多实验的完整方法。

表 6.4 节点分类任务的正确率（加粗的部分表示最优结果）

数据集	维数	DeepWalk/%	PoincaréEmb/%	GCN/%	GAT/%	HGCN/%	HAT/%	LGCN/%
Disease $\delta_{avg}=0.00$	8	59.6±1.6	57.0±0.8	75.1±1.1	76.7±0.7	81.5±1.3	82.3±1.2	**82.9±1.2**
	16	61.5±2.2	56.1±0.7	78.3±1.0	76.6±0.8	82.8±0.8	83.6±0.9	**84.4±0.8**
	32	62.0±0.3	58.7±0.7	81.0±0.9	79.3±0.7	84.0±0.8	84.9±0.9	**86.8±0.8**
	64	61.8±0.5	60.1±0.8	82.7±0.9	80.4±0.7	84.3±0.8	85.1±0.8	**87.1±0.8**
USA $\delta_{avg}=0.16$	8	44.3±0.6	38.9±1.1	50.5±0.5	47.8±0.7	50.5±1.1	50.7±1.0	**51.6±1.1**
	16	42.3±1.3	38.3±1.0	50.9±0.6	49.5±0.7	51.1±1.0	51.3±0.9	**51.9±0.9**
	32	39.0±1.0	39.0±0.8	50.6±0.5	49.1±0.6	51.2±0.9	51.5±0.8	**52.4±0.9**
	64	42.7±0.8	39.2±0.8	51.1±0.6	49.6±0.6	52.4±0.8	52.5±0.7	**52.8±0.8**
Amazon $\delta_{avg}=0.20$	8	66.7±1.0	65.3±1.1	70.9±1.1	70.0±0.9	71.7±1.3	71.0±1.0	**72.0±1.3**
	16	67.5±0.8	67.0±0.7	70.9±1.1	72.7±0.8	72.7±1.3	73.3±1.0	**75.0±1.1**
	32	70.0±0.5	68.1±0.3	71.5±0.8	72.5±0.7	75.3±1.0	74.9±0.8	**75.5±0.9**
	64	70.3±0.7	67.3±0.4	73.0±0.6	72.9±0.8	75.5±0.6	75.4±0.7	**75.8±0.6**
Cora $\delta_{avg}=0.35$	8	64.5±1.2	57.5±0.6	80.3±0.8	80.4±0.8	80.0±0.7	**82.8±0.7**	82.6±0.8
	16	65.2±1.6	64.4±0.3	81.9±0.6	81.7±0.7	81.3±0.6	83.1±0.6	**83.3±0.7**
	32	65.9±1.5	64.9±0.4	81.5±0.4	82.6±0.7	81.7±0.7	83.2±0.6	**83.5±0.6**
	64	66.5±1.7	68.6±0.4	81.6±0.4	83.1±0.6	82.1±0.7	83.1±0.5	**83.5±0.5**
Pubmed $\delta_{avg}=0.36$	8	73.2±0.7	66.0±0.8	78.6±0.4	71.9±0.7	77.9±0.6	78.5±0.6	**78.8±0.5**
	16	73.9±0.8	68.0±0.4	79.1±0.5	75.9±0.7	78.4±0.4	78.6±0.5	**78.6±0.7**
	32	72.4±1.0	68.4±0.5	78.7±0.5	78.2±0.6	78.6±0.6	78.8±0.6	**78.9±0.6**
	64	73.5±1.0	69.9±0.6	79.1±0.5	78.7±0.4	79.3±0.5	79.0±0.6	**79.6±0.6**
Citeseer $\delta_{avg}=0.46$	8	47.8±1.6	38.6±0.4	68.9±0.7	69.5±0.8	70.9±0.6	71.2±0.7	**71.8±0.7**
	16	46.2±1.5	40.4±0.5	70.2±0.6	71.6±0.7	71.2±0.5	**71.9±0.6**	**71.9±0.7**
	32	43.6±1.9	43.5±0.5	70.4±0.5	**72.6±0.7**	71.9±0.4	72.4±0.5	72.5±0.5
	64	46.6±1.4	43.6±0.4	70.8±0.4	72.4±0.7	71.7±0.5	72.2±0.5	**72.5±0.6**

6.4 双曲异质图表示

6.4.1 概述

异质图（HG）嵌入近年来引起业内人士广泛的关注。大多数 HG 嵌入方法选择使用欧几里得空间来表示异质图，这是因为欧几里得空间是直观、可见的三维空间的自然概括。然而，一个根本问题是，异质图适当的或内在的底层空间是什么？为此，我们想知道欧几里得空间是不是异质图的固有空间。最近，双曲空间在网络科学的背景下得到了发展 [104]。双曲空间是具有恒定负曲率的空间 [18]。双曲空间的一个优势是，它们比欧几里得空间扩展得更快 [138]。因此，我们很容易在双曲空间中用低维嵌入对复杂数据进行建模。由于双曲空间的特性，我们假设双曲空间是复杂网络的基础，并发现具有幂律结构的数据适合在双曲空间中建模。此外，一些研究人员开始在双曲空间中嵌入不同的数据。例如，参考文献 [138] 和参考文献 [57] 讨论了同质网络的双曲嵌入。然而，异质图是否适合嵌入双曲空间是未知的。在本节中，我们将分析异质图中的关系分布，并提出 HHNE，它能够保留双曲空间中的结构和语义信息。我们还将推导出 HHNE 的优化策略，对双曲嵌入进行迭代优化。

6.4.2 HHNE 模型

HHNE 框架

HHNE 利用元路径引导的随机游走来获取每个节点的邻居，以捕获异质图中的结构和语义关系。然后通过双曲空间中的距离来测量节点之间的接近度。HHNE 通过最大化邻居节点之间的接近度和最小化负采样节点之间的接近度来学习嵌入。

双曲 HG 嵌入

为了设计双曲空间中的异质图嵌入方法，我们可以使用庞加莱球模型来描述双曲空间。记 $\mathbb{D}^d = \{x \in \mathbb{R}^d : \|x\| < 1\}$ 为开放的 d 维单位球。庞加莱球模型由具有黎曼度量张量 $g_x^{\mathbb{D}}$ 的流形 $\mathbb{D}^d$ 定义：

$$g_x^{\mathbb{D}} = \lambda_x^2 g^{\mathbb{E}}, \quad \lambda_x := \frac{2}{1-\|x\|^2} \tag{6.11}$$

其中，$x \in \mathbb{D}^d$, $g^{\mathbb{E}} = \boldsymbol{I}$ 定义了欧氏度量张量。

HHNE 旨在学习节点的表示，以保持双曲空间中的结构和语义相关性。给定一个 $|T_V| > 1$ 的异质图 $G = (V, E, T, \phi, \psi)$ ，HHNE 致力于学习嵌入 $\Theta = \{\theta_i\}_{i=1}^{|V|}, \theta_i \in \mathbb{D}^d$。HHNE 通过促进节点与其邻域之间的接近度来保持结构。HHNE 使用元路径引导的随机游走 [41] 来获得节点的异质邻域。在元路径引导的随机游走中，节点序列受到元路径定义的节点类型的约束。具体来说，记 t_{v_i} 和 t_{e_i} 分别为节点 v_i 和边 e_i 的类型，给定元路径 $\mathcal{P} = t_{v_1} \xrightarrow{t_{e_1}} \dots t_{v_i} \xrightarrow{t_{e_i}} \dots \xrightarrow{t_{e_{n-1}}} t_{v_n}$，步骤 i 的转移概率定义如下：

$$p(v^{i+1}|v_{t_{v_i}}^i, \mathcal{P}) = \begin{cases} \dfrac{1}{|N_{t_{v_{i+1}}}(v_{t_{v_i}}^i)|} & (v^{i+1}, v_{t_{v_i}}^i) \in E, \phi(v^{i+1}) = t_{v_{i+1}} \\ 0 & \text{其他} \end{cases} \tag{6.12}$$

其中，$v_{t_{v_i}}^i$ 表示类型为 t_{v_i} 的节点 $v \in V$，而 $N_{t_{v_{i+1}}}(v_{t_{v_i}}^i)$ 表示类型为 $t_{v_{i+1}}$ 的节点 $v_{t_{v_i}}^i$ 的邻居。元路径引导的随机游走策略确保了不同类型节点之间的语义关系可以被适当地应用到 HHNE 中。

为了保持双曲空间中节点与其邻域之间的接近度，HHNE 使用庞加莱球模型中的距离来测量该接近度。给定节点嵌入 $\theta_i, \theta_j \in \mathbb{D}^d$，庞加莱球模型中的距离计算如下：

$$d_{\mathbb{D}}(\theta_i, \theta_j) = \cosh^{-1}\left(1 + 2\frac{\|\theta_i - \theta_j\|^2}{(1-\|\theta_i\|^2)(1-\|\theta_j\|^2)}\right) \tag{6.13}$$

值得注意的是，由于庞加莱球模型是在度量空间中定义的，因此庞加莱球模型中的距离满足三角形不等式，并且可以很好地保持异质图中的传递性。然后，HHNE 使用如下概率来测量节点 c_t 是不是节点 v 的邻居：

$$p(v|c_t;\Theta) = \sigma[-d_{\mathbb{D}}(\theta_v, \theta_{c_t})]$$

其中，$\sigma(x) = \dfrac{1}{1+\exp(-x)}$。HHNE 的目标是最大化如下概率：

$$\arg\max_{\Theta} \sum_{v\in V} \sum_{c_t \in C_t(v)} \log p(v|c_t;\Theta) \tag{6.14}$$

对于给定节点 v，HHNE 旨在最大化节点 v 与其邻域 c_t 之间的接近度，同时最小化节点 v 与其负采样节点 n 之间的接近度。因此，目标函数 [式(6.14)] 可以重写为

$$\mathcal{L}(\Theta) = \log\sigma[-d_{\mathbb{D}}(\theta_{c_t}, \theta_v)] + \sum_{m=1}^{M} \mathbb{E}_{n^m \sim P(n)}\{\log\sigma[d_{\mathbb{D}}(\theta_{n^m}, \theta_v)]\} \tag{6.15}$$

其中，$P(n)$ 是预定义的分布，在该分布中，一个负节点 n^m 会被提取 M 次。HHNE 通过绘制节点（无论节点的类型如何）来构建节点的频率分布。

优化

由于模型的参数存在于具有黎曼流形结构的庞加莱球中，因此反向传播的梯度是黎曼梯度。这意味着基于欧几里得梯度的优化，如 $\theta_i \leftarrow \theta_i + \eta\nabla^E_{\theta_i}\mathcal{L}(\Theta)$，作为庞加莱球中的操作没有意义，因为加法运算没有定义在这个流形中。相反，HHNE 可以通过黎曼随机梯度下降（Riemannian Stochastic Gradient Descent，RSGD）优化方法来优化式(6.15)[11]。特别地，令 $\mathcal{T}_{\theta_i}\mathbb{D}^d$ 表示节点嵌入 $\theta_i \in \mathbb{D}^d$ 的切线空间，HHNE 可以计算 $\mathcal{L}(\Theta)$ 的黎曼梯度 $\nabla^R_{\theta_i}\mathcal{L}(\Theta) \in \mathcal{T}_{\theta_i}\mathbb{D}^d$。使用 RSGD，我们可以通过最大化式(6.15)来优化 HHNE，并且能够以如下形式更新节点嵌入：

$$\theta_i \leftarrow \exp_{\theta_i}(\eta\nabla^R_{\theta_i}\mathcal{L}(\Theta)) \tag{6.16}$$

其中，$\exp_{\theta_i}(\cdot)$ 是庞加莱球中的指数映射。指数映射由参考文献 [57] 给出：

$$\begin{aligned}\exp_{\theta_i}(s) =& \frac{\lambda_{\theta_i}\left(\cosh(\lambda_{\theta_i}\|s\|) + \langle\theta_i, \frac{s}{\|s\|}\rangle\sinh(\lambda_{\theta_i}\|s\|)\right)}{1+(\lambda_{\theta_i}-1)\cosh(\lambda_{\theta_i}\|s\|) + \lambda_{\theta_i}\langle\theta_i, \frac{s}{\|s\|}\rangle\sinh(\lambda_{\theta_i}\|s\|)}\theta_i \\ &+ \frac{\frac{1}{\|s\|}\sinh(\lambda_{\theta_i}\|s\|)}{1+(\lambda_{\theta_i}-1)\cosh(\lambda_{\theta_i}\|s\|) + \lambda_{\theta_i}\langle\theta_i, \frac{s}{\|s\|}\rangle\sinh(\lambda_{\theta_i}\|s\|)}s\end{aligned} \tag{6.17}$$

因为庞加莱球模型是双曲空间的同胚模型，即 $g_x^{\mathbb{D}}=\lambda_x^2 g^{\mathbb{E}}$，黎曼梯度能通过度量张量的逆（$\frac{1}{g_x^{\mathbb{D}}}$）重新缩放欧几里得梯度而获得：

$$\nabla_{\theta_i}^R \mathcal{L}=\left(\frac{1}{\lambda_{\theta_i}}\right)^2 \nabla_{\theta_i}^E \mathcal{L} \tag{6.18}$$

于是，式(6.15)的梯度可以如下生成：

$$\begin{aligned}\frac{\partial \mathcal{L}}{\partial \theta_{u^m}}=&\frac{4}{\alpha\sqrt{\gamma^2-1}}\left[\mathbb{I}_v[u^m]-\sigma(-d_{\mathbb{D}}(\theta_{c_t},\theta_{u^m}))\right]\cdot\\&\left[\frac{\theta_{c_t}}{\beta_m}-\frac{\|\theta_{c_t}\|^2-2\langle\theta_{c_t},\theta_{u^m}\rangle+1}{\beta_m^2}\theta_{u^m}\right]\end{aligned} \tag{6.19}$$

$$\begin{aligned}\frac{\partial \mathcal{L}}{\partial \theta_{c_t}}=&\sum_{m=0}^{M}\frac{4}{\beta_m\sqrt{\gamma^2-1}}\left[\mathbb{I}_v[u^m]-\sigma(-d_{\mathbb{D}}(\theta_{c_t},\theta_{u^m}))\right]\cdot\\&\left[\frac{\theta_{u^m}}{\alpha}-\frac{\|\theta_{u^m}\|^2-2\langle\theta_{c_t},\theta_{u^m}\rangle+1}{\alpha^2}\theta_{c_t}\right]\end{aligned} \tag{6.20}$$

其中，$\alpha=1-\|\theta_{c_t}\|^2$, $\beta_m=1-\|\theta_{u^m}\|^2$，$\gamma=1+\frac{2}{\alpha\beta}\|\theta_{c_t}-\theta_{u^m}\|^2$，并且当 $m=0$、$u^0=v$ 时，$\mathbb{I}_v[u]$ 是指示 u 是否为 v 的指示函数。HHNE 模型可以用式(6.19)和式(6.20)进行迭代更新。

6.4.3 实验

实验设置

数据集 实验中使用的两种异质图的基本统计数据如表 6.5 所示。

表 6.5 数据集统计

DBLP	# 作者 (A)	# 论文 (P)	# 会议 (V)	# P-A	# P-V
	14 475	14 376	20	41 794	14 376
MovieLens	# 演员 (A)	# 电影 (M)	# 导演 (D)	# M-A	# M-D
	11 718	9160	3510	64 051	9160

基线 我们对 HHNE 与以下三种先进的方法进行了比较：（1）同质图嵌入方法，如 DeepWalk [150] 和 LINE [177]；（2）异质图嵌入方法，如 metapath2vec [41]；（3）双曲同质图嵌入方法，如 PoincaréEmb [138]。

网络重建

一个好的异质图嵌入方法应该确保学习的嵌入能够保持原始异质图结构。然后，与嵌入维度相关的重建误差是模型容量的度量。具体来说，就是使用网络嵌入方法来学习特征表示。然后，对于异质图中每种类型的链接，枚举可以通过这样的链接连接的所有对象对，并计算它们的接近度 [86]，即 HHNE 和 PoincaréEmb 的庞加莱球模型中的距离。最后，使用 AUC[48] 评估每个嵌入方法的性能。例如，对于链接类型“write”，计算 DBLP 中的所有作者和论文对，并计算每一对的接近度；然后使用真实 DBLP 网络中作者和论文之间的链接作为基本事实，计算每个嵌入方法的 AUC 值。

结果如表 6.6 所示，可以看到，HHNE 在所有测试的异质图中始终表现最好。这意味着 HHNE 可以有效地保持原始网络结构并重建网络，特别是在 *P-V* 边和 *M-D* 边的重建方面。

表 6.6 网络重建的 AUC 得分（加粗的部分表示最优结果）

数据集	边	维数	DeepWalk	LINE(第 1 个)	LINE(第 2 个)	metapath2vec	PoincaréEmb	HHNE
DBLP	*P-A*	2	0.6933	0.5286	0.6740	0.6686	0.8251	**0.9835**
		5	0.8034	0.5397	0.7379	0.8261	0.8769	**0.9838**
		10	0.9324	0.6740	0.7541	0.9202	0.8921	**0.9887**
		15	0.9666	0.7220	0.7868	0.9500	0.8989	**0.9898**
		20	0.9722	0.7457	0.7600	0.9623	0.9024	**0.9913**
		25	0.9794	0.7668	0.7621	0.9690	0.9034	**0.9930**
	P-V	2	0.7324	0.5182	0.6242	0.7286	0.5718	**0.8449**
		5	0.7906	0.5500	0.6349	0.9072	0.5529	**0.9984**
		10	0.8813	0.7070	0.6333	0.9691	0.6271	**0.9985**
		15	0.9353	0.7295	0.6343	0.9840	0.6446	**0.9985**
		20	0.9505	0.7369	0.6444	0.9879	0.6600	**0.9985**
		25	0.9558	0.7436	0.6440	0.9899	0.6760	**0.9985**
MoiveLens	*M-A*	2	0.6320	0.5424	0.6378	0.6404	0.5231	**0.8832**
		5	0.6763	0.5675	0.7047	0.6578	0.5317	**0.9168**
		10	0.7610	0.6202	0.7739	0.7231	0.5404	**0.9211**
		15	0.8244	0.6593	0.7955	0.7793	0.5479	**0.9221**
		20	0.8666	0.6925	0.8065	0.8189	0.5522	**0.9239**
		25	0.8963	0.7251	0.8123	0.8483	0.5545	**0.9233**
	M-D	2	0.6626	0.5386	0.6016	0.6589	0.6213	**0.9952**
		5	0.7263	0.5839	0.6521	0.7230	0.7266	**0.9968**
		10	0.8246	0.6114	0.6969	0.8063	0.7397	**0.9975**
		15	0.8784	0.6421	0.7112	0.8455	0.7378	**0.9972**
		20	0.9117	0.6748	0.7503	0.8656	0.7423	**0.9982**
		25	0.9345	0.7012	0.7642	0.8800	0.7437	**0.9992**

此外，请注意，当嵌入维度非常小时，HHNE 获得了非常可喜的结果。这表明考虑异质图下的双曲空间是合理的，并且当空间的维数很小时，双曲空间具有很强的网络建模能力。

链接预测

链接预测的目的是在给定观察到的异质图结构的情况下推断异质图中的未知链接，这可以用于测试网络嵌入方法的泛化性能。对于每种类型的边，将其中 20% 的边从网络中随机移除，同时确保其余网络结构仍然保持连接。在测试中计算所有节点对的接近度，并将 AUC 用作评估指标。

从表 6.7 所示的结果可以看出，HHNE 在所有维度上都优于基线，尤其是在低维度上，这足以证明 HHNE 的泛化能力。在 DBLP 数据集中，HHNE 在 10 维上的结果超过了所有基线的高维结果。在 MovieLens 数据集中，只有两维的 HHNE 在所有维度上都超过了基线。此外，LINE（第 1 个）和 PoincaréEmb 都保持了由边连接的节点对的接近性，LINE（第 1 个）将网络嵌入欧几里得空间，PoincaréEmb 则将网络嵌入双曲空间。PoincaréEmb 在大多数情况下的表现优于 LINE（第 1 个），尤其是在维数低于 10 时，这证实了将网络嵌入双曲空间的优越性。由于 HHNE 可以保留高阶网络结构并处理异质图中不同类型的节点，因此 HHNE 比 PoincaréEmb 更有效。

表 6.7 链接预测的 AUC 得分（加粗的部分表示最优结果）

数据集	边	维数	DeepWalk	LINE（第 1 个）	LINE（第 2 个）	metapath2vec	PoincaréEmb	HHNE
DBLP	*P-A*	2	0.5813	0.5090	0.5909	0.6536	0.6742	**0.8777**
		5	0.7370	0.5168	0.6351	0.7294	0.7381	**0.9041**
		10	0.8250	0.5427	0.6510	0.8279	0.7699	**0.9111**
		15	0.8664	0.5631	0.6582	0.8606	0.7743	**0.9111**
		20	0.8807	0.5742	0.6644	0.8740	0.7806	**0.9106**
		25	0.8878	0.5857	0.6782	0.8803	0.7830	**0.9117**
	P-V	2	0.7075	0.5160	0.5121	0.7059	0.8257	**0.9331**
		5	0.7197	0.5663	0.5216	0.8516	0.8878	**0.9409**
		10	0.7292	0.5873	0.5332	0.9248	0.9113	**0.9619**
		15	0.7325	0.5896	0.5425	0.9414	0.9142	**0.9625**
		20	0.7522	0.5891	0.5492	0.9504	0.9185	**0.9620**
		25	0.7640	0.5846	0.5512	0.9536	0.9192	**0.9612**
MoiveLens	*M-A*	2	0.6278	0.5053	0.5712	0.6168	0.5535	**0.7715**
		5	0.6353	0.5636	0.5874	0.6212	0.5779	**0.8255**
		10	0.6680	0.5914	0.6361	0.6332	0.5984	**0.8312**
		15	0.6791	0.6184	0.6442	0.6382	0.5916	**0.8319**
		20	0.6868	0.6202	0.6596	0.6453	0.5988	**0.8318**
		25	0.6890	0.6256	0.6700	0.6508	0.5995	**0.8309**
	M-D	2	0.6258	0.5139	0.6501	0.6191	0.5856	**0.8520**
		5	0.6482	0.5496	0.6607	0.6332	0.6290	**0.8967**
		10	0.6976	0.5885	0.7499	0.6687	0.6518	**0.8984**
		15	0.7163	0.6647	0.7756	0.6702	0.6715	**0.9007**
		20	0.7324	0.6742	0.7982	0.6746	0.6821	**0.9000**
		25	0.7446	0.6957	0.8051	0.6712	0.6864	**0.9018**

关于 HHNE 的更多细节介绍详见参考文献 [200]。

6.5 本章小结

双曲表示学习的研究已经显示出非常有前途的结果。本章介绍了三种双曲 GNN，它们分别是 HAT、LGCN 和 HHNE。HAT 利用双曲图操作来学习双曲图表示。LGCN 则进一步提出了一些定义在双曲面模型中的双曲图操作，以提高双曲图表示的有效性。HHNE 旨在学习双曲空间中的异质图表示，并推导出相关的优化策略来优化双曲表示。双曲图表示在图建模方面已经显示出强大的能力，希望将来能够出现更多具有更深刻见解的双曲 GNN。

6.6 扩展阅读

近年来，双曲空间中的表示学习受到业内人士越来越多的关注。HGCN [22] 利用双曲图卷积来学习双曲空间中的节点表示。不同于学习节点级表示，HGNN [119] 学习双曲空间中的图级表示，并获得最先进的结果。此外，一些工作开始设计具有更多几何形状的 GNN。GIL[252] 结合双曲空间和欧几里得空间来设计图卷积网络。κ-GCN[5] 在常曲率空间（欧几里得空间、双曲空间和球面空间）中设计通用 GNN。在其他领域，也有一些关于双曲表示学习的研究，例如图嵌入、自然语言处理和推荐系统。对于图嵌入，PoincaréEmb [138] 将图嵌入双曲空间以学习层次特征表示。De 等人 [157] 提出了一种新的组合嵌入方法以及双曲空间中的多维缩放方法。LorentzEmb [139] 侧重于通过在双曲空间中嵌入图来发现概念之间的成对层次关系。对于自然语言处理，受到参考文献 [138] 的启发，Dhingra 等人 [40] 在庞加莱球模型中嵌入文本，以学习双曲空间中的单词和句子。HyperQA[179] 专注于回答问题，在双曲空间中建模问答表示之间的关系。Leimeister 等人 [110] 在双曲面模型中对单词进行建模以学习单词表示。PoincaréGlove[181] 是一种新的词嵌入方法，目的是在双曲空间的笛卡儿积中学习词表示。对于推荐系统，Vinh 等人 [186] 设计了一种基于双曲空间中贝叶斯个性化排名的推荐算法。Chamberlain 等人 [21] 通过使用爱因斯坦中点，在双曲空间中展示了一个大规模推荐系统。

第 7 章　图神经网络的知识蒸馏

如前所述，图神经网络（GNN）已被成功应用于多个数据挖掘任务。之前的工作大多着重于单个 GNN 模型的提升，相比之下，另一个想法是设计一个通用的框架来增强任意 GNN 模型。知识蒸馏为这一想法提供了更普适的解决方案，它通过对齐学生模型和教师模型的输出，来将教师模型的知识注入学生模型。在本章中，我们将介绍三个用于图神经网络的经典知识蒸馏框架。

7.1　引言

伴随着深度学习的成功，基于图神经网络的方法在图学习方向的表现变得十分出众。在保留结构和特征信息的基础上，GNN 模型将图数据转换至低维空间。同时，GNN 的快速发展也带来了越来越多新的架构和应用 [45,122,173]。然而，始终有一些问题亟待解决，比如，如何提升任意 GNN 模型的表现，如何在资源受限设备上部署 GNN，等等。

为了解决前面提到的问题，知识蒸馏（Knowledge Distillation，KD）提供了一个可行方案。知识蒸馏的概念最初由 Hinton 等人提出，目的在于压缩模型 [78]，即通过捕捉和迁移来自复杂大模型的知识来监督学习一个轻量有效的学生模型。除了压缩模型的动机以外，最近的研究 [56] 发现，如果学生模型和教师模型的参数化方式相同，则学生模型在预测表现上甚至可以超过教师模型。事实上，知识蒸馏已经被用在多种场景中，比如模型性能增强、模型压缩、模型可解释性分析、数据隐私保护等。

在本章中，我们将介绍一些关于图神经网络知识蒸馏的代表性工作。在 7.2 节中，我们将介绍一个基于知识蒸馏的框架 CPF，它结合了标签传播和特征转换两种方式，来分别保留基于结构和基于特征的先验知识，进而提升任意 GNN 模型的表现。在 7.3 节中，我们将介绍知识蒸馏框架 LTD，它通过学习节点特定的蒸馏温度来提升 GNN 模型的蒸馏质量。在 7.4 节中，我们将介绍一个无数据对抗知识蒸馏框架 DFAD-GNN，它能够在没有训练数据的情况下对教师模型进行知识蒸馏。

7.2 图神经网络的先验知识蒸馏

7.2.1 概述

大多数 GNN 采用了如下消息传递策略 [60]：每个节点从其邻域聚合特征，然后将具有非线性激活的层间映射函数应用于聚合信息。这样一来，GNN 就可以在其模型中利用图结构和节点特征信息了。然而，图拓扑、节点特征和映射矩阵的耦合会导致复杂的预测机制，无法充分利用数据中的先验知识。最近的研究提出了一种方法，即通过添加正则项 [188] 或者操纵图滤波器 [116,164]，将标签传播机制纳入 GCN。实验结果表明，强调这种基于结构的先验知识可以改善 GCN。然而，这样的方法有三个主要缺点：

（1）模型主体仍然是 GNN，因此难以充分利用先验知识；

（2）它们是单一的模型而不是框架，因此不能与其他先进的 GNN 架构兼容；

（3）它们忽略了基于特征的先验知识，这意味着一个节点的标签纯粹由这个节点自身的特征决定。

为了解决这些问题，人们提出了一个有效的知识蒸馏框架，旨在将任意一个训练好的 GNN（教师模型）的知识注入一个精心设计的学生模型。在这里，学生模型是通过两种简单的预测机制——标签传播和特征转换建立的，这两种预测机制分别自然保留了基于结构和基于特征的先验知识。另外，已经有研究表明，教师模型的知识在于它的软预测 [78]。通过模拟教师模型预测的软标签，学生模型将能够进一步利用预训练的 GNN 的知识。因此，训练好的学生模型有一个更易于解释的预测过程，并且可以利用 GNN 和基于结构/特征的先验知识。实验结果表明，就分类精度而言，学生模型的表现优于相应的教师模型 $1.4\% \sim 4.7\%$。

7.2.2 CPF 框架

在本小节中，我们将首先介绍知识蒸馏框架，以提取 GNN 的知识。然后，我们将介绍学生模型架构，这是一个参数化的标签传播和基于特征的双层感知机（MLP）的可训练组合。学生模型的架构如图 7.1 所示。

知识蒸馏框架

基于 GNN 的节点分类方法往往是一个黑盒——输入图结构 G、有标签节点的集合 V_L 和节点特征 X，输出分类器 f。分类器 f 将预测无标签节点 $v \in V_U$ 的标签为 $y \in Y$ 的概率 $f(v,y)$，其中 $\sum_{y\prime \in Y} f(v,y\prime) = 1$。对于有标签的节点 v，如果它的标签为 y，那么 $f(v,y) = 1$；对于其余标签 y'，$f(v,y') = 0$。为了简化起见，我们使用 $f(v) \in \mathbb{R}^{|Y|}$ 来表示所有标签的概率分布。

CPE 框架中的教师模型可以使用任意 GNN，如 GCN [101] 或 GAT [185]。我们称教师模型中的预训练分类器为 f_{GNN}。另外，我们使用 $f_{\text{STU};\Theta}$ 表示学生模型，Θ 是参数，$f_{\text{STU};\Theta}(v) \in$

$\mathbb{R}^{|Y|}$ 则表示学生模型对节点 v 的预测概率分布。

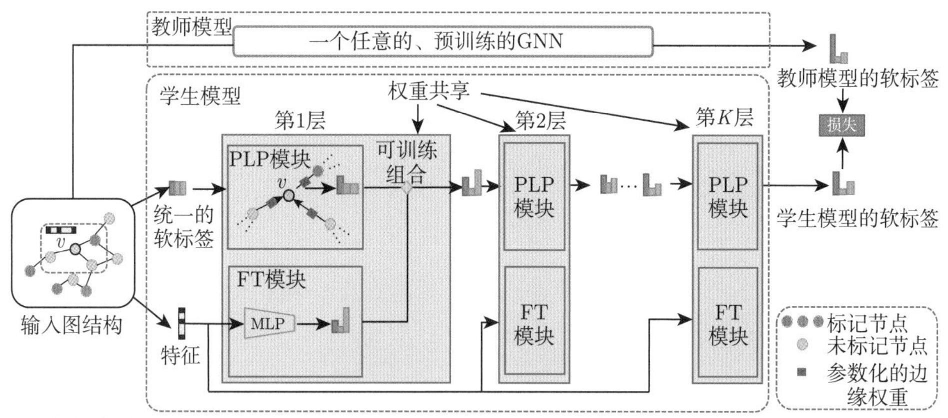

图 7.1 学生模型的架构。以中心节点 v 为例，学生模型使用 v 的原始特征和一个统一的标签分布作为软标签。随后在每一层，中心节点 v 的软标签预测将被更新为来自 v 邻居的参数化标签传播（Parameterized Lable Propagation，PLP）和 v 特征的特征转换（Feature Transformation，FT）的可训练组合。最后，学生模型的软标签预测和预训练教师模型的软标签预测之间的距离将被最小化。

在知识蒸馏框架中，我们需要训练学生模型，使其最小化于预训练教师模型的软标签预测，从而使得教师模型中的潜在知识能被提取并注入学生模型。因此，优化目标是对齐学生模型与预训练教师模型的输出，这可以形式化为

$$\min_{\Theta} \sum_{v \in V} \text{distance}(f_{\text{GNN}}(v), f_{\text{STU};\Theta}(v)) \tag{7.1}$$

其中，$\text{distance}(\cdot,\cdot)$ 函数用于度量两个预测概率分布之间的距离（这里使用欧氏距离）。

学生模型的架构

假设一个节点的标签预测遵循如下两种简单的机制：（1）从这个节点的相邻节点传播标签；（2）从这个节点自身的特征进行转换。因此，如图 7.1 所示，我们将学生模型设计为这两种机制的组合，即参数化标签传播（PLP）模块和特征转换（FT）模块，它们可以自然地分别保留基于结构和基于特征的先验知识。蒸馏后，学生模型将通过更易于解释的预测机制，从 GNN 和先验知识中受益。

在这里，我们将首先简要回顾传统的标签传播算法，然后介绍 PLP 模型和 FT 模块以及它们的可训练组合。

标签传播模块 标签传播 (Lable Propagation，LP) 模块 [253] 是基于图的经典半监督学习模型。它仅遵循以下假设：由边连接（或占据相同流形）的节点极有可能共享相同的标签。基于此假设，标签将从标记的节点传播到未标记的节点以进行预测。

在形式上，使用 f_{LP} 表示 LP 模块的最终预测，使用 f_{LP}^k 表示 k 次迭代后的 LP 模块的预测。在这里，如果 v 是标记节点，就将对节点 v 的预测初始化为一个独热编码向量；否则，为每个未标记节点 v 设置均匀分布，以表明所有类别的概率在开始时都是相同的。初始化工作可以形式化为

$$f_{\text{LP}}^0(v)=\begin{cases}(0,\cdots 1,\cdots 0)\in\mathbb{R}^{|Y|}, & \forall v\in V_L\\ \left(\frac{1}{|Y|},\cdots\frac{1}{|Y|},\cdots\frac{1}{|Y|}\right)\in\mathbb{R}^{|Y|}, & \forall v\in V_U\end{cases} \tag{7.2}$$

其中，$f_{\text{LP}}^k(v)$ 是节点 v 在第 k 次迭代中的预测概率分布。在进行第 $k+1$ 次迭代时，LP 模块将按照如下方式更新无标记节点 $v\in V_U$：

$$f_{\text{LP}}^{k+1}(v)=(1-\lambda)\frac{1}{|N_v|}\sum_{u\in N_v}f_{\text{LP}}^k(u)+\lambda f_{\text{LP}}^k(v) \tag{7.3}$$

其中，N_v 是节点 v 的邻居集合，λ 是控制节点更新平滑度的超参数。

注意，LP 模块没有需要训练的参数，因此以端到端的方式并不能拟合教师模型的输出。我们可以通过引入更多的参数来提升 LP 模块的表达能力。

参数化标签传播模块 现在，我们将通过在 LP 模块中进一步参数化边缘权重来介绍参数化标签传播（Parameterized Lable Propagation，PLP）模块。如式 (7.3) 所示，LP 模块在传播过程中平等对待节点的所有邻居。但是，不同的邻居对一个节点的重要性应该是不同的，这决定了节点之间的传播强度。具体来说，我们假设某些节点的标签预测比其他节点更“自信”。例如，一个节点的预测标签与其大多数邻居相似。这样的节点将更有可能将其标签传播给邻居，并使它们保持不变。

在形式上，给每个节点 v 设置一个置信度分数 $c_v\in\mathbb{R}$ 。在传播过程中，节点 v 的所有邻居和节点 v 自身将把它们的标签传播给 v。基于置信度越大、边缘权重越大的直觉，我们为 f_{PLP} 重写了式 (7.3) 中的预测更新函数：

$$f_{\text{PLP}}^{k+1}(v)=\sum_{u\in N_v\cup\{v\}}w_{uv}f_{\text{PLP}}^k(u) \tag{7.4}$$

其中，w_{uv} 是节点 u 和节点 v 的边缘权重，可通过式 (7.5) 来计算：

$$w_{uv}=\frac{\exp(c_u)}{\sum_{u'\in N_v\cup\{v\}}\exp(c_{u'})} \tag{7.5}$$

与 LP 模块相似，$f_{\text{PLP}}^0(v)$ 可按照式 (7.2) 进行初始化。在传播过程中，对于 $v\in V_L$，$f_{\text{PLP}}^k(v)$ 仍然保持独热真实编码向量。

注意，作为可选项，我们可以进一步参数化置信度分数 c_v，用于归纳设置：

$$c_v = z^{\mathrm{T}} X_v \tag{7.6}$$

其中，$z \in \mathbb{R}^d$ 是一个可学习参数，用于将节点 v 的特征映射为置信度分数。

特征转换模块 注意，通过边缘传播标签的 PLP 模块强调了基于结构的先验知识。因此，我们引入了特征变换（FT）模块作为补充预测机制。FT 模块仅通过查看节点的原始特征来预测标签。在形式上，我们使用 f_{FT} 表示 FT 模块的预测，并使用两层的 MLP 后接一个 softmax 函数来将特征转换为软标签预测 [①]：

$$f_{\mathrm{FT}}(v) = \mathrm{softmax}(\mathrm{MLP}(X_v)) \tag{7.7}$$

可训练组合 下面我们将结合 PLP 模块和 FT 模块，作为学生模型。具体来说，我们将为每个节点 v 学习一个可训练参数 $\alpha_v \in [0,1]$，来平衡 PLP 模块和 FT 模块之间的预测。换句话说，FT 模块和 PLP 模块的预测将在每个传播步骤中被合并。我们将合并后的完整模型命名为 CPF，式 (7.4) 中的每个无标记节点 $v \in V_U$ 的预测更新公式可以重写为

$$f_{\mathrm{CPF}}^{k+1}(v) = \alpha_v \sum_{u \in N_v \cup \{v\}} w_{uv} f_{\mathrm{CPF}}^{k}(u) + (1-\alpha_v) f_{\mathrm{FT}}(v) \tag{7.8}$$

其中，边缘权重 w_{uv} 和 $f_{\mathrm{CPF}}^{0}(v)$ 与 PLP 模块一致。根据是否按照式 (7.6) 参数化置信度分数 c_v，CPF 模型有两个变体，分别是归纳模型 CPF-ind 和转导模型 CPF-tra。

整体算法与细节

假设我们的学生模型一共有 K 层，式 (7.4) 中的蒸馏目标可以进一步写为

$$\min_{\Theta} \sum_{v \in V_U} \| f_{\mathrm{GNN}}(v) - f_{\mathrm{CPF};\Theta}^{K}(v) \|_2 \tag{7.9}$$

其中，$\|\cdot\|_2$ 是 L_2 范数；参数集合 Θ 包括 PLP 模块和 FT 模块之间的平衡参数 $\{\alpha_v, \forall v \in V\}$、PLP 模块内部的置信度参数 $\{c_v, \forall v \in V\}$（或归纳设置下的参数 z），以及 FT 模块中 MLP 的参数 Θ_{MLP}；K 表示传播层数，它是一个重要的超参数。

7.2.3 实验

实验设置

数据集 我们将使用 5 个公开的基准数据集进行实验。正如参考文献 [103、161、171] 中介绍的那样，我们仅考虑最大的连通分量，并将边视为无向边。根据先前工作 [161] 中的

① 虽然单层逻辑回归更具可解释性，但是我们发现，两层逻辑回归对于提高学生模型的能力是必要的。

实验设置，我们将从每个类别中随机抽取 20 个节点作为标记节点，30 个节点用于验证，其他所有节点用于测试。

模型设置 为了进行全面的比较，我们在知识蒸馏框架中考虑了 7 个 GNN 模型作为教师模型，它们分别是 GCN [101]、GAT、APPNP [102]、GraphSAGE [73]、SGC [204]、GCNII [23] 和 GLP [116]。

对于每个数据集和教师模型，测试下列学生变体模型。

- PLP：只考虑参数化标签传播机制的学生变体模型。
- FT：只考虑特征转换机制的学生变体模型。
- CPF-ind：归纳设置下的完整模型。
- CPF-tra：转导设置下的完整模型。

分类结果分析

5 个数据集、两个 GNN 教师模型、4 个学生变体模型的实验结果已展示在表 7.1 和表 7.2 中。我们发现，借助学生变体模型 CPF-ind 和 CPF-tra 的完整架构，就能够一致且显著地改善相应教师模型的性能。

表 7.1 将 GCN 作为教师模型的分类准确率

数据集	教师模型	学生变体模型				提升率
	GCN	PLP	FT	CPF-ind	CPF-tra	
Cora	0.8244	0.7522	0.8253	**0.8576**	0.8567	4.0%
Citeseer	0.7110	0.6602	0.7055	0.7619	**0.7652**	7.6%
Pubmed	0.7804	0.6471	0.7964	0.8080	**0.8104**	3.8%
A-Computers	0.8318	0.7584	0.8356	**0.8443**	**0.8443**	1.5%
A-Photo	0.9072	0.8499	0.9265	**0.9317**	0.9248	2.7%

表 7.2 将 GAT 作为教师模型的分类准确率

数据集	教师模型	学生变体模型				提升率
	GAT	PLP	FT	CPF-ind	CPF-tra	
Cora	0.8389	0.7578	0.8426	0.8576	**0.8590**	2.4%
Citeseer	0.7276	0.6624	0.7591	0.7657	**0.7691**	5.7%
Pubmed	0.7702	0.6848	0.7896	0.8011	**0.8040**	4.4%
A-Computers	0.8107	0.7605	0.8135	**0.8190**	0.8148	1.0%
A-Photo	0.8987	0.8496	0.9190	**0.9221**	0.9199	2.6%

更详细的方法描述和实验验证见参考文献 [215]。

7.3 温度自适应的图神经网络知识蒸馏

7.3.1 概述

近年来，为提高 GNN 的效率和有效性，将 GNN 与知识蒸馏结合成为一种新趋势。除了对教师模型和学生模型进行选择，蒸馏的过程还决定了教师模型和学生模型的软预测在损失函数中如何匹配，并对蒸馏后的学生模型对下游任务的预测表现至关重要 [78]。然而，据我们所知，应用于图神经网络的现有知识蒸馏方法都采用了预先定义的蒸馏过程，即只有超参数，而没有任何可学习的参数。换句话说，蒸馏过程是启发式或经验式设计的，没有任何来自蒸馏的学生模型的监督，这使得蒸馏过程和模型预测结果隔离开来，从而导致效果下降。

本节将介绍一个通用的知识蒸馏框架，它可以应用于任何预训练过的图神经网络模型，以进一步提高其性能。为了克服蒸馏过程和模型预测结果之间的隔离问题，如图 7.2 所示，我们没有将全局温度作为超参数引入，而是创新性地提出通过蒸馏 GNN 学生模型的表现来学习节点特定的温度。

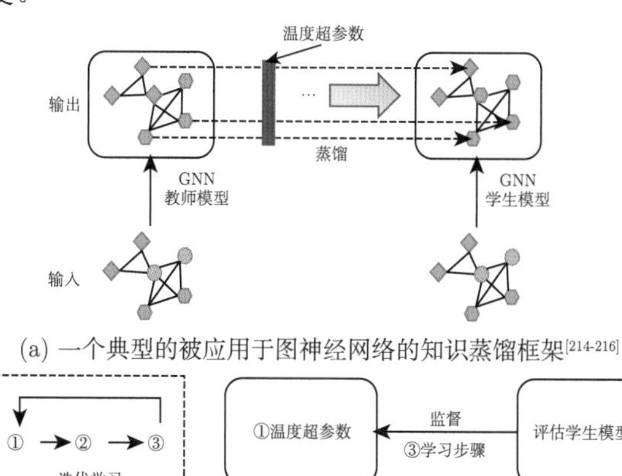

(a) 一个典型的被应用于图神经网络的知识蒸馏框架[214-216]

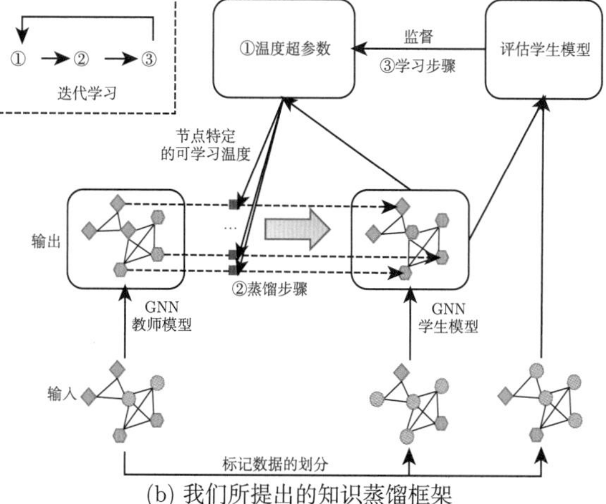

(b) 我们所提出的知识蒸馏框架

图 7.2 (a) 一个已得到广泛使用的知识蒸馏框架 [78]，它使用统一的温度超参数；(b) 我们所提出的知识蒸馏框架，它通过监督蒸馏的学生模型的表现，使用节点特定的可学习温度。

具体来说，我们将通过一个关于节点邻域编码和节点预测分布的函数来参数化每个节点的温度。由于传统的知识蒸馏框架存在隔离问题 [78]，经过蒸馏的学生模型的性能对节点温度的偏导数不存在，这使得温度参数化中的参数学习有着一定的困难；因此，我们设计了一种新的迭代学习过程，旨在通过交替执行蒸馏步骤和学习步骤来训练参数。实验结果表明，通过我们所提出的知识蒸馏框架，蒸馏后的 GNN 学生模型在预测准确率方面平均有超过2%的相对改进效果。

7.3.2 LTD 框架

对图神经网络的知识蒸馏

我们可以简单地将图神经网络编码器以黑盒形式描述为

$$f_{v;\Theta} = \mathrm{GNN}(v|G, X; \Theta) \in \mathbb{R}^{|Y|}, p_{v;\Theta} = \mathrm{softmax}(f_{v;\Theta}) \tag{7.10}$$

其中，Θ 是图神经网络中的可学习参数，$p_{v;\Theta}$ 是完成 softmax 函数归一化之后的预测标签分布。接下来，图神经网络会对每个有标签的节点 $v \in V_L$，最小化该节点的真实标签 y_v 与预测标签 $p_{v;\Theta}$ 之间的距离，我们通常采用交叉熵损失来训练参数 Θ：

$$\min_{\Theta} \sum_{v \in V_L} \mathcal{L}_{\mathrm{CE}}(y_v, p_{v;\Theta}) \tag{7.11}$$

$$\mathcal{L}_{\mathrm{CE}}(y_v, p_{v;\Theta}) = -\sum_{i=1}^{|Y|} y_v[i] \cdot \log p_{v;\Theta}[i] \tag{7.12}$$

其中，$y_v[i]$ 和 $p_{v;\Theta}[i]$ 分别是第 i 个 y_v 和 $p_{v;\Theta}$ 的输入。

在这里，正如 BAN [56] 建议的那样，我们只让教师模型和学生模型具有相同的神经结构，并分别表示为 GNN_T 和 GNN_S，参数分别为 Θ_T 和 Θ_S。给定教师模型的预训练参数 Θ_T，我们将通过对 GNN_T 和 GNN_S 之间的软预测进行对齐，来训练学生模型的参数。

从形式上讲，知识蒸馏框架旨在优化下面的式子：

$$\min_{\Theta_S} \sum_{v \in V} \mathcal{L}_{\mathrm{CE}}(p_{v;\Theta_T}, p_{v;\Theta_S}) + \lambda \sum_{v \in V_L} \mathcal{L}_{\mathrm{CE}}(y_v, p_{v;\Theta_S}) \tag{7.13}$$

其中，第一项是学生模型预测和教师模型预测之间的交叉熵，第二项是 V_L 中节点的学生模型预测与真实标签之间的交叉熵，λ 是平衡超参数。自从参考文献 [78] 中介绍的方法被提出以来，许多知识蒸馏方法会引入额外的温度超参数来软化教师模型和学生模型的预测：

$$
\begin{aligned}
p_{v;\Theta_T}(\tau_v^T) &= \mathrm{softmax}(f_{v;\Theta_T}/\tau_v^T) \\
p_{v;\Theta_S}(\tau_v^S) &= \mathrm{softmax}(f_{v;\Theta_S}/\tau_v^S)
\end{aligned}
\tag{7.14}
$$

其中，$\tau_v^T, \tau_v^S \in \mathbb{R}_+$ 是温度超参数。当温度等于 1 时，对应原始的 softmax 操作。温度越高，预测越软（趋向均匀分布）；而温度越低，预测越硬（趋向独热分布）。在最流行的知识蒸馏框架 [78] 中，所有的温度都被设置为相同的超参数 τ ，即为每个节点 v 设置 $\tau_v^T = \tau_v^S = \tau$。通过调整全局温度超参数，然后对经过蒸馏的学生模型进行评估，有望使学生模型的性能优于教师模型。

为每个节点学习特定温度

我们将首先介绍如何在温度参数化中引入可学习参数，然后设计一种基于迭代学习过程的参数训练新算法。

温度参数化 直接为每个节点指定一个自由参数作为节点特定温度，会导致严重的过拟合问题。因此，我们假设每个节点的温度可以由学生模型的 logit 向量以及教师模型对该节点邻居的预测分布来表示，这样一来，具有相似编码和邻域预测的节点就应该具有相似的蒸馏温度。在形式上，将所有学生模型的温度 τ_v^S 设置为 1，以实现更精确的预测 [242]，并将教师模型的温度 τ_v^T 参数化为

$$
\tau^T_{v;\Theta_S,\Theta_T,\Omega} = \mathrm{MLP}(\mathrm{Concat}(f_{v;\Theta_S}, ||f_{v;\Theta_S}||_2, e_{v;\Theta_T}); \Omega) \tag{7.15}
$$

其中，$\mathrm{MLP}(\cdot;\Omega)$ 表示一个给定参数 Ω 的多层感知机，Concat()是拼接运算函数，$||\cdot||_2$ 是 L_2 范数，$e_{v;\Theta_T}$ 是节点 v 的所有邻居的平均预测的熵。

$$
e_{v;\Theta_T} = \mathcal{L}_{\mathrm{CE}}\left(\frac{1}{|N_v|}\sum_{u\in N_v} p_{u;\Theta_T}, \frac{1}{|N_v|}\sum_{u\in N_v} p_{u;\Theta_T}\right) \tag{7.16}
$$

其中，N_v 是节点 v 的邻居集合。

这里的 $f_{v;\Theta_S}$ 和 $||f_{v;\Theta_S}||_2$ 取决于学生模型的参数 Θ_S，同时 $e_{v;\Theta_T}$ 是一个特定于节点的常量，因为 Θ_T 是固定的预训练参数。我们将在 7.3.3 节研究每个连接组件（$f_{v;\Theta_S}$、$||f_{v;\Theta_S}||_2$ 和 $e_{v;\Theta_T}$）的影响，并讨论我们所学习的温度。此外，为了避免梯度爆炸或消失的问题，我们还将通过一个基于 sigmoid 操作 $(r-l)\sigma(\cdot)+l$ 的函数，将温度限制在范围 $[l,r]$ 内。

迭代学习过程 为了监督节点特定温度的训练，我们将有标签节点的集合划分为两个不相交的节点集合 V_{Dis} 和 V_{Temp}。其中，V_{Dis} 仍然在损失函数 [见式 (7.13)] 的第二项中用于蒸馏，而 V_{Temp} 用于评估蒸馏的学生模型和学习节点温度。

在形式上，蒸馏部分的损失可以写成

$$\begin{aligned}\mathcal{L}_{\text{Dis}}(\Theta_S,\Omega)=&\sum_{v\in V}\mathcal{L}_{\text{CE}}(p_{v;\Theta_T}(\tau^T_{v;\Theta_S,\Theta_T,\Omega}),p_{v;\Theta_S})\\&+\lambda\sum_{v\in V_{\text{Dis}}}\mathcal{L}_{\text{CE}}(y_v,p_{v;\Theta_S})\end{aligned}\tag{7.17}$$

评估蒸馏的学生模型和监督温度的损失为

$$\mathcal{L}_{\text{Temp}}(\Theta_S)=\sum_{v\in V_{\text{Temp}}}\mathcal{L}_{\text{CE}}(y_v,p_{v;\Theta_S})\tag{7.18}$$

然而，由于蒸馏和评估被隔离开，评估损失 $\mathcal{L}_{\text{Temp}}$ 只与学生模型的参数 Θ_S 有关，评估损失对温度参数的偏导数 $\partial\mathcal{L}_{\text{Temp}}/\partial\Omega$ 不存在，这使得它不可能通过反向传播来学习温度。

为了解决这个问题，我们提出了一个新的迭代学习过程，交替执行以下准备、蒸馏和学习步骤：

蒸馏步骤。根据蒸馏部分的损失 [见式 (7.17)]，在单步的反向传播中更新参数 Θ_S：

$$\Theta'_S:=\Theta_S-\alpha\frac{\partial\mathcal{L}_{\text{Dis}}(\Theta_S,\Omega)}{\partial\Theta_S}\tag{7.19}$$

其中，α 是蒸馏过程的学习率。

学习步骤。首先使用更新后的学生模型的参数 Θ'_S 评估监督温度的损失 $\mathcal{L}_{\text{Temp}}$，然后通过链式规则在温度参数 Ω 上进行反向传播。

$$\Omega':=\Omega-\beta\frac{\partial\mathcal{L}_{\text{Temp}}(\Theta'_S)}{\partial\Theta'_S}\frac{\partial\Theta'_S}{\partial\Omega}\tag{7.20}$$

其中，β 是蒸馏过程的学习率。这里将 $\mathcal{L}_{\text{Temp}}$ 对参数 Ω 的偏导分解为 $\partial\mathcal{L}_{\text{Temp}}(\Theta'_S)/\partial\Theta'_S$ 和 $\partial\Theta'_S/\partial\Omega$，这两项可以分别通过对式 (7.18) 和式 (7.19) 执行偏导计算得到。通过迭代地执行蒸馏步骤和学习步骤，我们可以训练参数化的节点特定温度，从而提高蒸馏的学生模型的预测性能。

实现细节 我们将所提出的知识蒸馏框架命名为 LTD (Learning To Distill)。根据教师模型，蒸馏后的学生模型将被命名为 LTD-GCN、LTD-GAT 等。

将有标签节点的集合 V_L 对半分为 V_{Dis} 和 V_{Temp}，$|V_{\text{Dis}}|=|V_{\text{Temp}}|$。我们将在不更新温度参数的情况下进行 20 轮蒸馏作为预热，然后执行迭代学习过程。LTD 每次迭代的时间复杂度与节点和边的数量成线性关系。

7.3.3 实验

实验步骤

数据集 在实验中,我们使用了 5 个基准数据集(Cora、Citeseer、Pubmed、A-Computers 和 A-Photo)。特别地，和之前的工作一样 [161,215]，我们还使用了最大连通分量。

教师模型/学生模型 在实验中，我们使用了两种具有代表性的 GNN 模型分别作为教师模型和学生模型，即 GCN [101] 和 GraphSAGE [73]。对于所有模型，我们采用了一种两层的设置。关于预训练的教师模型的更多细节，我们将在补充材料中介绍。

框架变体 对于每个数据集，基于不同的教师模型和学生模型，我们测试了以下框架。

- FT：最常见的知识蒸馏框架，所有的节点都采用相同的温度参数作为超参数。
- $\text{LTD}_{\text{w/o LS}}$：去除了学习步骤的 LTD，即温度参数 Ω 不会在初始化结束后更新。
- LTD：我们所提出的知识蒸馏框架。

实验设置 我们在 GNN 最常见的任务（半监督节点分类）上进行了实验。对于每个数据集，我们在每一类别上，分别使用 40 个节点作为训练集，10 个节点作为验证集，其余节点作为测试集。对于 GNN 模型和数据集的每一种组合，我们都将预训练一个 GNN 模型作为教师模型，并固定参数。蒸馏结束后，我们将评估由不同框架学习出来的学生模型。和之前的工作 [101,185] 一样，我们采取分类准确率作为评估指标。

对于 LTD 的超参数搜索，我们利用一个自动化的超参数优化工具包 Optuna，在以下参数范围内进行了启发式搜索：蒸馏步骤的学习率 $\alpha \in [1\mathrm{e}-6, 1\mathrm{e}-3]$、学习步骤的学习率 $\beta \in [1\mathrm{e}-6, 1\mathrm{e}-1]$ 以及平衡超参数 $\lambda \in \{0.1, 1, 50, 100, 200\}$。对于框架变体 FT，我们在以下参数范围内进行了网格搜索：全局温度 $\tau \in \{0.001, 0.01, 0.1, 1, 4, 8, 12, 16, 20, 24\}$、平衡超参数 $\lambda \in \{0.1, 1, 50, 100, 200\}$ 以及用于更新参数的学习率为 0.01 的 Adam 优化器 ①。

分类结果分析

在表 7.3 和表 7.4 中，我们给出了 5 个基准数据集和两个 GNN 模型的结果。在使用教师模型和不同框架变体训练出的三个蒸馏后的学生模型中，最优结果已加粗显示在表 7.3

表 7.3 将 GCN 作为学生模型/教师模型的分类准确率

数据集	学生模型/教师模型	框架变体			提升率
	GCN	FT	$\text{LTD}_{\text{w/o LS}}$	LTD	
Citeseer	0.7359	0.7547	0.7586	**0.7851**	3.49%
Cora	0.8534	0.8600	0.8614	**0.8721**	1.24%
Pubmed	0.7989	0.8029	0.7897	**0.8191**	2.02%
A-Computers	0.8594	0.8468	0.8443	**0.8645**	0.59%
A-Photo	0.9223	0.9231	0.9032	**0.9324**	1.01%

① 对于框架变体 FT，Adam 优化器相比学习率 α 固定在范围 $[1\mathrm{e}-6, 1\mathrm{e}-3]$ 内的梯度下降策略更优。

和表 7.4 中。通过我们所提出的 LTD 框架，蒸馏后的 GNN 学生模型在以上所有数据集和教师模型的基础上均有一致的提升效果。

表 7.4 将 GraphSAGE 作为学生模型/教师模型的分类准确率

数据集	学生模型/教师模型	框架变体			提升率
	SAGE	FT	$LTD_{w/o\ LS}$	LTD	
Citeseer	0.7276	0.7409	0.7613	**0.7746**	1.75%
Cora	0.8426	0.8501	0.8482	**0.8703**	2.38%
Pubmed	0.8189	0.8271	0.7362	**0.8401**	1.57%
A-Computers	0.7829	0.7999	0.7934	**0.8144**	1.81%
A-Photo	0.9146	0.9194	0.9059	**0.9306**	1.22%

7.4 图神经网络的无数据对抗知识蒸馏

7.4.1 概述

训练强大的 GNN 往往需要大量的算力和存储，因此很难将其部署在资源有限的设备上。知识蒸馏（KD）[78] 是常见的模型压缩方案之一，它通过模仿预训练的大型教师模型的输出，来训练轻量的学生模型。然而，因为隐私问题，知识蒸馏的原始数据往往难以获取。更有效的方式是使用合成图，比如无数据的知识蒸馏 [121,132]，其中的数据是通过预训练模型反向生成的。在计算机视觉领域，已经有很多无数据的知识蒸馏的相关研究 [47,121]，但它很少被应用于图挖掘方向。值得注意的是，Deng 等人 [38] 已经对这一问题进行了一些研究，并提出了无图知识蒸馏（Graph-Free Knowledge Distillation，GFKD）。然而，GFKD 并不是端到端的方法，它只考虑固定的教师模型，而忽略了学生模型在生成图时的信息。因此，这些生成的图无法有效地蒸馏学生模型，其表现无法令人满意。

在本节中，我们将介绍一种新的、无数据的 GNN 对抗性知识蒸馏框架 (DFAD-GNN)。DFAD-GNN 使用基于 GAN[62] 的知识蒸馏方法，拥有一个生成器和两个判别器。其中一个判别器是提前训练好的教师模型，其参数是固定的；而另一个判别器则是我们想要训练的轻量学生模型。生成器负责生成图，以便将教师模型的知识迁移到学生模型。和之前的工作 [38] 不同，我们的生成器可以完全利用预训练教师模型的内在统计信息以及来自学生模型的可定制化信息，这样就可以生成高质量的训练数据并且增强训练数据的多样性，从而增强学生模型的泛化能力。

7.4.2 DFAD-GNN 框架

如图 7.3 所示，DFAD-GNN 主要由三部分组成：一个生成器和两个判别器。其中一个判别器是参数固定的预训练教师模型 $\mathcal{T}$，而另一个判别器则是我们想要训练的轻量学生模

型 $\mathcal{S}$。具体来说，首先从标准正态分布中抽取一批随机噪声 z，用生成器 $\mathcal{G}$ 构造伪图。然后在教师模型的监督下，生成的图被用于训练学生模型。

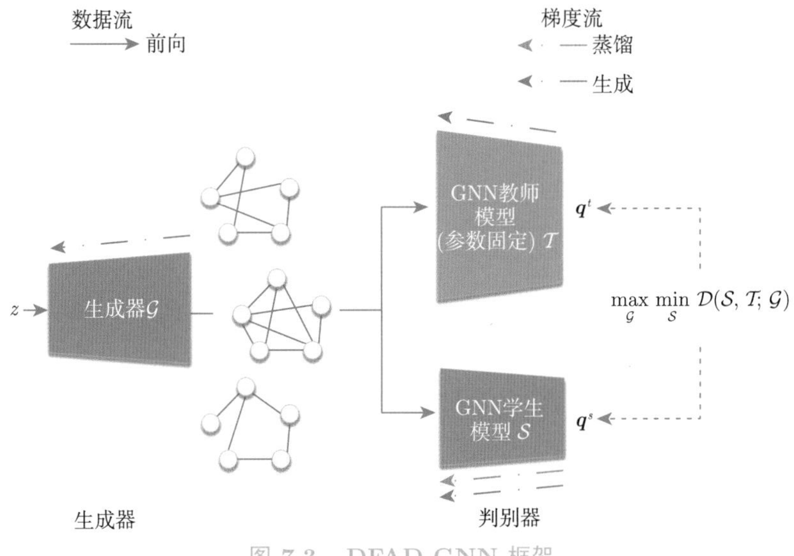

图 7.3 DFAD-GNN 框架

生成器

生成器 $\mathcal{G}$ 用于合成伪图，其目的在于最大化学生模型 $\mathcal{S}$ 和教师模型 $\mathcal{T}$ 之间的差异。$\mathcal{G}$ 从标准正态分布中采样 D 维向量 $\boldsymbol{z} \in \mathbb{R}^D$ 并输出图。对于每个 $\boldsymbol{z}$，$\mathcal{G}$ 输出用于定义节点特征的对象 $\boldsymbol{F} \in \mathbb{R}^{N\times T}$，这里的 N 是节点数量，T 是节点特征维度。随后按照式 (7.21) 计算邻接矩阵 $\boldsymbol{A}$。

$$\boldsymbol{A} = \sigma\left(\boldsymbol{F}\boldsymbol{F}^{\mathrm{T}}\right) \tag{7.21}$$

其中，$\sigma(\cdot)$ 是逻辑 sigmoid 函数。

用于 $\mathcal{G}$ 的损失函数与用于 $\mathcal{S}$ 的损失函数相同，但我们的目标是使其最大化。我们把这个问题表述为一个对抗性博弈，其中，$\mathcal{G}$ 和 $\mathcal{S}$ 相互竞争地去分别最大化和最小化同一个函数。也就是说，学生模型的训练目标是匹配教师模型的预测，而生成器的训练目标是为学生模型生成复杂的图。对抗训练可以表示为

$$\max_{\mathcal{G}} \min_{\mathcal{S}} \mathbb{E}_{z\sim\mathcal{N}(0,1)}[\mathcal{D}(\mathcal{T}(\mathcal{G}(z)), \mathcal{S}(\mathcal{G}(z)))] \tag{7.22}$$

其中，$\mathcal{D}(\cdot)$ 表示教师模型 $\mathcal{T}$ 和学生模型 $\mathcal{S}$ 之间的差异。

如果生成器一直生成简单和重复的图，则学生模型很容易达到拟合，并且它和教师模型之间的差异会很小。在这种情况下，生成器将被强迫生成复杂且不同的图，以增大模型之间的差异。

对抗蒸馏

如前所述，生成器 $\mathcal{G}(z,\theta^g)$ 用于生成图。学生模型 $\mathcal{S}(x,\theta^s)$ 和教师模型 $\mathcal{T}(x,\theta^t)$ 被联合看作衡量差异 $\mathcal{D}(\mathcal{T},\mathcal{S};\mathcal{G})$ 的判别器。如图 7.3 所示，对抗训练的过程分两个阶段：最小化差异的蒸馏阶段和最大化差异的生成阶段。

蒸馏阶段 在这个阶段，固定生成器 $\mathcal{G}$，并且在判别器中，只更新判别器中的学生模型 S。首先从标准正态分布中采样一批随机噪声 z 并构造伪图 $\mathcal{G}$。随后，每张图 X 都会被输入学生模型和教师模型，分别得到这两个模型的输出 $\boldsymbol{q}^t$ 和 $\boldsymbol{q}^s$。其中，向量 $\boldsymbol{q}$ 表示不同类别的分数。

损失函数的选择是决定蒸馏结果的关键因素。在此之前，有许多工作讨论了梯度消失的问题 [4,71]。其原因在于，在 GAN 训练的情况下，判别器变得很强，而在我们的方法中，损失函数的选择也受到了这些因素的影响。

实际上，有几种损失函数可以定义模型差异，以推动学生模型的学习，如 KL 散度（Kullback-Leibler Divergence，KLD）和均方根误差（Mean Square Error，MSE）。这两个损失函数在数据驱动的知识蒸馏中十分有效，但直接运用在我们的框架中则会出现问题。其中一个重要的原因是，当学生模型在生成的图上收敛时，这两个损失函数将产生衰减的梯度 [99]，使得生成器无法正常训练，导致崩溃。对于我们的方法，我们选择最小化 $\boldsymbol{q}^t$ 和 $\boldsymbol{q}^s$ 之间的平均绝对误差（Mean Absolute Error，MAE），这为生成器提供了稳定的梯度，使消失的梯度可以得到缓解。在我们的实验中，我们发现这显著提升了学生模型的表现。

现在，我们可以定义蒸馏的损失函数如下：

$$\mathcal{L}_{\text{DIS}} = \mathcal{D}(\mathcal{T},\mathcal{S};\mathcal{G}) = \mathbb{E}_{z\sim p_z(z)}\left[\frac{1}{n}\left\|\mathcal{T}(\mathcal{G}(z)) - \mathcal{S}(\mathcal{G}(z))\right\|_1\right] \tag{7.23}$$

从直觉上，这个阶段和知识蒸馏（KD）非常相似，但是目标略有不同。在 KD 中，学生模型可以贪婪地从产生的预测结果中学习，因为这些目标是从真实的数据中获得的 [78]，并且包含有用的知识用于完成具体的任务。但是，在我们的环境中，我们无法获得任何真实的数据。生成器合成的伪图并不保证有用，尤其是在训练初期。正如前面所提到的，生成器需要生成图来衡量教师模型和学生模型之间的差异。蒸馏阶段的另一个基本目的是构造一个更好的搜索空间，以迫使生成器找到新的图。

生成阶段 生成阶段的目标是推动新图的生成。在这个阶段，我们固定两个判别器，只更新生成器。我们鼓励生成器生成更多复杂的训练图。要达到这个目标，一种简单的方法就是将负的损失作为优化生成器的目标：

$$\mathcal{L}_{\text{GEN}} = -\mathcal{L}_{\text{DIS}} = -\mathbb{E}_{z\sim p_z(z)}\left[\frac{1}{n}\left\|\mathcal{T}\left(\mathcal{G}(z)\right) - \mathcal{S}\left(\mathcal{G}(z)\right)\right\|_1\right] \tag{7.24}$$

生成器损失首先通过判别器（教师模型和学生模型）进行反向传播，然后通过生成器，产生用于优化生成器的梯度。

7.4.3 实验

数据集

我们采用了三种生物信息图分类基准数据集，它们分别是 MUTAG、PTC_MR 和 PROTEINS。表 7.5 总结了这些数据集的统计特征。为了消除对训练数据的不必要偏见，对于这些数据集上的所有实验，我们用 10 倍交叉验证来评估模型的性能。其中，数据集的划分基于传统论文 [140,211,231] 中使用的训练/测试划分方法。我们的实验还报告了 10 折交叉验证的平均验证精度和标准差。

表 7.5 数据集概述

数据集	图的数量	类别数	图的平均大小
MUTAG	188	2	17.93
PTC_MR	344	2	14.29
PROTEINS	1113	2	39.06

生成器的架构

对于所有的实验，我们都采用固定架构的生成器。生成器的输入是从标准正态分布中采样的一个 32 维向量 $\boldsymbol{z} \sim \mathcal{N}(\boldsymbol{0}, \boldsymbol{I})$。输入向量随后通过一个三层的 MLP，其隐藏单元的数量分别为 64、128、256，激活函数为 tanh 函数。最后一层是到节点特征的一个线性映射 $\boldsymbol{F} \in \mathbb{R}^{N\times T}$，随后在最后一个维度上使用 softmax 操作对它进行归一化。

教师模型/学生模型的架构

为了证明所提出的框架的有效性，我们考虑将 4 个 GNN 模型作为学生模型和教师模型，以进行深入的比较，它们分别是 GIN [211]、GCN [101]、GAT 和 GraphSAGE [73]。为了更加统一，我们对教师模型采用了 5 层以及 128 个隐藏单元的设置；对于学生模型，层数按 $l \in \{5, 3, 2, 1\}$ 逐渐递减，并按 $h \in \{128, 64, 32, 16\}$ 逐渐减小隐藏层的维度。我们使用了图分类层，首先通过对 GNN 最后一层抽取到的节点特征进行平均，以此作为图表征，然后将图表征输入 MLP。

基线

我们对比了以下基线，以证明我们所提出的框架的有效性。

- Teacher：给定的预训练模型，在蒸馏过程中作为教师模型使用。
- KD：去掉生成器，使用全部的原始数据在我们的框架上训练学生模型。
- RANDOM：生成器的参数不被更新，同时在随机初始化的噪声图上训练学生模型。
- GFKD：GFKD 利用多项式分布建模来学习用于知识蒸馏的图拓扑结构[38]，它首先使用事先训练好的教师模型生成伪图，然后使用这些伪图将知识提取到轻量的学生模型中。

实验结果

我们使用 GCN、GIN、GAT 和 GraphSAGE 共 4 个模型，在所有数据集上进行了预训练，具体配置为 5 层以及 128 个隐藏单元，最后发现 GIN 的效果最好，因此在表 7.6 中，我们采用 GIN 作为教师模型。对于所有的学生模型，我们采用了两种具有代表性的架构，它们分别是 1-128 和 5-32 架构。为了对比不同数据集的模型表现，我们计算了学生模型准确率和教师模型准确率的比例。此外，我们还计算了学生模型参数量和教师模型参数量的比例，即压缩率。

从表 7.6 中可以看出，KD 的表现非常接近甚至超过了教师模型。这是因为，KD 是数据驱动的方法，并使用和教师模型相同的数据集。这也表明 DFAD-GNN 在知识蒸馏中十分有效，因为 DFAD-GNN 使用和 KD 相同的损失函数。我们同样观察到，RANDOM 的效果最差，因为生成器在训练过程中没有更新，所以当学生模型取得进步时，生成器不会生成复杂的图，最终导致学生模型无法从教师模型中学习到足够的知识，表现一般。从表 7.6 中还可以看出，DFAD-GNN 始终优于最近的无数据方法 GFKD[38]。GFKD 利用多项式分布来对图结构进行建模，它需要一个复杂的梯度估计器来进行优化；而 DFAD-GNN 在生成器中只使用一个简单的 MLP，并在端到端训练中使用 MAE 损失。我们猜想，DFAD-GNN 之所以能够明显超越 GFKD，是因为教师模型在自己的特征空间中对原始输入图的分布特征进行了编码。在 GFKD 中简单地对图进行反转，往往会使教师模型中存储的部分分布信息发生过拟合。因此，GFKD 生成的伪图缺乏通用性和多样性。相比之下，DFAD-GNN 生成的图更有利于将教师模型的知识传递给学生模型。

就稳定性而言，从表 7.6 可以看到，在所有的数据集上，DFAD-GNN 预测结果的标准差是最小的，这说明我们的模型能取得相对稳定的预测结果。

对于学生模型，我们发现表现最好的架构是 GIN，因为 GIN 可以区分一些 GCN、GAT 和 GraphSAGE 无法分辨的图，如同构图。

另一个有趣的现象是，压缩模型的表现并不一定比复杂模型差。从表 7.6 中可以看出，一个采用 5-32 架构的压缩学生模型的表现并不一定比采用 1-128 架构的模型差。因此，我们推测学生模型的表现也许和模型压缩程度没有明显的关系，这还需要进一步的调查。

表 7.6 DFAD-GNN 与其他 4 个模型在三个数据集上的测试准确率（%）。GIN-5-128 是指配置为 5 层以及 128 个隐藏单元的 GIN。学生模型下的 ($6.7\% \times m$) 指的是学生模型参数量占教师模型参数量的比例，其中 m 是教师模型的参数量。DFAD-GNN 下的 ($90.8\% \times t$) 指的是学生模型准确率与教师模型准确率的比例，t 指的是教师模型的准确率。

数据集	MUTAG		PTC_MR		PROTEINS	
教师模型	GIN-5-128 96.7±3.7		GIN-5-128 75.0±3.5		GIN-5-128 78.3±2.9	
学生模型	GIN-5-32 ($6.7\% \times m$)	GIN-1-128 ($20.6\% \times m$)	GIN-5-32 ($6.7\% \times m$)	GIN-1-128 ($20.6\% \times m$)	GIN-5-32 ($6.7\% \times m$)	GIN-1-128 ($20.6\% \times m$)
KD	96.7±5.1	95.3±4.6	76.6±5.9	77.0±8.1	76.0±5.1	78.8±3.2
RANDOM	67.9±8.0	62.9±8.5	60.1±9.1	61.0±8.5	60.8±9.4	60.2±9.2
GFKD	77.8±11.1	72.6±10.4	65.2±7.7	62.1±7.0	61.3±4.0	62.5±3.6
DFAD-GNN	**87.8±6.9** ($90.8\% \times t$)	**85.6±6.7** ($88.5\% \times t$)	**71.0±3.1** ($94.7\% \times t$)	**69.7±3.5** ($92.9\% \times t$)	**70.0±4.2** ($89.4\% \times t$)	**69.9±5.3** ($89.3\% \times t$)
学生模型	GCN-5-32 ($3.3\% \times m$)	GCN-1-128 ($10.6\% \times m$)	GCN-5-32 ($3.3\% \times m$)	GCN-1-128 ($10.6\% \times m$)	GCN-5-32 ($3.3\% \times m$)	GCN-1-128 ($10.6\% \times m$)
KD	86.7±9.4	82.2±10.2	70.9±7.3	70.0±6.9	74.5±3.8	75.5±4.0
RANDOM	58.9±19.3	55.6±21.1	59.4±10.1	55.6±8.1	59.2±8.4	57.9±8.0
GFKD	70.0±11.2	69.1±10.3	65.0±8.2	61.9±8.5	62.9±7.7	61.4±8.8
DFAD-GNN	**74.1±9.3** ($76.2\% \times t$)	**76.4±8.8** ($79.0\% \times t$)	**67.7±2.9** ($90.3\% \times t$)	**67.9±3.5** ($90.5\% \times t$)	**67.2±5.0** ($85.8\% \times t$)	**65.7±3.7** ($83.9\% \times t$)
学生模型	GAT-5-32 ($164.6\% \times m$)	GAT-1-128 ($84.5\% \times m$)	GAT-5-32 ($164.6\% \times m$)	GAT-1-128 ($84.5\% \times m$)	GAT-5-32 ($164.6\% \times m$)	GAT-1-128 ($84.5\% \times m$)
KD	87.8±8.9	82.2±10.2	73.2±5.5	69.7±6.8	76.6±3.4	74.5±4.6
RANDOM	63.9±17.3	57.5±20.3	60.0±7.1	59.4±6.7	59.8±6.4	60.6±5.6
GFKD	72.5±13.8	70.4±11.9	63.2±6.5	62.7±7.0	62.2±6.8	62.8±7.9
DFAD-GNN	**76.9±6.9** ($79.5\% \times t$)	**77.3±5.9** ($79.9\% \times t$)	**66.4±3.9** ($88.5\% \times t$)	**68.0±4.7** ($90.7\% \times t$)	**67.8±4.9** ($86.6\% \times t$)	**66.0±4.7** ($84.3\% \times t$)
学生模型	GraphSAGE -5-32 ($5.9\% \times m$)	GraphSAGE -1-128 ($11.1\% \times m$)	GraphSAGE -5-32 ($5.9\% \times m$)	GraphSAGE -1-128 ($11.1\% \times m$)	GraphSAGE -5-32 ($5.9\% \times m$)	GraphSAGE -1-128 ($11.1\% \times m$)
KD	87.8±12.1	82.8±9.8	75.6±5.3	70.3±6.6	76.3±3.5	75.7±4.5
RANDOM	62.2±17.4	57.8±22.7	61.1±7.0	59.9±6.9	57.4±8.5	55.7±6.3
GFKD	67.7±12.9	68.1±12.1	62.5±5.9	63.0±6.6	63.3±7.7	61.8±7.9
DFAD-GNN	**76.5±7.3** ($79.1\% \times t$)	**75.9±6.5** ($78.5\% \times t$)	**66.9±3.7** ($89.2\% \times t$)	**67.5±3.9** ($90.0\% \times t$)	**69.0±6.1** ($88.1\% \times t$)	**67.8±5.4** ($86.6\% \times t$)

7.5 本章小结

无论是从提高效率还是从保护数据隐私的动机出发，提升任意 GNN 模型的性能都是十分具有挑战性的任务。在本章中，我们介绍了三种知识蒸馏（KD）框架来解决这些挑战，它们分别着重于学生模型、温度自适应和知识蒸馏的数据缺失问题。具体来说，我们引入了一个名为 CPF 的先验知识蒸馏框架，它通过专门设计一个具有先验知识增强的学生模型来增强任意的 GNN 模型。随后，我们介绍了一个温度自适应的 KD 框架，名为 LTD，它能够通过学习蒸馏温度来提升蒸馏性能。最后，我们介绍了一个无数据对抗的 KD 框架，名为 DFAD-GNN，它能够帮助我们在无教师模型训练数据的情况下进行蒸馏。我们的实验验证了这些方法在多个 GNN 模型上的有效性。

至于未来的工作，建议探索图神经网络蒸馏的其他任务，如聚类和链接预测等，并使用知识蒸馏来分析图神经网络的可解释性。

7.6 扩展阅读

图神经网络知识蒸馏的相关研究正在快速演变，如果想更全面地了解知识蒸馏，可以阅读参考文献 [65]，其中提供了知识蒸馏方向的概述。如果想了解更多使用知识蒸馏提升任意 GNN 模型表现和效率的工作，可以阅读以下参考文献。

在提升模型效率方面，参考文献 [216] 提出了一个局部结构保存模块，旨在将嵌入的拓扑结构从深层的 GCN 蒸馏到浅层的 GCN；参考文献 [214] 设计了一个对等感知模块来帮助学生模型探索隐藏在蒸馏过程中的高阶聚合里的丰富的结构信息；参考文献 [95] 设计了一种基于梯度的拓扑语义来对齐损失，还设计了一个可精简的图卷积层来支持从多样化的教师模型中进行蒸馏；受参考文献 [215] 的启发，参考文献 [234] 使用一个蒸馏过的 MLP 来避免图依赖问题，并实现推理的加速。

在提升模型表现方面，参考文献 [236] 同时考虑了节点稳定性和边稳定性，以便在蒸馏过程中避免不稳定的信息；参考文献 [26] 提出了一个多层自蒸馏的框架来保留连续层的高差异性，以减轻过平滑的问题；参考文献 [235] 设计了一个感受域感知（reception-aware）的解耦 GNN 模型，并集成了多个学生模型，还构建了一个强大的教师模型用于在线蒸馏。

第 8 章　图神经网络平台和实践

图神经网络（GNN）已被广泛应用于结构化数据分析。然而，大多数经典的深度学习平台，如 PyTorch 和 TensorFlow，对稀疏矩阵的操作支持不足，导致构建 GNN 的效率不高。为此，人们设计了一些 GNN 平台来解决这些问题。本章将对一些成熟的 GNN 平台及其特点进行描述，并介绍一个支持多后端的图学习平台 GammaGL，GammaGL 可以利用同样的代码来同时支持 TensorFlow、PyTorch、PaddlePaddle 和 MindSpore 共 4 个后端。最后，本章将给出 GammaGL 的实践演示。

8.1　引言

近年来，深度学习的快速发展得益于一些高效、易用的深度学习平台（如 TensorFlow [1] 和 PyTorch [147]）。然而，图是一种不规则且复杂的数据。这些平台没有合适的数据结构来存储和处理图。深度学习平台中的计算通常是针对稠密张量的计算，但图的邻接矩阵通常是稀疏的。而有关图的小批量训练通常涉及图的切分，这在深度学习平台上想要实现是很不方便的。因此，用户很难利用传统的深度学习平台来简捷、高效地实现 GNN 模型，这给 GNN 的研究带来诸多不便。

深度学习平台的局限性阻碍了 GNN 的发展。为了解决这一局限性，人们开发了基于深度学习平台的 GNN 平台。例如，DGL [189] 是一个支持 PyTorch、TensorFlow 和 MXNet 的 GNN 平台，它采用以图作为中心的编程设计思想来优化 GNN 计算，而这对用户来说是透明的，用户无须理解框架底层的实现细节，但需要实现不同的代码以兼容不同的后端。以 PyTroch 为后端的 PyG [49] 通过专用的 CUDA 内核实现了高性能，并且提供以张量为中心的应用程序接口（Application Program Interface，API），将图“分解”为几个关键的张量，但 PyG 只支持 PyTorch 一个后端。

本章将介绍 GammaGL，这是一个由 BUPT GAMMA 实验室开发的新型 GNN 平台。它只需要使用一套代码，就可以实现对多个深度学习平台的支持。用户可以从 TensorFlow、PyTorch、PaddlePaddle 和 MindSpore 中选择自己需要的后端。GammaGL 也使用以张量为中心的 API，熟悉 PyG 的用户很快就能上手 GammaGL。本章将通过三个经典的 GNN 模型（GIN [211]、GraphSAGE [73] 和 HAN [196]）来介绍 GammaGL 的基本用法。

8.2 基础知识

本节将首先介绍深度学习平台。深度学习平台促进了许多相关算法的发展，但它并没有很好地支持 GNN。因此，建立在深度学习平台之上的 GNN 平台应运而生。随后，本节将介绍 GNN 平台。

8.2.1 深度学习平台

深度学习平台为用户提供了开发和部署深度学习算法的工具。深度学习平台可以支持数据的管理和处理，自动微分，以及模型的训练和部署。它们通常支持借助 GPU 设备来加速和优化计算，如矩阵乘法。下面介绍一些已经得到广泛使用的平台，如 TensorFlow、PyTorch、PaddlePaddle 和 MindSpore，以及一个兼容多个深度学习平台的框架 TensorLayerX [105]。

TensorFlow

TensorFlow [1] 是一个端到端的开源深度学习平台。它最初由 Google Brain 团队开发，用于机器学习和深度神经网络的研究。TensorFlow 于 2015 年发布，此后出现了数百万种基于 TensorFlow 进行人工智能研究的算法。虽然最初版本的 TensorFlow 由于采用静态计算图作为优化方法而被认为不够灵活，但其方便的可视化工具（TensorBoard）、良好的可移植性和高效率，使得 TensorFlow 在商业应用中仍然受到青睐。TensorFlow 2.0 于 2019 年发布，自此，TensorFlow 将动态计算图作为默认优化方法。如今，TensorFlow 提供了稳定的 Python、C++ API 以及 JavaScript API 等。此外，TensorFlow 还提供了全面、灵活的工具、库和社区资源，这方便了研究人员推动机器学习（Machine Learning，ML）技术不断向前发展，也让开发者能够轻松地建立和部署 ML 驱动的应用程序。TensorFlow 已被广泛应用于各个领域。

初学者可能会对 TensorFlow 中执行模式的概念感到困惑。执行模式决定了自动微分和其他基本操作的执行方式。TensorFlow 提供了两种可替换的模式：eager 模式和 graph 模式。在 eager 模式下，用户可以迅捷地运行程序，这意味着那些 TensorFlow 操作是由 Python 执行的，逐个操作并将结果返回给 Python。在这种模式下，各个操作类似于正常的 Python 程序，使用起来更灵活，也更容易调试。而在 graph 模式下，所有的 TensorFlow 操作将首先被转换为一个计算图，然后根据这个计算图进行张量计算。这种模式可以在 Python 之外进行移植，并倾向于提供更好的性能和效率。用户可以通过执行 tf.function 从 eager 模式切换到 graph 模式。

TensorFlow 具有以下特点。

- **可替换的训练策略**。TensorFlow 提供了多层的抽象，因此用户可以选择合适的层次来平衡开发成本和模型性能。对于 TensorFlow 和机器学习的初学者，高层次的 API（如

Keras 和预制估计器）能帮助他们简单、快速地建立和训练模型。同时，对于实际应用中的大型学习任务，TensorFlow 提供了用于分布式训练的 Distribution Strategy API，以自动适应不同的硬件（从 CPU、GPU 到 TPU）配置，而无须修改模型的定义。

- **部署方便**。TensorFlow 提供了一条直接、鲁棒的生产流水线。由于其良好的可移植性，无论你使用什么编程语言或平台，也无论是在服务器、边缘设备上，还是在网络中，使用 TensorFlow 训练和部署模型都很容易。TensorFlow Extended（TFX）可以用于设计一条完整的 ML 生产流水线，TensorFlow Lite 可以用于移动和边缘设备上的运行推理，TensorFlow.js 可以用于在浏览器和节点服务器上训练和部署模型。此外，TensorFlow 还支持与其他编程语言的兼容，包括 C、Java、Go、C#、Rust、R 等。
- **强大的研究支持**。TensorFlow 可以很容易地将新想法的概念转换为代码、模型直到发表。Keras Functional API 和 Model Subclassing API 允许创建复杂的拓扑结构，包括使用残差层、自定义多输入输出模型以及必须编写的前向传递。为了获得更多的灵活性和控制，底层的 TensorFlow API 总是可用的，并与高层的抽象结合起来工作，以实现完全可定制的逻辑。此外，TensorFlow 还为研究人员提供了一个强大的可视化工具包和调试器——TensorBoard。

图 8.1 给出了 TensorFlow 2.0 中 API 的方案图。

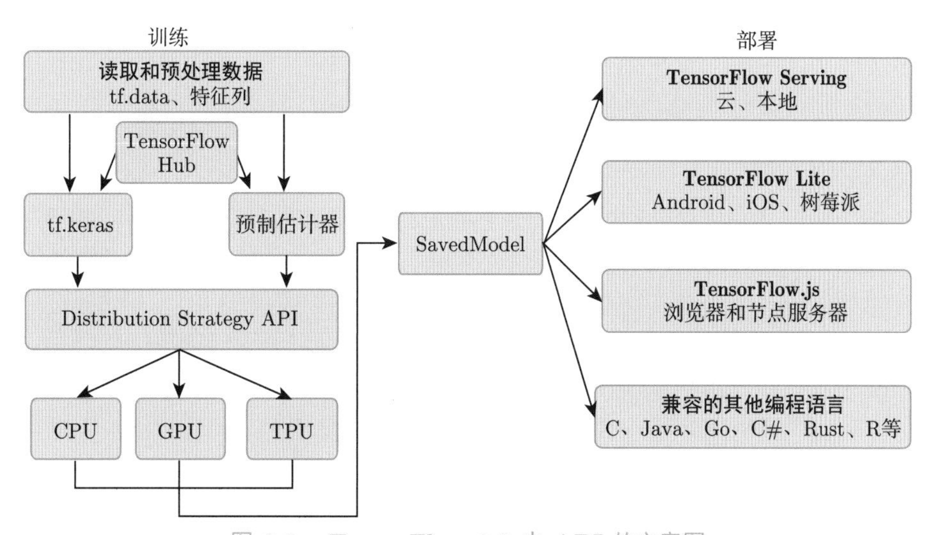

图 8.1 TensorFlow 2.0 中 API 的方案图

PyTorch

PyTorch 是一个基于 Torch 库的开源机器学习平台，主要由 Facebook's AI Research（FAIR）实验室开发。由于提供了用户友好的前端、分布式训练以及包含工具和库的生态系统，研究人员和开发人员可以使用它进行快速、灵活的实验和高效的生产。

PyTorch 设计的张量计算（和 NumPy 类似）可以通过 GPU 进行加速。因为使用了动态计算图，并且完全是 Python 风格的，所以 PyTorch 允许科学家、开发人员和神经网络调试员实时运行和测试部分代码。用户可以在实现代码的同时检查代码的正确性。

PyTorch 具有以下特点。

- **生产就绪**。PyTorch 在 TorchScript 的 eager 模式下提供了易用性和灵活性，同时在 C++ 运行环境中可以无缝过渡到 graph 模式，以实现加速、优化和多功能化。PyTorch 在 eager 模式和 graph 模式之间是无缝过渡的。PyTorch 通过 TorchServe 加速了生产路径，TorchServe 是一个易于使用的工具，用于大规模部署 PyTorch 模型。PyTorch 支持集体操作的异步执行，以及 Python 和 C++ 都能访问的点对点通信。
- **鲁棒的生态系统**。许多研究人员和开发人员已经建立了一个活跃的社区，这为扩展 PyTorch 的工具和库提供了一个丰富的生态系统。更多的研究人员和开发人员正在使用 PyTorch 进行大规模训练，并在生产规模的环境中运行模型。
- **动态神经网络**。PyTorch 是第一个使用动态计算图的深度学习平台。它采取录制并播放一个磁带录音机的方式构建神经网络，这指的是在动态图计算中，PyTorch 会记录所有操作，以构建计算图并进行反向传播，就像重放录音机一样，记录并重现了所有操作。PyTorch 使用了一种名为反向模式自动微分的技术，它允许用户以零滞后、零开销的方式改变任意网络。

PaddlePaddle

PaddlePaddle 是由百度开发的用于研究和应用的深度学习平台。它是我国第一个独立研发的深度学习平台，集成了深度学习核心训练推理平台、基础模型库、端到端开发包和丰富的工具组件。

PaddlePaddle 具有以下特点。

- **易于开发**。PaddlePaddle 有一个易学易用的接口和一个高效的内部核心架构。PaddlePaddle 同时兼容命令式和声明式编程范式。它还实现了业内第一个动态和静态的统一编程范式。
- **超大规模的深度学习模型**。PaddlePaddle 突破了超大规模深度学习模型的训练技术。它率先拥有了用分布在数百个节点上的数据源，并行训练 1000 亿个特征和数万亿个参数的能力。PaddlePaddle 还解决了超大规模深度学习模型的在线学习和部署难题。
- **同时支持动态图和静态图**。PaddlePaddle 为用户提供了动态图和静态图两种计算图。动态图构建网络更灵活，网络调试更方便；静态图部署更容易，应用更高效。

MindSpore

MindSpore 是新一代的深度学习平台，它融合了业内的最佳实践。MindSpore 体现了 Ascend AI 处理器的计算能力，并支持灵活的跨设备–边缘–云的全场景部署。MindSpore 创造了一种全新的人工智能编程范式，降低了人工智能开发的门槛。MindSpore 由华为于 2019 年 8 月推出，并于 2020 年 3 月 28 日正式开放源代码，旨在实现轻松开发、高效执行、全场景覆盖。

MindSpore 具有以下特点。

- **自动微分**。为了便于开发，MindSpore 采用了基于源代码转换（Source Code Transformation，SCT）的自动微分（Automatic Differentiation，AD）机制，它可以通过控制流来表示复杂的组合。一个函数被转换为一个中间表示（Intermediate Representation，IR），这构建了一个可以解析并在设备上执行的计算图。在执行之前，MindSpore 会在计算图中使用多种软硬件协作优化技术，以提高设备、边缘、云端等各种场景下的性能和效率。
- **动态图**。MindSpore 支持动态图，而没有引入额外的 AD 机制（如操作者重载 AD 机制）。这使得动态图和静态图之间的兼容性得到了极大增强。
- **自动并行化**。为了有效地在大数据集上训练大模型，MindSpore 通过先进的手动配置策略支持数据并行、模型并行和混合并行训练。此外，MindSpore 还支持自动并行化，以便在大的策略空间中有效地搜索快速并行策略。
- **设备–云协作体系**。MindSpore 旨在建立一个涵盖从设备端到云端所有场景的人工智能平台。MindSpore 具备“设备–云”协作能力，其中包括模型优化、设备上推理和设备–云协作学习。

TensorLayerX

TensorLayerX 是专为研究人员和工程师设计的深度学习库，它兼容 TensorFlow、MindSpore、PaddlePaddle、PyTorch 等多个深度学习平台，允许用户在不同硬件上运行代码，如 Nvidia-GPU 和 Huawei-Ascend，支持混合框架编程。它还提供了流行的深度学习模块和表示学习模块，你可以轻松地定制和组装这些模块以解决现实世界的机器学习问题。TensorLayerX 由来自北京大学、伦敦帝国理工学院、普林斯顿大学、斯坦福大学、清华大学、爱丁堡大学和鹏城实验室的研究人员维护。

TensorLayerX 具有以下特点。

- **高效的兼容性**。TensorLayerX 是使用纯 Python 代码开发的。TensorLayerX 通过封装多个后端以及兼容多个平台的 Python 接口，为深度学习开发提供了统一的 API。然后，各个后端框架的底层程序负责调用硬件计算，使开发者可以不受后端框架和硬件平台的限制，进行深度学习开发。在这个过程中，几乎没有计算性能损失。

- **易于使用**。首先，TensorLayerX 采用主流的 AI 框架和芯片，可以有效降低学习成本。其次，TensorLayerX 的开发范式是面向对象的，所有层和模型都是通过继承和重写 nn.Module 类来定义的。底层是 tlx.ops，它封装了各种后端框架的基本张量操作。在此基础上，通过重写 nn.Module 类，TensorLayerX 封装了许多常用的神经网络层和模块，开发者可以轻松地编写自己的算法。最后，TensorLayerX 在设计上考虑了简捷的训练过程和自定义的训练过程。用户既可以使用封装的 model.train()方法进行模型的训练，也可以使用循环的方式精确地控制训练过程中的每一步。
- **鲁棒的生态系统**。TensorLayerX 不仅仅是一个框架，而且是一个由开源产品、开源社区、开源活动组成的深度学习平台，它们从多个方面构成了 TensorLayerX 的开源生态。TensorLayerX 拥有众多衍生产品，其中包括涵盖了计算机视觉、自然语言处理和其他领域各种常见神经网络算法的 TLXZOO 算法库，旨在方便开发者复用，以及集成了最有用的强化学习算法、框架和应用程序的强化学习工具包 RLZOO。

8.2.2 图神经网络平台

如你所见，深度学习平台已经十分优秀。然而，在深度学习平台上应用 GNN 仍然面临很多挑战。图数据通常可以表示为具有关联特征的邻接矩阵，但深度学习平台没有提供合适的数据结构来存储和处理它们。图的邻接矩阵通常是稀疏的，但深度学习平台中的计算通常是针对稠密张量的计算。在 GNN 中，由于数据依赖问题，涉及图切片的小批量训练很难用深度学习平台来实现。因此近年来，人们构建了 GNN 平台以提供简洁的编程接口。随着 GNN 平台的快速发展，它们的功能越来越完善，应用越来越广泛。下面介绍 DGL 和 PyG 这两个成熟的 GNN 平台。

DGL

DGL（Deep Graph Library）是专为图深度学习设计的 Python 包，具有易用、性能好、可扩展等特点。DGL 由 Amazon Web Services AI Shanghai Lablet、Amazon Web Services Machine Learning、NVIDIA、纽约大学共同开发和维护。目前，GNN 的开发人员和研究人员已经开始广泛使用 DGL。

DGL 采用与框架无关的设计，这意味着如果模型是端到端应用程序的一个组件，则其他的逻辑就可以在任何主要的框架中实现，如 PyTorch、MXNet 或 TensorFlow。

如图 8.2 所示，DGL 支持以图为中心，开发各种神经网络模块。研究人员可以根据友好的消息传递范式，轻松、高效地实现图模型。DGL 还支持多 GPU 采样和训练，以方便更多的研究人员和开发人员使用。

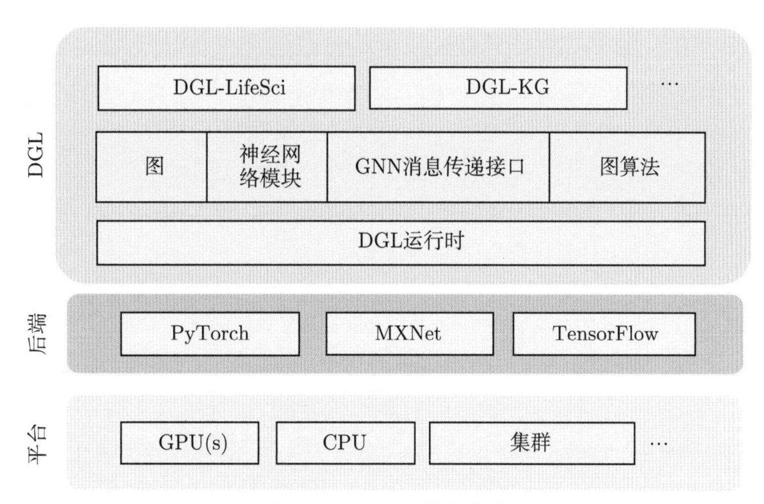

图 8.2 DGL 平台概览

DGL 具有以下特点。

- **框架无关**。DGL 支持多个后端。用户可以从 PyTorch、TensorFlow 和 MXNet 中选择自己喜欢的后端，并且可以在短时间内习惯 DGL。
- **支持 GPU**。DGL 提供了一个强大的可以传递给 CPU 或 GPU 的图对象。它将图数据和特征结合在一起，用户可以轻松地对它们进行操作。更重要的是，DGL 提供了各种函数来高效地使用 GNN 计算图数据。
- **为 GNN 的研究人员和开发人员提供多功能工具**。DGL 提供了 DGL-Go——一个命令行界面，它可以用于训练、使用和研究著名的 GNN 模型。DGL 从各个领域收集了许多模型，因此研究人员可以索引这些模型并将它们用作实验的基线。此外，DGL 还提供了许多先进的 GNN 层和模块来构建新模型。
- **可扩展且高效**。DGL 现在支持使用多个 GPU 和多台机器在大规模图上进行采样或训练。它可以优化整个堆栈以减少通信、内存和同步方面的消耗。因此，DGL 现在可以扩展到十亿节点大小的图。

已有许多团队使用 DGL 开发了各个领域的优秀项目，例如：

- **DGL-LifeSci**[113] ——一个基于 DGL 的软件包，用于 GNN 在生命科学中的各种应用；
- **DGL-KE**[246] ——一个基于 DGL 的软件包，用于学习大规模知识图谱嵌入；
- **OpenHGNN** ——一个基于 DGL 的 HGNN（异质图神经网络）基准测试和模型族。

PyG

PyG（PyTorch Geometric）是一个基于 PyTorch 构建的库，旨在让你能够轻松地编写和训练图神经网络（GNN），主要用在与结构化数据相关的广泛应用中。PyTorch 由于其动态图编程特性，在学术研究中越来越占主导地位，PyG 继承了 PyTorch 的这一优势。

对于那些熟悉 PyTorch 的初学者来说，PyG 会很友好，因为 PyG 采用以 Tensor 为中心的 API，设计原则接近原生的 PyTorch。此外，PyG 还提供了多种对图和其他不规则结构进行深度学习的方法，称为几何深度学习。对于图上的大型学习任务，PyG 提供了在大量子图和单个大图上易于使用的小批量加载器，以及成熟的用于多 GPU 训练的分布式策略 API。PyG 还提供了大量的通用基准数据集和 GraphGym 实验管理器来帮助研究人员复现 GNN 实验。

如图 8.3 所示，PyG 提供了一个多层框架，旨在使用户能够从中选择一个合适的框架。Engine 层采用 PyTorch 作为底层深度学习框架并使用一些高效的 CUDA 库来处理稀疏数据。Storage 层负责数据的处理、转换以及加载流水线，并且提供了小批量处理 API 和各种图采样 API 来处理大规模数据。Operator 层主要关注 GNN 部分、消息传递算法和其他一些基本图算法，包括聚类、池化和规范化。Models 层提供了大量示例，展示了标准图基准上的 GNN 模型。

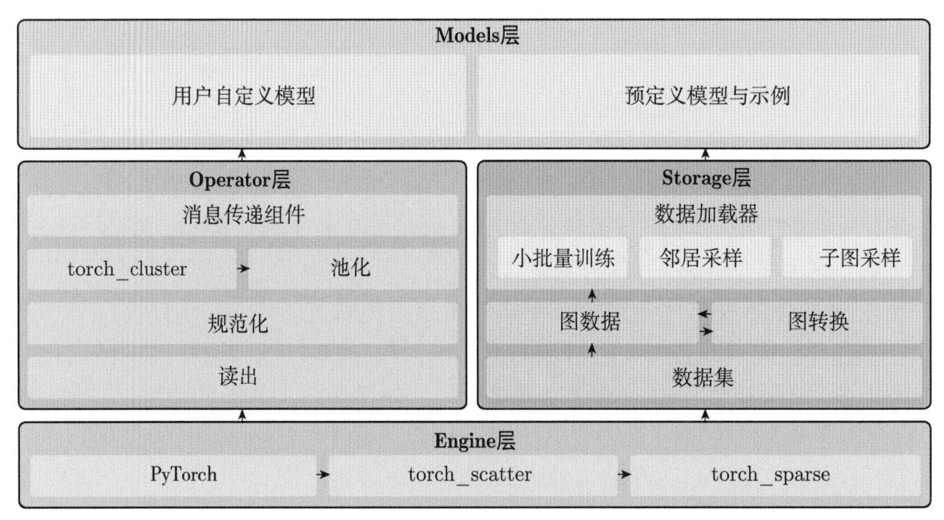

图 8.3 PyG 平台概览

PyG 具有以下特点。

- **以张量为中心的 API**。以张量为中心意味着 PyG 不将图数据视为一个整体，而将图“分解”为三个关键张量——edge_index、node_feat 和 edge_feat。PyG 使用以张量为中心的 API，并保持设计原则接近原生的 PyTorch，因此对于那些已经熟悉 PyTorch 的用户来说，PyG 会很友好。以张量为中心的编程模式使得构建 GNN

模型变得更加容易和自由，但更难处理具有复杂结构的图。

- **真实世界的数据集和维护良好的 GNN 模型支持**。PyG 提供了大量真实世界的数据集，从引文网络到生物信息网络。此外，大多数先进的 GNN 已经由库开发人员或研究论文的作者实现并准备好加以应用。
- **GraphGym 集成**。GraphGym [224] 使用户能够轻松复现 GNN 实验，它可以启动和分析数千种不同的 GNN 配置。用户可以通过将模块注册到 GNN 学习流水线来自定义模块。

8.2.3 GammaGL 平台

前面已经介绍了两个成熟的 GNN 平台。GNN 的发展仍然缺乏基于统一深度学习框架的算法库，以降低与不同学习框架相关的成本。BUPT GAMMA 实验室的 GammaGL 就是为了应对这样的困境而开发的。

GammaGL（Gamma Graph Library）是一个基于多后端 AI 框架 TensorLayerX 的多后端图学习库，支持 TensorFlow、PyTorch、PaddlePaddle、MindSpore 共 4 个后端。

如图 8.4 所示，GammaGL 借鉴了 PyG 并采用了相似的设计理念。图数据的存储与查

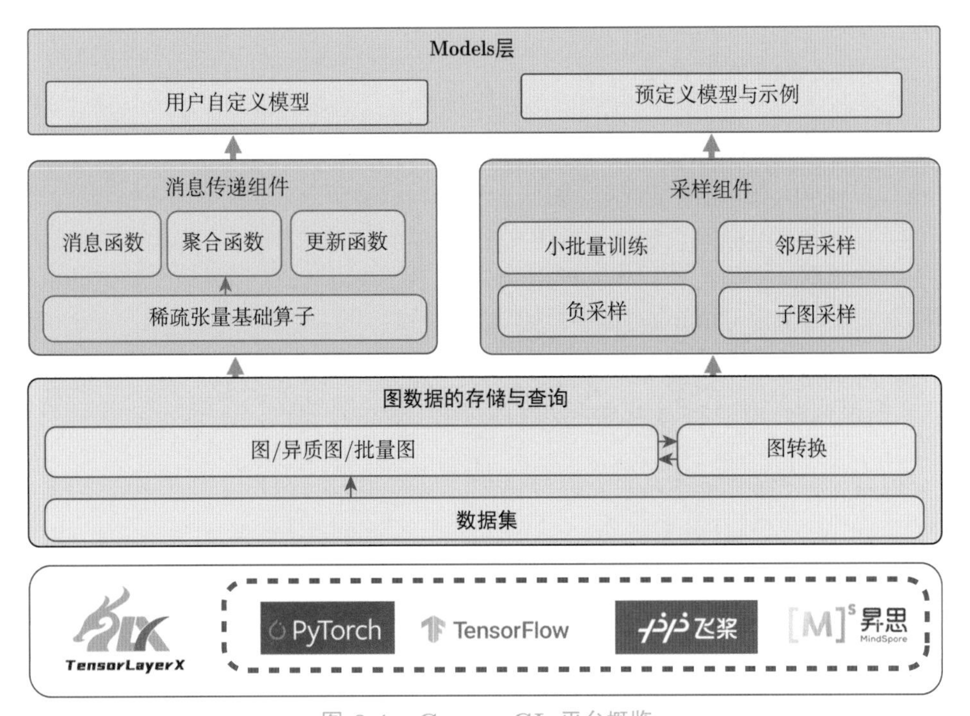

图 8.4 GammaGL 平台概览

询组件负责图数据的抽象、数据集管理和图转换，并为上层接口提供存储和查询功能。消息传递组件利用 TensorLayerX 中提供的操作实现了底层算法。采样组件定义了常用的图采样 API，如小批量训练、邻居采样等。在 Models 层，GammaGL 也提供了主流 GNN 的示例实现。GammaGL 作为实现几何深度学习的替代方案，适用于那些熟悉任何后端并且更喜欢以张量为中心的编程模式（如 PyG）的用户。

GammaGL 具有以下特点。

- **多后端支持**。GammaGL 支持多种深度学习后端，包括 TensorFlow、PyTorch、PaddlePaddle 和 MindSpore。与 DGL 的框架无关不同，GammaGL 中的多后端支持比 DGL 中的多后端支持更加强大和方便。
- **和 PyG 相似**。遵循与 PyG 相同的设计理念，GammaGL 使用以张量为中心的 API，使用以张量为中心的 API 来定义自己的消息传递机制会更加灵活。此外，对于熟悉 PyG 的用户来说，GammaGL 会很友好。

DGL 利用 DLPack 在不同的深度学习框架之间共享张量结构，这使得整个端到端的 GNN 模型框架是透明的（主要包括 DGL 图上的查询和计算）。一个完整的 GNN 应用通常涉及加载数据集、构建层和模型，以及构造训练器，其中大部分需要使用 DGL 中特定的框架。例如，当从 PyTorch 切换到 TensorFlow 时，就需要修改代码，这涉及：

（1）模型类的继承（比如将 torch.nn.Module 替换为 tensorflow.keras.layer.Layer）；

（2）子模块和参数的初始化；

（3）具体的算子（比如用 tensorflow.matmul 替换 torch.matmul）。

为了进一步简化，GammaGL 采用 TensorLayerX 来实现多后端支持，上述代码改动在 TensorLayerX 中已经做出了调整。因此，同一套代码可以在不做任何额外修改的情况下应用于不同的深度学习框架。此外，考虑到用户对特定后端的偏好，GammaGL 还允许用户直接使用特定框架中的特殊操作，即混合使用 TensorLayerX 和另一个特定的框架。这里有两种方法可以指定 GammaGL 中代码实现的后端。

```
# Specify backend in command line
TL_BACKEND=paddle python gcn_trainer.py

# Or specify backend in python program
import os
os.environ['TL_BACKEND'] = 'paddle'  # TensorFlow、PyTorch、MindSpore
```

GammaGL 采用以张量为中心的 API，将整个图的表示分解为不同的张量，因而更加灵活。基本上，PyG 的大部分实现可以通过将后端更改为 TensorLayerX 来简单地转换为 GammaGL。下面的例子使用 PyG 和 GammaGL 的图注意力网络 [185] 层的代码实现说明了这一点。

```
# GammaGL implementation
import os
# set your backend here, default 'tensorflow'
os.environ['TL_BACKEND'] = 'paddle'
import tensorlayerx as tlx
from tensorlayerx.nn import ELU, Linear, LeakyReLU
from gammagl.layers.conv import MessagePassing
from gammagl.utils import segment_softmax

class GATLayer(MessagePassing):
    def __init__(self, in_dim, out_dim):
        super().__init__()
        self.fc = Linear(out_features=out_dim, in_features=in_dim)
        self.attn_fc_src = Linear(out_features=1, in_features=in_dim)
        self.attn_fc_dst = Linear(out_features=1, in_features=in_dim)
        self.leaky_relu = LeakyReLU()

    def message(self, h, edge_index):
        node_src = edge_index[0, :]
        node_dst = edge_index[1, :]
        weight_src = tlx.gather(self.attn_fc_src(h), node_src)
        weight_dst = tlx.gather(self.attn_fc_dst(h), node_dst)
        weight = self.leaky_relu(weight_src + weight_dst)
        alpha = segment_softmax(weight, node_dst)
        h = tlx.gather(h, node_src) * tlx.expand_dims(alpha, -1)
        return h

    def forward(self, h, edge_index):
        h = self.fc(h)
        h = self.propagate(edge_index=edge_index, x=h)
        return h

# PyTorch implementation
import torch as th
from torch.nn import ELU, Linear, LeakyReLU
from torch_geometric.nn.conv import MessagePassing
from torch_geometric.utils import softmax as segment_softmax

class GATLayer(MessagePassing):
    def __init__(self, in_dim, out_dim):
```

```
        super().__init__()
        self.fc = Linear(out_features=out_dim, in_features=in_dim)
        self.attn_fc_src = Linear(out_features=1, in_features=in_dim)
        self.attn_fc_dst = Linear(out_features=1, in_features=in_dim)
        self.leaky_relu = LeakyReLU()

    def message(self, h, edge_index):
        node_src = edge_index[0, :]
        node_dst = edge_index[1, :]
        weight_src = th.gather(self.attn_fc_src(h), node_src)
        weight_dst = th.gather(self.attn_fc_dst(h), node_dst)
        weight = self.leaky_relu(weight_src + weight_dst)
        alpha = segment_softmax(weight, node_dst)
        h = th.gather(h, node_src) * th.unsqueeze(alpha, -1)
        return h

    def forward(self, h, edge_index):
        h = self.fc(h)
        h = self.propagate(edge_index=edge_index, x=h)
        return h
```

8.3 图神经网络在 GammaGL 上的实践

图上有很多应用，如节点级任务、边级任务和图级任务。在图上应用 GNN 是最流行的方式，本节将介绍如何使用 GammaGL 来实现 GNN 以及展示如何在实践中构建基于 GammaGL 的 GNN 模型，具体如下。

- 创建自己的图：8.3.1 节将介绍如何在 GammaGL 中创建一个 Graph 对象，以及如何构建 gammagl.data.InMemoryDataset 对象。
- 创建消息传递网络：8.3.2 节将展示如何实现消息传递层并提供一个实例。
- 高级小批量：8.3.3 节将介绍如何将多个图存储到单个 Graph 对象中以用于图级任务。
- 实践：8.3.4 节 ~8.3.6 节给出了三个模型——GIN、GraphSAGE 和 HAN [196] 的实现。

8.3.1 创建自己的图

为了更好地介绍图神经网络在 GammaGL 上的实践，下面首先介绍 GammaGL 中的数据结构和数据处理。图用于对对象（节点）之间的成对关系（边）进行建模。GammaGL

中的图由 gammagl.data.Graph 的实例描述，它具有以下属性。

Graph.x：形状为 [num_nodes, num_node_features] 的节点特征矩阵。

Graph.edge_index：COO 格式的图连通性，形状为 [2, num_edges]，类型为 int64。

Graph.edge_attr：形状为 [num_edges, num_edge_features] 的边特征矩阵。

接下来，我们将给出一个用 GammaGL 创建的具有 3 个节点和 2 条边的图（见图 8.5），其中的每个节点只包含一维特征。

```
import tensorlayerx as tlx
from gammagl.data import Graph

edge_index = tlx.convert_to_tensor([[0, 1, 1, 2],
                                    [1, 0, 2, 1]], dtype=tlx.int64)
x = tlx.convert_to_tensor([[-1], [0], [1]], dtype=tlx.float32)

graph = Graph(x=x, edge_index=edge_index)
>>> Graph(edge_index=[2, 4], x=[3, 1])
```

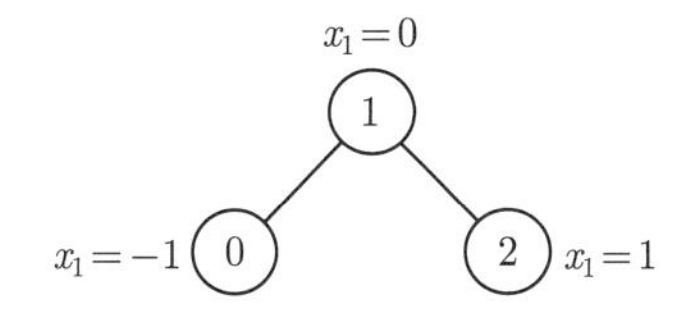

图 8.5 使用 GammaGL 创建的一个图

GammaGL 已经预先处理并集成了一些图数据集。如果想自定义一个图数据集，则应该先覆盖 gammagl.data.InMemoryDataset。主要处理过程发生在 process() 的主体中。GammaGL 将读取、创建 Graph 对象列表，并在保存之前通过 gammagl.data.InMemoryDataset.collate() 将它们整理成一个很大的 Graph 对象。

下面给出一个简化的例子。

```
import tensorlayerx as tlx
from gammagl.data import InMemoryDataset, download_url

class MyOwnDataset(InMemoryDataset):
    def __init__(self, root, transform=None, pre_transform=None,
                 pre_filter=None):
        super().__init__(root, transform, pre_transform, pre_filter)
        self.data, self.slices = self.load_data(self.processed_paths[0])
```

```
    @property
    def raw_file_names(self):
        return ['some_file_1', 'some_file_2', ...]

    @property
    def processed_file_names(self):
        return tlx.BACKEND + '_data.pt'

    def download(self):
        # Download to 'self.raw_dir'.
        download_url(url, self.raw_dir)
        ...

    def process(self):
        # Read data into huge 'Data' list.
        data_list = [...]
        if self.pre_filter is not None:
            data_list = [data for data in data_list if
                         self.pre_filter(data)]
        if self.pre_transform is not None:
            data_list = [self.pre_transform(data)
                         for data in data_list]

        data, slices = self.collate(data_list)
        self.save_data((data, slices), self.processed_paths[0])
```

8.3.2 创建消息传递网络

本小节将介绍如何创建消息传递网络。将卷积运算符推广到不规则域的操作通常表示为邻域聚合或消息传递。

GammaGL 提供了 MessagePassing 基类，旨在通过自动处理消息传播来帮助创建此类消息传递 GNN。

例如，GCNConv 的创建步骤如下。

（1）将自循环添加到邻接矩阵中。

（2）对节点特征矩阵进行线性变换。

（3）计算归一化系数。

（4）对节点特征进行归一化。

（5）对相邻节点特征进行求和（执行“sum”聚合）。

步骤（1）～（3）通常在消息传递发生之前执行。通过覆盖 MessagePassing 基类，就可以轻松地执行步骤（4）和（5）。全层实现如下所示：

```
import tensorlayerx as tlx
from gammagl.layers.conv import MessagePassing
from gammagl.utils import add_self_loops, degree
from gammagl.mpops import unsorted_segment_sum

class GCNConv(MessagePassing):
    def __init__(self, in_channels, out_channels, add_bias):
        super().__init__()
        self.lin = tlx.layers.Linear(in_channels, out_channels)

    def forward(self, x, edge_index):
        # x has shape [N, in_channels]
        # edge_index has shape [2, E]

        # Step 1: Add self-loops to the adjacency matrix.
        edge_index, _ = add_self_loops(edge_index, num_nodes=x.shape[0])

        # Step 2: Linearly transform node feature matrix.
        x = self.lin(x)

        # Step 3: Compute edge weight.
        src, dst = edge_index[0], edge_index[1]
        edge_weight = tlx.ones(shape=(edge_index.shape[1], 1))
        deg = degree(dst, num_nodes=x.shape[0])
        deg_inv_sqrt = tlx.pow(deg, -0.5)
        weights = tlx.ops.gather(deg_inv_sqrt, src) *
        tlx.reshape(edge_weight,
                    (-1,)) * tlx.ops.gather(deg_inv_sqrt, dst)

        # Step 4-5: Start propagating messages.
        return self.propagate(x, edge_index, edge_weight=weights,
                              num_nodes=x.shape[0], aggr_type='sum')

    def message(self, x, edge_index, edge_weight):
        msg = tlx.gather(x, edge_index[0, :])
        return msg * edge_weight
```

8.3.3 高级小批量

本小节将介绍 GammaGL 中高级小批量的处理。小批量的创建对于扩展深度学习模型的训练到大数据至关重要。小批量处理不是一个实例一个实例地处理，而是将一组实例组织成统一的表示，以便可以有效地并行处理。

GammaGL 选择了一种新方法来实现跨多个实例的并行化。在这里，邻接矩阵以对角线方式堆叠（创建一个包含多个孤立子图的大图），并且对节点和目标特征在节点维度中简单地进行拼接，即

$$\boldsymbol{A} = \begin{bmatrix} A_1 & & \\ & \ddots & \\ & & A_n \end{bmatrix}, \quad \boldsymbol{X} = \begin{bmatrix} X_1 \\ \vdots \\ X_n \end{bmatrix}, \quad \boldsymbol{Y} = \begin{bmatrix} Y_1 \\ \vdots \\ Y_n \end{bmatrix}$$

与其他批处理程序相比，这种方法具有两个重要优势。

（1）由于很难在属于不同图的两个节点之间交换消息，因此不需要修改依赖消息传递范式的 GNN 运算符。

（2）没有计算开销或内存开销。例如，这种方法完全不涉及节点特征或边特征的填充。请注意，邻接矩阵没有额外的内存开销，因为它们是以稀疏的方式保存的，仅包含非零条目，即边的连接关系。

在 gammagl.loader.DataLoader 类的帮助下，GammaGL 自动负责将多个图批处理成一个大图。在内部，DataLoader 只是一个普通的 TensorLayerx.tensorlayerx.dataflow .DataLoader，它具备 collate() 的功能，即定义了示例列表应如何分组。因此，所有可以传递给 TensorLayerX 中的 DataLoader 的参数也可以传递给 GammaGL 中的 DataLoader，例如线程的数量 num_workers。

在其最一般的形式中，GammaGL 中的 DataLoader 将自动增加 edge_index 张量，增量为在当前处理的图之前整理的所有图的节点的累积数量，并且还将连接 edge_index 张量（在第二个维度上的形状为 [2, num_edges]）。face 张量亦如此。所有其他的张量将在第一维中连接起来，而不会进一步增大它们的值。

但是，在一些特殊用例中，用户主动希望根据自己的需要修改此行为。GammaGL 允许通过覆盖 gammagl.data.Graph.___inc___() 和 gammagl.data.Graph.___ cat_dim___() 来修改底层的批处理过程。

8.3.4 GIN 实践

本小节将介绍 GIN 实践。图同构网络（Graph Isomorphism Network，GIN）泛化了 WL（Weisfeiler-Lehman）测试，其判别/表征能力等同于 WL 测试的能力，从而实现了

GNN 之间的最大判别力。

GIN 将节点表示更新为

$$h_i^{(l+1)} = f_\Theta\left((1+\epsilon)h_i^l + \text{aggregate}\left(\left\{h_j^l, j \in \mathcal{N}(i)\right\}\right)\right) \tag{8.1}$$

为了考虑所有结构信息，GIN 使用来自模型的所有深度/迭代信息，并通过使用跨 GIN 的所有迭代/层连接的图表示来实现这一点：

$$h_G = \text{CONCAT}\left(\text{READOUT}\left(\{h_v^{(k)} | v \in G\}\right) \middle| k = 0, 1, \cdots, K\right) \tag{8.2}$$

GIN 处理图级任务，输入数据集包含多个图。它需要使用 gammagl.loader.DataLoader 类将多个图批处理成一个大图。

```
from gammagl.loader import DataLoader

dataset = TUDataset(args.dataset_path, args.dataset, use_node_attr=True)
train_dataset = dataset[:110]
train_loader = DataLoader(dataset=train_dataset, batch_size=64,
                          shuffle=False)
```

接下来的 GINConv 类的代码实现了式 (8.1)。

```
class GINConv(MessagePassing):
    def __init__(self,
                 apply_func=None,
                 aggregator_type='mean',
                 init_eps=0.0,
                 learn_eps=False):
        super(GINConv, self).__init__()
        self.apply_func = apply_func
        if aggregator_type in ['mean', 'sum', 'max']:
            self.aggregator_type = aggregator_type
        else:
            raise KeyError('Aggregator type {} not recognized.'
                           .format(aggregator_type))

        # to specify whether eps is trainable or not.
        # self.eps = tlx.Variable(initial_value=[float(init_eps)],
        #                         name='eps', trainable=learn_eps)
        init = tlx.initializers.Constant(value=init_eps)
```

```
        self.eps = self._get_weights(var_name='eps',
                                     shape=(1,), init=init)

    def forward(self, x, edge_index):
        out = self.propagate(x=x, edge_index=edge_index,
                             aggr=self.aggregator_type)

        out += (1 + self.eps) * x

        if self.apply_func is not None:
            out = self.apply_func(out)
        return out
```

GINConv 中的 apply_func 是一个可调用的激活函数或激活层。如果 apply_func 不为 None，则将它应用于更新后的节点特征，它相当于式 (8.1) 中的 f_Θ。

```
class ApplyNodeFunc(nn.Module):
    """Update the node feature hv with MLP, BN and ReLU."""

    def __init__(self, mlp):
        super(ApplyNodeFunc, self).__init__()
        self.mlp = mlp
        self.bn = nn.BatchNorm1d(num_features=self.mlp.output_dim)
        self.act = nn.ReLU()

    def forward(self, h):
        h = self.mlp(h)
        h = self.bn(h)
        h = self.act(h)
        return h
```

8.3.5 GraphSAGE 实践

本小节将介绍 GraphSAGE 实践。GraphSAGE 的核心思想是采样和聚合（见图 8.6）。

因此，在 GraphSAGE 实践中，需要考虑如何在 GammaGL 中实现采样和逐层聚合。对于采样，GammaGL 使用 Neighbor_Sampler 类来完成对目标节点的采样，并获取源节点（邻居节点）。最后，获取所有采样节点并对采样节点的 edge_index 重新进行编号。以 GraphSAGE 模型中采样的使用为例，下面是采样的核心代码：

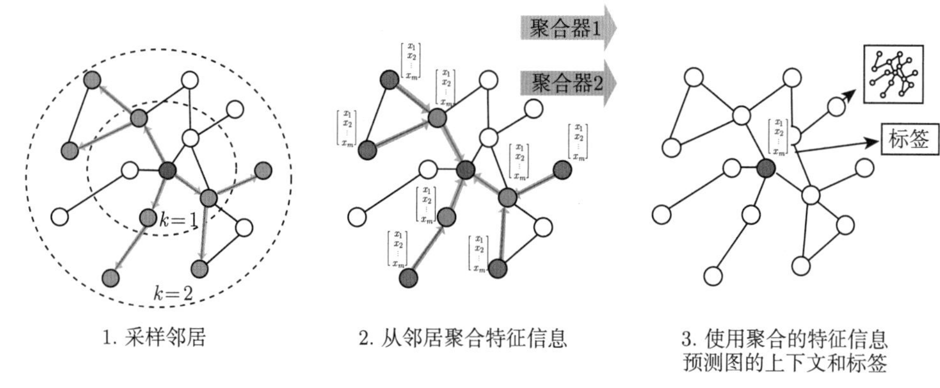

图 8.6 GraphSAGE 采样和聚合的可视化图示

```
"""
The loader realize neighbor sample,
and return subgraph, all sampled nodes, destination nodes"""
import tensorlayerx as tlx
from gammagl.loader.Neighbour_sampler import Neighbor_Sampler
train_loader = Neighbor_Sampler(edge_index=graph.edge_index.numpy(),
                                dst_nodes=tlx.convert_to_numpy(train_idx),
                                sample_lists=[25, 10], batch_size=2048,
                                shuffle=True, num_workers=6)

net = GraphSAGE_Model(args)
"""train one epoch"""
for dst_node, adjs, all_node in train_loader:
    net.set_train()
    # input : sampled subgraphs, sampled node's feat
    data = {"x": tlx.gather(x, tlx.convert_to_tensor(all_node)),
            "y": y,
            "dst_node": tlx.convert_to_tensor(dst_node),
            "subgs": adjs}
    # label is not used
    train_loss = train_one_step(data, label=tlx.convert_to_tensor([0]))
```

对于聚合，以支持的 4 个聚合器函数中的 mean 聚合器函数为例。mean 聚合器函数如下：

$$\boldsymbol{h}_v^k \leftarrow \sigma\left(\boldsymbol{W} \cdot \operatorname{MEAN}\left(\left\{\boldsymbol{h}_v^{k-1}\right\} \cup\left\{\boldsymbol{h}_u^{k-1}, \forall u \in \mathcal{N}(v)\right\}\right)\right)$$

mean 聚合器函数的代码如下：

```
class SAGEConv(MessagePassing):
    def __init__(self, in_channels, out_channels,
                 activation=None, aggr="mean",
                 add_bias=True):
        super(SAGEConv, self).__init__()
        self.act = activation
        self.in_feat = in_channels
        # relu use he_normal
        initor = tlx.initializers.he_normal()
        # self and neighbor
        self.fc_neigh = tlx.nn.Linear(in_features=in_channels,
                                      out_features=out_channels,
                                      W_init=initor, b_init=None)

        self.fc_self = tlx.nn.Linear(in_features=in_channels,
                                     out_features=out_channels,
                                     W_init=initor, b_init=None)
        self.add_bias = add_bias
        if add_bias:
            init = tlx.initializers.zeros()
            self.bias = self._get_weights("bias",
                                          shape=(1, out_channels),
                                          init=init)
    def forward(self, feat, edge):
        if isinstance(feat, tuple):
            src_feat = feat[0]
            dst_feat = feat[1]
        else:
            src_feat = feat
            dst_feat = feat
        num_nodes = int(dst_feat.shape[0])

        src_feat = self.fc_neigh(src_feat)
        out = self.propagate(src_feat, edge,
                             edge_weight=None,
                             num_nodes=num_nodes, aggr='mean')
        out += self.fc_self(dst_feat)
        if self.add_bias:
            out += self.bias
```

```
        if self.act is not None:
            out = self.act(out)
        return out
```

8.3.6 HAN 实践

本小节将介绍 HAN 实践。如图 8.7 所示。HAN [196] 首先提出了一种基于分层注意力的 HGNN，包括节点级和语义级注意力。它使得 GNN 可以直接应用于异质图，并进一步促进了基于异质图的应用。

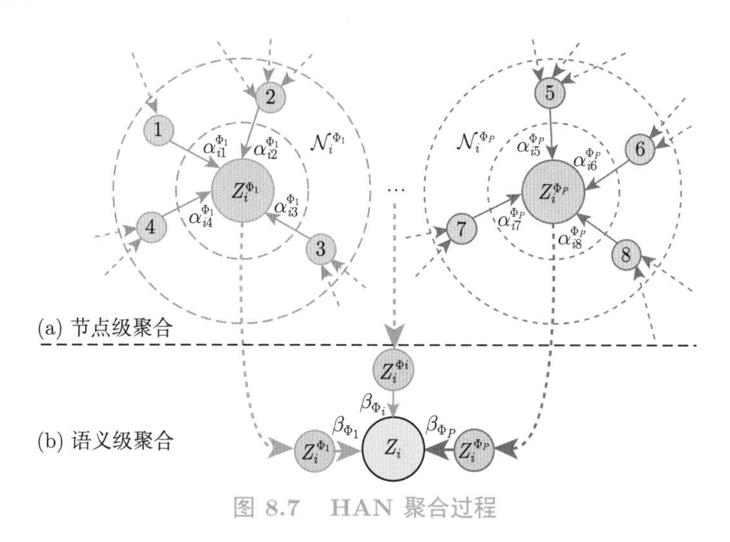

图 8.7 HAN 聚合过程

节点级注意力旨在了解节点与其基于元路径的邻居之间的重要性，计算公式如下：

$$\alpha_{ij}^{\Phi}=\operatorname{softmax}_j\left(\mathrm{e}_{ij}^{\Phi}\right)=\frac{\exp\left(\sigma\left(\boldsymbol{a}_{\Phi}^{\mathrm{T}}\cdot\left[\boldsymbol{h}_i'\|\boldsymbol{h}_j'\right]\right)\right)}{\sum_{k\in\mathcal{N}_i^{\Phi}}\exp\left(\sigma\left(\boldsymbol{a}_{\Phi}^{\mathrm{T}}\cdot\left[\boldsymbol{h}_i'\|\boldsymbol{h}_k'\right]\right)\right)} \tag{8.3}$$

$$\boldsymbol{z}_i^{\Phi}=\prod_{k=1}^{K}\sigma\left(\sum_{j\in\mathcal{N}_i^{\Phi}}\alpha_{ij}^{\Phi}\cdot\boldsymbol{h}_j'\right) \tag{8.4}$$

语义级注意力能够学习不同元路径的重要性，计算公式如下：

$$\boldsymbol{Z}=\mathcal{F}_{\mathrm{att}}(Z^{\Phi_1},Z^{\Phi_2},\cdots,Z^{\Phi_p}) \tag{8.5}$$

按照 HAN 的分层设计，GammaGL 以分层方式实现 HANConv。由于节点级注意力可以通过 GATConv 来实现，用户只需要实现语义级注意力即可。以下是语义级注意力的实现：

```
class SemAttAggr(nn.Module):
    def __init__(self, in_size, hidden_size):
        super().__init__()
        self.project = Sequential(
            Linear(in_features=in_size, out_features=hidden_size),
            Tanh(),
            Linear(in_features=hidden_size, out_features=1, b_init=None)
        )

    def forward(self, z):
        w = tlx.reduce_mean(self.project(z), axis=1)
        beta = tlx.softmax(w, axis=0)
        beta = tlx.expand_dims(beta, axis=-1)
        return tlx.reduce_sum(beta * z, axis=0)
```

在 HANConv 的实现中，需要根据元路径和 SemAttAggr 实例来创建 GATConv 实例。以下是 HANConv 实现的主要部分：

```
class HANConv(MessagePassing):
    def __init__(self, in_channels, out_channels, metadata,
                 heads=1, negative_slope=0.2, dropout_rate=0.5):
        super().__init__()
        if not isinstance(in_channels, dict):
            in_channels = {
                node_type: in_channels for node_type in metadata[0]
            }

        self.gat_dict = ModuleDict({})
        for edge_type in metadata[1]:
            src_type, _, dst_type = edge_type
            edge_type = '__'.join(edge_type)
            self.gat_dict[edge_type] = GATConv(
                in_channels=in_channels[src_type],
                out_channels=out_channels,
                heads=heads,
                dropout_rate=dropout_rate,
                concat=True)

        self.sem_att_aggr = SemAttAggr(in_size=out_channels*heads,
                                       hidden_size=out_channels)
```

```
def forward(self, x_dict, edge_index_dict, num_nodes_dict):
    out_dict = {}
    # Iterate over node types:
    for node_type, x_node in x_dict.items():
        out_dict[node_type] = []

    # node level attention aggregation
    for edge_type, edge_index in edge_index_dict.items():
        src_type, _, dst_type = edge_type
        edge_type = '__'.join(edge_type)
        out = self.gat_dict[edge_type](x_dict[dst_type],
                                       edge_index,
                                       num_nodes_dict[dst_type])
        out = tlx.relu(out)
        out_dict[dst_type].append(out)

    # semantic attention aggregation
    for node_type, outs in out_dict.items():
        outs = tlx.stack(outs)
        out_dict[node_type] = self.sem_att_aggr(outs)

    return out_dict
```

8.4 本章小结

研究人员和开发人员通过 GNN 平台可以更加轻松、高效地使用 GNN。本章首先介绍了深度学习平台，然后介绍了开发 GNN 平台的必要性以及一些成熟的 GNN 平台，如 DGL 和 PyG。本章还介绍了新平台 GammaGL，它可以使用相同的代码实现对多个后端的支持。我们在 GammaGL 平台上给出了三个经典的 GNN 模型的实现。GammaGL 仍在开发，新功能即将推出。

第 9 章　未来方向和总结

近年来，图神经网络成了强大的图分析范式并取得了巨大进展。作为一个前沿研究领域，未来我们需要更加关注这一领域的实际问题（例如，过度依赖标签、安全和伦理问题）以及更广泛的应用。因此，本章将阐述一系列未来研究方向的前沿主题，包括图自监督学习，图神经网格的鲁棒性、可解释性和公平性，以及图神经网络的自然科学应用。最后，本章对全书内容做了总结。

9.1　未来方向

9.1.1　自监督学习

最近，GNN 被认为存在过度依赖标签的问题，因为大多数工作集中在（半）监督学习上，其中需要数量足够的输入数据和标签对。然而，由于需要大量标签，监督式训练在实际场景中变得不适用，因为标签是昂贵、有限甚至不可用的。为了解决这些问题，图自监督学习（Graph Self-Supervised Learning，GSSL）通过精心设计的预训练任务来提取信息丰富的知识，不需要依赖手动标签，已成为一种有前途且流行的图数据学习范式。

具体而言，根据自监督训练方案，GSSL 可以分为三类 [120, 207]：无监督方法、预训练和辅助训练。对于没有可用标签的数据，GSSL 可以作为一种无监督方法 [29]。对于只有有限标签的数据，GSSL 既可以作为预训练过程 [122]（标签数据用于微调下游任务的预训练模型），也可以作为辅助训练任务 [232]（与下游任务一起训练）。

最近，这些方法已被应用于现实场景中，如推荐系统 [75] 和化学领域 [28]。然而，当前大多数研究仅集中在基本的图数据上，这表明 GSSL 对于更复杂的图（异质图/异构图/有向图）具有尚未开发的潜力。例如，异质图具有独特的高阶语义结构和 GNN 模型设计，不能直接使用当前的 GSSL。此外，将 GSSL 扩展到更广泛的应用领域，如金融网络、网络安全和联邦学习，也具有很大的前景。最后，现有的 GSSL 方法主要根据直觉进行设计并通过实验加以证明，因此缺乏理论支持 [120]。

9.1.2　鲁棒性

近年来，深度神经网络方法经常因为缺乏对抗鲁棒性而受到批评 [63]。许多研究人员已经注意到，DNN 很容易被输入的轻微有意扰动欺骗（攻击），这种输入扰动又称为对抗性样本。

作为深度学习在图上的扩展，图神经网络也被证明对对抗性攻击很脆弱。与以往非图数据的对抗性分析相比，图数据的研究提出了独特的挑战。首先，在这样的离散空间中设计有效的算法来生成对抗性实例是很困难的。其次，对抗性扰动被设计为在图像域中对人来说不可感知，因此可以强制使用某种距离函数，如 L_p 范数距离，来使对抗性实例和良性实例之间的距离很小。然而，对于在图数据中如何定义不可察觉或微小的扰动，还需要做进一步的分析、测量和研究。

一些研究表明，图神经网络往往容易受到对抗性攻击。具体来说，参考文献 [34] 和 [232] 指出了 GNN 对拓扑、特征、标签攻击的易受攻击性，这是非常关键的问题，因为在 GNN 被广泛应用的领域（如网络），攻击方往往很常见，虚假数据也很容易被注入：垃圾邮件发送者会向社交网络中添加错误信息，欺诈者经常操纵在线评论和产品网站 [255]。这种易受攻击的漏洞在对抗性攻击下是 GNN 在安全关键场景中使用的主要障碍，因此在学术界和工业界都受到越来越多的关注。然而，目前大多数对抗鲁棒性 GNN 被假定为同质图，直接将当前攻击与防御应用于异质图是困难的，因为它们的输入可能包含不同类型的节点和边，还可能包含不同形式的节点和边，如图像和文本。因此，我们需要开发新方法来处理异质图。此外，对于如何增强异质 GNN 的鲁棒性，仍需要进一步研究。

9.1.3 可解释性

作为黑盒模型的深度神经网络的一个主要限制是，它们无法解释预测结果 [14]，因为它们难以诊断模型输入的哪些方面驱动了决策。为了安全、可靠地部署深度模型，需要提供准确的预测和人类可理解的解释，尤其是对于跨学科领域的用户而言。

近年来，GNN 因为很多现实世界的数据都以图的形式表示而变得越来越流行，特别是在跨学科的生物化学领域（如化学分子和蛋白质相互作用图），其中有许多未解之谜且缺乏领域知识，这些事实促进产生了开发解释 GNN 的技术的需求。然而，GNN 的可解释性面临更多挑战，与图像和文本不同，图包含耦合的拓扑和特征信息作为需要解释的输入。首先，拓扑的离散性质使得解释的优化变得困难。其次，理解所输入图像或文本的语义含义是简单明了的，但对于人类来说，拓扑信息的语义含义并不直观，因为图可以表示复杂的数据，如分子、社交网络和引用网络。

最近，业界已经提出的一些方法 [220, 225] 从不同角度解释了 GNN 的预测并提供了实例或模型级别的解释。具体而言，实例级别的方法为每个输入图提供依赖于输入的解释，而模型级别的方法则解释图神经网络，而不考虑任何特定的输入示例。然而，学习解释过程可能很困难，因为不存在真实值的解释，并且不同的应用场景需要不同类型的解释。此外，目前 GNN 解释方法的评估主要依赖于人类认知和定量分析。因此，有必要建立一种统一的处理方式以及标准化的基准和评估测试平台。

9.1.4 公平性

深度学习正越来越多地被用于影响个人生活的高风险决策应用中。然而，深度学习模型可能对受保护群体表现出算法歧视行为，还可能对个人和社会造成负面影响 [42]。因此，深度学习中的公平性近期引起人们极大的关注。

GNN 是在图上进行深度学习的扩展，但很少有研究致力于创建无偏的 GNN。传统的公平性研究主要集中在独立同分布数据上，无法直接应用于图数据，因为它们没有同时考虑节点属性和图结构的偏差。

最近，一些研究 [32] 表明，图神经网络中的公平性问题可能会进一步加剧，因为图拓扑结构表现出了不同的偏见。GNN 采用邻居的聚合特征进行消息传递，这有可能进一步加剧这种偏见。例如，在社交网络中，社群通常更多地彼此连接。GNN 的这种不公平性将导致决策中更严重的偏见，削弱来自受歧视社群的个人的潜力，这将大大限制 GNN 在职位申请者排名、犯罪率预测和信用评分估计等领域的广泛应用。因此，研究公平的 GNN 至关重要，作为一个新兴的话题，它还留下了许多开放性问题。首先，研究图上的交叉公平性，即多个敏感属性的组合和传播是至关重要的，而公平的 GNN 缺乏这方面的研究。其次，消除偏见可能会损害 GNN 的主要预测任务的模型能力，同时减少偏见并保持令人满意的 GNN 预测性能仍然是一个挑战。

9.1.5 自然科学应用

在生物化学领域，人们最近开始应用 GNN 研究分子或化合物的图结构。分子或化合物通常可以建模为图，其中原子被视为节点，化学键被视为边。蛋白质的相互作用也可以建模为图，其中保留了多个蛋白质之间建立的物理联系。此外，在医疗保健领域，药物的相互作用也可以建模为图，用于建模多药物治疗的副作用，其中的每种副作用都是不同类型的边。

基于这些生物化学图，GNN 表现出强大的性能，并在这些领域的许多任务中进行了革命性的改变，范围从预测分子属性 [60]、推断蛋白质接口 [50]，到识别药物靶标的相互作用 [72]。具体而言，预测新型分子的性质对于材料设计和药物研发具有重要意义，预测这些相互作用发生的接口是一个具有挑战性的问题，同时对于药物研发和设计具有重要应用。识别药物靶标的相互作用至关重要，研究人员经常使用 GNN 应用程序来查看哪些分子是未来药物的强有力候选者。这些 GNN 的用途可以大大改善耗时、昂贵的材料设计和药物发现与再利用过程。

粒子物理学中的数据通常以集合和图的形式表示，因此可以将粒子或分子之间的相互作用表示为图，然后使用 GNN 来预测这些系统的性质。具体而言，研究人员通过预测每个粒子的相对运动，经常应用 GNN 来模拟复杂粒子系统的动力学。基于这种方式，他们可以合理地重建整个粒子系统的动力学，并进一步获得有关支配运动的基本定律的见解。此外，研究人员还利用 GNN 在大型强子对撞机（Large Hadron Collider，LHC）上处理数百万幅图像，并从中选择可能与发现新粒子有关的图像。他们利用 GNN 来寻找低成本催化剂，以储存可再生能源（如太阳能或风能），这些催化剂可以用于高速驱动将这些能源转化为其他燃料的化学反应（如制氢），并且使用 GNN 还可以减少目前昂贵的模拟时间（从几天降至几毫秒）。有关 GNN 在粒子物理学中的更多详细信息和应用，见参考文献 [165]。

9.2 总结

总之，基于图的深度学习，尤其是图神经网络，是一个充满前景且正在快速发展的研究领域，我们在收获机遇的同时也面临着许多挑战。近年来，GNN 显著促进了图分析及相关应用的发展，本书对当前最先进的图神经网络进行了全面的研究。除了同质图神经网络、静态图神经网络、欧几里得图神经网络之外，我们还回顾了异质图神经网络、动态图神经网络、双曲图神经网络等前沿技术。

在第 1 章中，我们首先简要介绍了图的概念和图的矩阵表示。然后，我们介绍了各种复杂的图以及具有代表性的图上的计算任务，包括节点任务和图任务。此外，我们还总结了图表示学习的发展和历史，特别是图神经网络的发展历程。最后，我们简要介绍了本书的组织结构。

在第 2 章中，我们主要介绍最具代表性的图神经网络。我们首先从谱域视角介绍了典型的图卷积网络（GCN），然后提供了灵活、高效的基于空域的图神经网络变种，包括 GraphSAGE、GAT 和 HAN。

在第 3 章中，我们介绍了几种基于消息传递的同质图神经网络。具体而言，我们首先介绍了一种自适应多通道图卷积网络（AM-GCN），以在消息传递过程中自适应地聚合、融合特征结构信息。然后介绍了一种频率自适应图卷积网络（FAGCN），以自适应地聚合低频和高频信息。此外，我们还提到了一种图估计神经网络（GEN），它可以学习更好的消息传递结构，在图卷积期间增强去噪和社群检测的鲁棒性。最后，我们介绍了一个现有 GNN 的统一优化框架，它可以将不同的消息传递函数总结为一个封闭形式的优化目标。

在第 4 章中，我们介绍了三个具有代表性的异质图神经网络（HGNN），致力于解决两个关键问题——深度退化现象和判别能力。具体而言，HPN 在理论上分析了 HGNN 中的深度退化现象，并提出了一种新的卷积层来缓解这种语义混淆；HDE 将异质距离编码注入聚合中；HeCo 则采用交叉视图对比机制，同时捕捉局部结构和高阶结构。

在第 5 章中，我们重点介绍了用于建模具有多个时间交互作用的动态图神经网络。我们具体介绍了三种用于建模结构不断演变的动态图神经网络，包括简单的同质拓扑结构和时态异质图。M^2DNE 基于时间点过程建模了边的微观和宏观动态；HPGE 通过学习所有异质时间事件的形成过程来保留语义和动态性；DyMGNN 设计了动态元路径和异质互相演化注意机制，以有效捕捉动态语义并对不同语义的相互演化进行建模。

与欧几里得几何相比，双曲几何也可以有效地嵌入具有无标度或分层结构的图。因此，最近的一些研究开始设计双曲空间中的 GNN。在第 6 章中，我们介绍了三种双曲 GNN，这些模型能够学习双曲图表示以获得更好的性能。双曲图注意力网络 HAT 旨在基于注意力机制在双曲空间中学习双曲图表示，LGCN 旨在保证学习的节点特征遵循双曲几何，而 HHNE 则能够在双曲空间中保留异质图的结构和语义信息。

在第 7 章中，我们介绍了三种图神经网络的典型知识蒸馏框架。我们首先介绍了一种基于知识蒸馏的框架——CPF，CPF 结合了标签传播和特征转换，并自然地保留了基于结构和基于特征的先验知识，因而能够提高任何 GNN 模型的性能。然后介绍了一种名为 LTD 的框架，LTD 旨在通过学习节点特定的温度来提高 GNN 模型的蒸馏质量。我们还介绍了一种无数据对抗的知识蒸馏框架 DFAD-GNN，它可以在没有训练数据的情况下蒸馏教师模型。

在第 8 章中，我们首先介绍了深度学习平台；然后介绍了 GNN 平台并列举了一些成熟的 GNN 平台代表，如 DGL 和 PyG；最后介绍了支持多个后端的新平台 GammaGL，我们还在 GammaGL 平台上给出了经典 GNN 模型 GIN、GraphSAGE 和 HAN 的实践。

在对所述方法进行全面讨论和总结后，本书讨论了图神经网络的未来发展方向。实际上，还有其他正在进行或将来值得关注的研究方向。总的来说，研究图神经网络甚至图上的深度学习，是建模关系数据的关键基石，也是向更好的机器学习和人工智能技术的未来迈出的重要一步。特别是，我们需要更多地关注实际问题和广泛的应用，比如图上的自监督学习、鲁棒性、可解释性、公平性以及图神经网络的自然科学应用。

参考文献

[1] Abadi M, Barham P, Chen J, et al. TensorFlow: A system for large-scale machine learning[C]//In OSDI (2016), 265-283.

[2] Abu-el-haija S, Perozzi B, Kapoor A, et al. Mixhop: Higher-order graph convolutional architectures via sparsified neighborhood mixing. In ICML (2019), 21-29.

[3] Albert R, Dasgupta B, Mobasheri N. Topological implications of negative curvature for biological and social networks. Physical Review E 89, 3 (2014), 032811.

[4] Arjovsky M, Bottou L. Towards principled methods for training generative adversarial networks. arXiv preprint arXiv: 1701.04862 (2017).

[5] Bachmann G, Becigneul G, Ganea O. Constant curvature graph convolutional networks. In ICML (2020), 486-496.

[6] Balazevic I, Allen C, Hospedales T M. Multi-relational poincaré graph embeddings. In Advances in Neural Information Processing Systems 32: Annual Conference on Neural Information Processing Systems 2019, NeurIPS 2019, December 8-14, 2019, Vancouver, BC, Canada (2019), H. M. Wallach, H. Larochelle, A. Beygelzimer, F. d’ Alché-Buc, E. B. Fox, and R. Garnett, Eds., 4465-4475.

[7] Balcilar M, Renton G, Héroux P, et al. Bridging the gap between spectral and spatial domains in graph neural networks. CoRR abs/2003.11702 (2020).

[8] Bo D, Wang X, Liu Y, et al. A survey on spectral graph neural networks. arXiv preprint arXiv:2302.05631 (2023).

[9] Bo D, Wang X, Shi C, Shen H. Beyond low-frequency information in graph convolutional networks. In AAAI (2021), AAAI Press, 3950-3957.

[10] Bojchevski A, Günnemann S. Deep gaussian embedding of graphs: Unsupervised inductive learning via ranking. In ICLR (2018).

[11] Bonnabel S. Stochastic gradient descent on riemannian manifolds. IEEE Transactions on Automatic Control 58, 9 (2013), 2217-2229.

[12] Bronstein M M, Bruna J, Lecun Y, et al. Geometric deep learning: Going beyond euclidean data[J]. IEEE Signal Processing Magazine 34, 4 (2017), 18-42.

[13] Bruna J, Zaremba W, Szlam A. Spectral networks and locally connected networks on graphs. In ICLR (2014).

[14] Buhrmester V, Münch D, Arens M. Analysis of explainers of black box deep neural networks for computer vision: A survey. CoRR abs/1911.12116 (2019).

[15] Cai B, Xiang Y, Gao L, et al. Temporal knowledge graph completion: A survey. arXiv preprint arXiv:2201.08236 (2022).

[16] Cai H, Zheng V W, Chang K. A comprehensive survey of graph embedding: problems, techniques and applications. IEEE Transactions on Knowledge and Data Engineering (2018).

[17] Cai L, Chen Z, Luo C, et al. Structural temporal graph neural networks for anomaly detection in dynamic graphs. In CIKM (2021), 3747-3756.

[18] Cannon J W, Floyd W J, Kenyon R, et al. Hyperbolic geometry. Flavors of geometry 31 (1997), 59-115.

[19] Cao S, Lu W, Xu Q. Grarep: Learning graph representations with global structural information. In Proceedings of the 24th ACM International Conference on Information and Knowledge Management, CIKM 2015, Melbourne, VIC, Australia, October 19-23, 2015 (2015), J. Bailey, A. Moffat, C. C. Aggarwal, M. de Rijke, R. Kumar, V. Murdock, T. K. Sellis, and J. X. Yu, Eds., ACM, 891-900.

[20] Cen Y, Zou X, Zhang J, et al. Representation learning for attributed multiplex heterogeneous network. In KDD (2019), 1358-1368.

[21] Chamberlain B P, Hardwick S R, Wardrope D R, et al. Scalable hyperbolic recommender systems. arXiv preprint arXiv:1902.08648 (2019).

[22] Chami I, Ying Z, Ré C, et al. Hyperbolic graph convolutional neural networks. Advances in neural information processing systems 32 (2019).

[23] Chen M, Wei Z, Huang Z, et al. Simple and deep graph convolutional networks. arXiv preprint arXiv:2007.02133 (2020).

[24] Chen T, Kornblith S, Norouzi M, et al. A simple framework for contrastive learning of visual representations. In ICML (2020), 1597-1607.

[25] Chen X, Yu G, Wang J, et al. Activehne: Active heterogeneous network embedding. In Proceedings of the Twenty-Eighth International Joint Conference on Artificial Intelligence, IJCAI 2019, Macao, China, August 10-16, 2019 (2019), S Kraus, Ed, 2123-2129.

[26] Chen Y, Bian Y, Xiao X, et al. On self-distilling graph neural network. In Proceedings of the Thirtieth International Joint Conference on Artificial Intelligence, IJCAI 2021 (2021), 2278-2284.

[27] Chen Y, Wu L, Zaki M J. Deep iterative and adaptive learning for graph neural networks. CoRR abs/1912.07832 (2019).

[28] Cheng S, Zhang L, Jin B, et al. Graphms: Drug target prediction using graph representation learning with substructures. Applied Sciences 11 (2021), 3239.

[29] Chu G, Wang X, Shi C, et al. Cuco: Graph representation with curriculum contrastive learning. In IJCAI (2021).

[30] Chung F R, Graham F C. Spectral graph theory. American Mathematical Soc., 1997.

[31] Cui P, Wang X, Pei J, et al. A survey on network embedding. IEEE Transactions on Knowledge and Data Engineering (2018).

[32] Dai E, Wang S. Say no to the discrimination: Learning fair graph neural networks with limited sensitive attribute information. In WSDM’ 21, The Fourteenth ACM International Conference

on Web Search and Data Mining, Virtual Event, Israel, March 8-12, 2021 (2021), L. Lewin-Eytan, D. Carmel, E. Yom-Tov, E. Agichtein, and E. Gabrilovich, Eds., ACM, 680-688.

[33] Dai H, Kozareva Z, Dai B, et al. Learning steady-states of iterative algorithms over graphs. In ICML (2018).

[34] Dai H, Li H, Tian T, et al. Adversarial attack on graph structured data. In Proceedings of the 35th International Conference on Machine Learning, ICML 2018, Stockholmsmässan, Stockholm, Sweden, July 10-15, 2018 (2018), vol. 80 of Proceedings of Machine Learning Research, PMLR, 1123-1132.

[35] Defferrard M, Bresson X, Vandergheynst P. Convolutional neural networks on graphs with fast localized spectral filtering. In Advances in Neural Information Processing Systems 29: Annual Conference on Neural Information Processing Systems 2016, December 5-10, 2016, Barcelona, Spain (2016), D. D. Lee, M. Sugiyama, U. von Luxburg, I. Guyon, and R. Garnett, Eds., 3837-3845.

[36] Defferrard M, Bresson X, Vandergheynst P. Convolutional neural networks on graphs with fast localized spectral filtering. In NeurIPS (2016), 844-3852.

[37] Dempster A P, Laird N M, Rubin D B. Maximum likelihood from incomplete data via the em algorithm. Journal of the Royal Statistical Society: Series B (Methodological) 39, 1 (1977), 1-22.

[38] Deng X, Zhang Z. Graph-free knowledge distillation for graph neural networks. ArXiv abs/2105.07519 (2021).

[39] Devlin J, Chang M, Lee K, et al. BERT: pre-training of deep bidirectional transformers for language understanding. In NAACL-HLT (2019), 4171-4186.

[40] Dhingra B, Shallue C J, Norouzi M, et al. Embedding text in hyperbolic spaces. arXiv preprint arXiv: 1806. 04313 (2018).

[41] Dong Y, Chawla N V, Swami A. metapath2vec: Scalable representation learning for heterogeneous networks. In SIGKDD (2017), 135-144.

[42] Du M, Yang F, Zou N, et al. Fairness in deep learning: A computational perspective. IEEE Intell. Syst. 36, 4 (2021), 25-34.

[43] Du Y, Guo X, Cao H, et al. Disentangled spatiotemporal graph generative models. arXiv preprint arXiv:2203.00411 (2022).

[44] Fan S, Zhu J, Han X, et al. Metapath-guided heterogeneous graph neural network for intent recommendation. In KDD (2019), 2478-2486.

[45] Fan W, Ma Y, Li Q, et al. Graph neural networks for social recommendation. In The World Wide Web Conference (2019), 417-426.

[46] Fan Y, Hou S, Zhang Y, et al. Gotcha - sly malware!: Scorpion A metagraph2vec based malware detection system. In KDD (2018), 253-262.

[47] Fang G, Song J, Shen C, et al. Data-free adversarial distillation. arXiv preprint arXiv:1912.11006 (2019).

[48] Fawcett T. An introduction to roc analysis[J]. Pattern recognition letters 27, 8 (2006), 861-874.

[49] Fey M, Lenssen J E. Fast graph representation learning with pytorch geometric. CoRR abs/1903.02428 (2019).

[50] Fout A, Byrd J, Shariat B, et al. Protein interface prediction using graph convolutional networks. In NIPS (2017).

[51] Franceschi L, Niepert M, Pontil M, et al. Learning discrete structures for graph neural networks. In ICML (2019), vol. 97, 1972-1982.

[52] Fréchet M. Les éléments aléatoires de nature quelconque dans un espace distancié. In Annales de l' institut Henri Poincaré (1948), vol. 10, 215-310.

[53] Fu T, Lee W, Lei Z. Hin2vec: Explore meta-paths in heterogeneous information networks for representation learning. In CIKM (2017), 1797-1806.

[54] Fu X, Zhang J, Meng Z, et al. MAGNN: metapath aggregated graph neural network for heterogeneous graph embedding. In WWW' 20: The Web Conference 2020, Taipei, Taiwan, April 20-24, 2020, Y. Huang, I. King, T. Liu, and M. van Steen, Eds., ACM/IW3C2, 2331-2341.

[55] Fu X, Zhang J, Meng Z, et al. MAGNN: Metapath aggregated graph neural network for heterogeneous graph embedding. In WWW (2020), 2331-2341.

[56] Furlanello T, Lipton Z, Tschannen M, et al. Born again neural networks. In International Conference on Machine Learning (2018), 1607-1616.

[57] Ganea O, Bécigneul G, Hofmann T. Hyperbolic entailment cones for learning hierarchical embeddings. In ICML (2018), 1646-1655.

[58] Ganea O, Bécigneul G, Hofmann T. Hyperbolic neural networks. In NeurIPS (2018), 5350-5360.

[59] Gao H, Ji S. Graph u-nets. In Proceedings of the 36th International Conference on Machine Learning, ICML 2019, 9-15 June 2019, Long Beach, California, USA (2019), K. Chaudhuri and R. Salakhutdinov, Eds., vol. 97 of Proceedings of Machine Learning Research, PMLR, 2083-2092.

[60] Gilmer J, Schoenholz S S, Riley P F, et al. Neural message passing for quantum chemistry. In ICML (2017), vol. 70, 1263-1272.

[61] Girvan M, Newman M E. Community structure in social and biological networks. Proceedings of the national academy of sciences 99, 12 (2002), 7821-7826.

[62] Goodfellow I, Pouget-abadie J, Mirza M, et al. Generative adversarial nets. Advances in neural information processing systems 27 (2014).

[63] Goodfellow I J, Shlens J, Szegedy C. Explaining and harnessing adversarial examples. In 3rd International Conference on Learning Representations, ICLR 2015, San Diego, CA, USA, May 7-9, 2015, Conference Track Proceedings (2015), Y. Bengio and Y. LeCun, Eds.

[64] Gori M, Monfardini G, Scarselli F. A new model for learning in graph domains. In IJCNN (2005), 729-734.

[65] Gou J, Yu B, Maybank S J, et al. Knowledge distillation: A survey. International Journal of Computer Vision 129, 6 (2021), 1789-1819.

[66] Goyal P, Kamra N, He X, et al. Dyngem: Deep embedding method for dynamic graphs. CoRR abs/1805.11273 (2018).

[67] Gretton A, Bousquet O, Smola A, et al. Measuring statistical dependence with hilbert-schmidt norms. In ALT (2005), 63-77.

[68] Gromov M. Hyperbolic groups. In Essays in group theory. Springer, 1987, 75-263.

[69] Grover A, Leskovec J. node2vec: Scalable feature learning for networks. In Proceedings of the 22nd ACM SIGKDD international conference on Knowledge discovery and data mining (2016), 855-864.

[70] Gülçehre Ç, Denil M, Malinowski M, et al. Hyperbolic attention networks. In 7th International Conference on Learning Representations, ICLR 2019, New Orleans, LA, USA, May 6-9, 2019 (2019), OpenReview.net.

[71] Gulrajani I, Ahmed F, Arjovsky M, et al. Improved training of wasserstein gans. arXiv preprint arXiv:1704.00028 (2017).

[72] Guo J, Li J, Leng D, et al. Heterogeneous graph based deep learning for biomedical network link prediction. ArXiv abs/2102.01649 (2021).

[73] Hamilton W, Ying Z, Leskovec J. Inductive representation learning on large graphs. In Advances in neural information processing systems (2017), 1024-1034.

[74] Hammond D K, Vandergheynst P, Gribonval R. Wavelets on graphs via spectral graph theory. Applied and Computational Harmonic Analysis 30, 2 (2011), 129-150.

[75] Hao B, Zhang J, Yin H, et al. Pre-training graph neural networks for cold-start users and items representation. Proceedings of the 14th ACM International Conference on Web Search and Data Mining (2021).

[76] Hassani K, Ahmadi A H K. Contrastive multi-view representation learning on graphs. In ICML (2020), 4116-4126.

[77] He K, Fan H, Wu Y, et al. Momentum contrast for unsupervised visual representation learning. In CVPR (2020), 9726-9735.

[78] Hinton G, Vinyals O, Dean J. Distilling the knowledge in a neural network. arXiv preprint arXiv:1503.02531 (2015).

[79] Hochreiter S, Schmidhuber J. Long short-term memory. Neural computation 9, 8 (1997), 1735-1780.

[80] Holland P W, Laskey K B, Leinhardt S. Stochastic blockmodels: First steps. Social networks 5, 2 (1983), 109-137.

[81] Hu B, Fang Y, Shi C. Adversarial learning on heterogeneous information networks. In KDD (2019), 120-129.

[82] Hu L, Yang T, Shi C, et al. Heterogeneous graph attention networks for semi-supervised short text classification. In EMNLP-IJCNLP (2019), 4823-4832.

[83] Hu Z, Dong Y, Wang K, et al. Heterogeneous graph transformer. In WWW (2020), 2704-2710.

[84] Huang H, Shi R, Zhou W, et al. Temporal heterogeneous information network embedding. In IJCAI (2021), 1470-1476.

[85] Huang H, Tang J, Liu L, et al. Triadic closure pattern analysis and prediction in social networks. IEEE Transactions on Knowledge and Data Engineering 27, 12 (2015), 3374-3389.

[86] Huang Z, Mamoulis N. Heterogeneous information network embedding for meta path based proximity. arXiv preprint arXiv:1701.05291 (2017).

[87] Huang Z, Zheng Y, Cheng R, et al. Meta structure: Computing relevance in large heterogeneous information networks. In Proceedings of the 22nd ACM SIGKDD International conference on knowledge discovery and data mining (2016), 1595-1604.

[88] Ji H, Li P, Shi C, et al. Heterogeneous graph neural network with distance encoding. In ICDM (2021).

[89] Ji H, Wang X, Shi C, et al. Heterogeneous graph propagation network. IEEE Transactions on Knowledge and Data Engineering (2021).

[90] Ji Y, Fang Y, Shi C. Dynamic meta-path guided temporal heterogeneous graph neural networks. In KDD Workshop HENA (2021).

[91] Ji Y, Jia T, Fang Y, et al. Dynamic heterogeneous graph embedding via heterogeneous hawkes process. In ECML-PKDD (2021), Springer, 388-403.

[92] Ji Y, Yin M, Yang H, et al. Accelerating large-scale heterogeneous interaction graph embedding learning via importance sampling. ACM Transactions on Knowledge Discovery from Data 15, 1 (2020), 1-23.

[93] Jiang B, Zhang Z, Lin D, et al. Semi-supervised learning with graph learning-convolutional networks. In CVPR (2019), 11313-11320.

[94] Jin W, Ma Y, Liu X, et al. Graph structure learning for robust graph neural networks. In KDD (2020), 66-74.

[95] Jing Y, Yang Y, Wang X, et al. Amalgamating knowledge from heterogeneous graph neural networks. In Proceedings of the IEEE/CVF Conference on Computer Vision and Pattern Recognition (2021), 15709-15718.

[96] Karcher H. Riemannian center of mass and so called karcher mean. arXiv preprint arXiv:1407.2087 (2014).

[97] Karrer B, Newman M E J. Stochastic blockmodels and community structure in networks. Physical Review E 83, 1 (2011), 16107.

[98] Kazemi S M, Goel R, Jain K, et al. Representation learning for dynamic graphs: A survey. Journal of Machine Learning Research 21 (2020), 70:1-70:73.

[99] Kim T, Oh J, Kim N, et al. Comparing kullback-leibler divergence and mean squared error loss in knowledge distillation. arXiv preprint arXiv:2105.08919 (2021).

[100] Kingma D P, Ba J. Adam: A method for stochastic optimization. arXiv preprint arXiv:1412.6980 (2014).

[101] Kipf T N, Welling M. Semi-supervised classification with graph convolutional networks. In ICLR (2017).

[102] Klicpera J, Bojchevski A, Günnemann S. Predict then propagate: Graph neural networks meet personalized pagerank. In ICLR (2019).

[103] Klicpera J, Weißenberger S, Günnemann S. Diffusion improves graph learning. In Advances in Neural Information Processing Systems (2019), 13354-13366.

[104] Krioukov D, Papadopoulos F, Kitsak M, et al. Hyperbolic geometry of complex networks. Physical Review E 82, 3 (2010), 036106.

[105] Lai C, Han J, Dong H. Tensorlayer 3.0: A deep learning library compatible with multiple backends. In 2021 IEEE International Conference on Multimedia & Expo Workshops (ICMEW) (2021), IEEE, 1-3.

[106] Lai Y, Hsu C, Chen W, et al. PRUNE: Preserving proximity and global ranking for network embedding. In Advances in Neural Information Processing Systems 30:Annual Conference on Neural Information Processing Systems 2017, December 4-9, 2017, Long Beach, CA, USA (2017), I. Guyon, U. von Luxburg, S. Bengio, H. M. Wallach, R. Fergus, S. V. N. Vishwanathan, and R. Garnett, Eds., 5257-5266.

[107] Lan Z, Chen M, Goodman S, et al. ALBERT: A lite BERT for self-supervised learning of language representations. In ICLR (2020).

[108] Law M, Liao R, Snell J, et al. Lorentzian distance learning for hyperbolic representations. In ICML (2019), 3672-3681.

[109] Lee S, Park S, Kahng M, et al. Pathrank: Ranking nodes on a heterogeneous graph for flexible hybrid recommender systems. Expert Systems with Applications 40, 2 (2013), 684-697.

[110] Leimeister M, Wilson B J. Skip-gram word embeddings in hyperbolic space. arXiv preprint arXiv:1809.01498 (2018).

[111] Leskovec J, Kleinberg J, Faloutsos C. Graphs over time: Densification laws, shrinking diameters and possible explanations. In KDD (2005), ACM, 177-187.

[112] Li J, Dani H, Hu X, et al. Attributed network embedding for learning in a dynamic environment. In Proceedings of the 2017 ACM on Conference on Information and Knowledge Management, CIKM 2017, Singapore, November 06 - 10, 2017 (2017), E. Lim, M. Winslett, M. Sanderson, A. W. Fu, J. Sun, J. S. Culpepper, E. Lo, J. C. Ho, D. Donato, R. Agrawal, Y. Zheng, C. Castillo, A. Sun, V. S. Tseng, and C. Li, Eds., ACM, 387-396.

[113] Li M, Zhou J, Hu J, et al. Dgl-lifesci: An open-source toolkit for deep learning on graphs in life science. ACS Omega (2021).

[114] Li P, Wang Y, Wang H, et al. Distance encoding -design provably more powerful graph neural networks for structural representation learning. In NIPS (2020).

[115] Li Q, Han Z, Wu X. Deeper insights into graph convolutional networks for semisupervised learning. In AAAI (2018), 3538-3545.

[116] Li Q, Wu X -M, Liu H, et al. Label efficient semi-supervised learning via graph filtering. In Proceedings of the IEEE Conference on Computer Vision and Pattern Recognition (2019), 9582-9591.

[117] Li X, Ding D, Kao B, et al. Leveraging meta-path contexts for classification in heterogeneous information networks. arXiv preprint arXiv:2012.10024 (2020).

[118] Liu M, Gao H, Ji S. Towards deeper graph neural networks. In KDD (2020), 338-348.

[119] Liu Q, Nickel M, Kiela D. Hyperbolic graph neural networks. In NeurIPS (2019), 8228-8239.

[120] Liu Y, Pan S, Jin M, et al. Graph self-supervised learning: A survey. ArXiv abs/2103.00111 (2021).

[121] Lopes R G, Fenu S, Starner T. Data-free knowledge distillation for deep neural networks. arXiv preprint arXiv:1710.07535 (2017).

[122] Lu Y, Jiang X, Fang Y, et al. Learning to pre-train graph neural networks. In Proceedings of the AAAI Conference on Artificial Intelligence (2021).

[123] Lu Y, Wang X, Shi C, et al. Temporal network embedding with microand macro-dynamics. In CIKM (2019), 469-478.

[124] Ma Y, Guo Z, Ren Z, et al. Streaming graph neural networks. In SIGIR (2020), 719-728.

[125] Ma Y, Wang S, Aggarwal C C, et al. Graph convolutional networks with eigenpooling. In Proceedings of the 25th ACM SIGKDD International Conference on Knowledge Discovery & Data Mining, KDD 2019, Anchorage, AK, USA, August 4-8, 2019 (2019), A. Teredesai, V. Kumar, Y. Li, R. Rosales, E. Terzi, and G. Karypis, Eds., ACM, 723-731.

[126] Manessi F, Rozza A, Manzo M. Dynamic graph convolutional networks. Pattern Recognition 97 (2020).

[127] Mclachlan G J, Krishnan T. The EM algorithm and extensions, vol. 382. John Wiley & Sons, 2007.

[128] Meng Z, Liang S, Bao H, et al. Co-embedding attributed networks. In WSDM (2019), 393-401.

[129] Mernyei P, Cangea C. Wiki-cs: A wikipedia-based benchmark for graph neural networks. arXiv preprint arXiv: 2007.02901 (2020).

[130] Monti F, Boscaini D, Masci J, et al. Geometric deep learning on graphs and manifolds using mixture model cnns. In 2017 IEEE Conference on Computer Vision and Pattern Recognition, CVPR 2017, Honolulu, HI, USA, July 21-26, 2017 (2017), IEEE Computer Society, 5425-5434.

[131] Muscoloni A, Thomas J M, Ciucci S, et al. Machine learning meets complex networks via coalescent embedding in the hyperbolic space. Nature communications 8, 1 (2017), 1615.

[132] Nayak G K, Mopuri K R, Shaj V, et al. Zero-shot knowledge distillation in deep networks. In International Conference on Machine Learning (2019), PMLR, 4743-4751.

[133] Newman M. Network structure from rich but noisy data. Nature Physics 14, 6 (2018), 542-545.

[134] Newman M E, Strogatz S H, Watts D J. Random graphs with arbitrary degree distributions and their applications. Physical review E 64, 2 (2001), 026118.

[135] Newman M E J. Networks: An Introduction. Oxford University Press, 2010.

[136] Nguyen G H, Lee J B, Rossi R A, et al. Continuoustime dynamic network embeddings. In Companion of the The Web Conference 2018 on The Web Conference 2018, WWW 2018, Lyon, France, April 23-27, 2018 (2018), P. Champin, F. Gandon, M. Lalmas, and P. G. Ipeirotis, Eds., ACM, 969-976.

[137] Nickel M, Kiela D. Poincaré embeddings for learning hierarchical representations. In Advances in Neural Information Processing Systems 30: Annual Conference on Neural Information Processing Systems 2017, December 4-9, 2017, Long Beach, CA, USA (2017), I. Guyon, U. von Luxburg, S. Bengio, H. M. Wallach, R. Fergus, S. V. N. Vishwanathan, and R. Garnett, Eds., 6338-6347.

[138] Nickel M, Kiela D. Poincaré embeddings for learning hierarchical representations. In NeurIPS (2017), 6338-6347.

[139] Nickel M, Kiela D. Learning continuous hierarchies in the lorentz model of hyperbolic geometry. In ICML (2018), 3779-3788.

[140] Niepert M, Ahmed M, Kutzkov K. Learning convolutional neural networks for graphs. In International conference on machine learning (2016), PMLR, 2014-2023.

[141] Niu D, Dy J G, Jordan M I. Multiple non-redundant spectral clustering views. In ICML (2010), 831-838.

[142] Nt H, Maehara T. Revisiting graph neural networks: All we have is low-pass filters. CoRR abs/1905.09550 (2019).

[143] Pal S, Mitra S. Multilayer perceptron, fuzzy sets, and classification. IEEE Transactions on Neural Networks 3, 5 (1992), 683-697.

[144] Pareja A, Domeniconi G, Chen J, et al. Evolvegcn: Evolving graph convolutional networks for dynamic graphs. In AAAI (2020), vol. 34, 5363-5370.

[145] Parisot S, Ktena S I, Ferrante E, et al. Spectral graph convolutions for population-based disease prediction. In MICCAI (2017), 177-185.

[146] Park C, Kim D, Han J, et al. Unsupervised attributed multiplex network embedding. In AAAI (2020), 5371-5378.

[147] Paszke A, Gross S, Massa F, et al. Pytorch: An imperative style, high-performance deep learning library. In NeurIPS (2019), 8024-8035.

[148] Pei H, Wei B, Chang K C, et al. Geom-gcn: Geometric graph convolutional networks. In ICLR (2020), OpenReview.net.

[149] Peng H, Du B, Liu M, et al. Dynamic graph convolutional network for long-term traffic flow prediction with reinforcement learning. Information Sciences 578 (2021), 401-416.

[150] Perozzi B, Al-Rfou R, Skiena S. Deepwalk: Online learning of social representations. In Proceedings of the 20th ACM SIGKDD international conference on Knowledge discovery and data mining (2014), 701-710.

[151] Qiu J, Dong Y, Ma H, et al. Network embedding as matrix factorization: Unifying deepwalk, line, pte, and node2vec. In WSDM (2018), ACM, 459-467.

[152] Qu M, Bengio Y, Tang J. GMNN: Graph markov neural networks. In Proceedings of the 36th International Conference on Machine Learning, ICML 2019, 9-15 June 2019, Long Beach, California, USA (2019), K. Chaudhuri and R. Salakhutdinov, Eds., vol. 97 of Proceedings of Machine Learning Research, PMLR, 5241-5250.

[153] Ratcliffe J G, Axler S, Ribet K. Foundations of hyperbolic manifolds, vol. 3. Springer, 1994.

[154] Rhee S, Seo S, Kim S. Hybrid approach of relation network and localized graph convolutional filtering for breast cancer subtype classification. arXiv preprint arXiv:1711.05859 (2017).

[155] Ribeiro L F, Saverese P H, Figueiredo D R. struc2vec: Learning node representations from structural identity. In SIGKDD (2017), 385-394.

[156] Riolo M A, Newman M. Consistency of community structure in complex networks. Physical Review E 101, 5 (2020), 052306.

[157] Sala F, Desa C, Gu A, et al. Representation tradeoffs for hyperbolic embeddings. In ICML (2018), 4457-4466.

[158] Scarselli F, Gori M, Tsoi A C, et al. The graph neural network model. IEEE Transactions on Neural Networks 20, 1 (2009), 61-80.

[159] Sen P, Namata G, Bilgic M, et al. Collective classification in network data. AI magazine 29, 3 (2008), 93-93.

[160] Shang J, Qu M, Liu J, et al. Meta-path guided embedding for similarity search in large-scale heterogeneous information networks. CoRR abs/1610.09769 (2016).

[161] Shchur O, Mumme M, Bojchevski A, et al. Pitfalls of graph neural network evaluation. arXiv preprint arXiv:1811.05868 (2018).

[162] Shi C, Hu B, Zhao W X, et al. Heterogeneous information network embedding for recommendation. IEEE Trans. Knowl. Data Eng. 31, 2 (2019), 357-370.

[163] Shi C, Li Y, Zhang J, et al. A survey of heterogeneous information network analysis. IEEE Transactions on Knowledge and Data Engineering 29, 1 (2017), 17-37.

[164] Shi Y, Huang Z, Feng S, et al. Masked label prediction: Unified massage passing model for semi-supervised classification. arXiv preprint arXiv:2009.03509 (2020).

[165] Shlomi J, Battaglia P W, Vlimant J R. Graph neural networks in particle physics. Mach. Learn. Sci. Technol. 2 (2021), 21001.

[166] Shuman D I, Narang S K, Frossard P, et al. The emerging field of signal processing on graphs: Extending high-dimensional data analysis to networks and other irregular domains. IEEE signal processing magazine 30, 3 (2013), 83-98.

[167] Simonovsky M, Komodakis N. Graphvae: Towards generation of small graphs using variational autoencoders. In International conference on artificial neural networks (2018), Springer, 412-422.

[168] Song L, Smola A, Gretton A, et al. Supervised feature selection via dependence estimation. In ICML (2007), 823-830.

[169] Song W, Xiao Z, Wang Y, et al. Session-based socialrecommendation via dynamic graph attention networks. In WSDM (2019), ACM, 555-563.

[170] Srivastava N, Hinton G E, Krizhevsky A, et al. Dropout: A simple way to prevent neural networks from overfitting. J. Mach. Learn. Res. 15, 1 (2014), 1929-1958.

[171] Sun K, Lin Z, Zhu Z. Multi-stage self-supervised learning for graph convolutional networks on graphs with few labeled nodes. In Thirty-Fourth AAAI Conference on Artificial Intelligence (2020).

[172] Sun K, Zhu Z, Lin Z. Adagcn: Adaboosting graph convolutional networks into deep models. In ICLR (2021), OpenReview.net.

[173] Sun L, Dou Y, Yang C, et al. Adversarial attack and defense on graph data: A survey. arXiv preprint arXiv:1812.10528 (2018).

[174] Sun L, Zhang Z, Zhang J, et al. Hyperbolic variational graph neural network for modeling dynamic graphs. In Proceedings of the AAAI Conference on Artificial Intelligence (2021), 4375-4383.

[175] Sun Y, Han J, Yan X, et al. Pathsim: Meta path-based top-k similarity search in heterogeneous information networks. Proceedings of the VLDB Endowment 4, 11 (2011), 992-1003.

[176] Suzuki R, Takahama R, Onoda S. Hyperbolic disk embeddings for directed acyclic graphs. In Proceedings of the 36th International Conference on Machine Learning, ICML 2019, 9-15 June 2019, Long Beach, California, USA (2019), K. Chaudhuri and R. Salakhutdinov, Eds., vol. 97 of Proceedings of Machine Learning Research, PMLR, 6066-6075.

[177] Tang J, Qu M, Wang M, et al. Line: Large-scale information network embedding. In Proceedings of the 24th international conference on world wide web (2015), 1067-1077.

[178] Tang J, Sun J, Wang C, et al. Social influence analysis in large-scale networks. In KDD (2009), ACM, 807-816.

[179] Tay Y, Tuan L A, Hui S C. Hyperbolic representation learning for fast and efficient neural question answering. In WSDM (2018), pp. 583-591.

[180] Tian Y, Krishnan D, Isola P. Contrastive multiview coding. In ECCV (2020), 776-794.

[181] Tifrea A, Bécigneul G, Ganea O -E. Poincaré glove: Hyperbolic word embeddings. In ICLR (2018).

[182] Trivedi R, Farajtabar M, Biswal P, et al. Dyrep: Learning representations over dynamic graphs. In 7th International Conference on Learning Representations, ICLR 2019, New Orleans, LA, USA, May 6-9, 2019 (2019), OpenReview.net.

[183] Vaswani A, Shazeer N, Parmar N, et al. Attention is all you need. In Advances in Neural Information Processing Systems 30: Annual Conference on Neural Information Processing Systems 2017, December 4-9, 2017, Long Beach, CA, USA (2017), I. Guyon, U. von Luxburg, S. Bengio, H. M. Wallach, R. Fergus, S. V. N. Vishwanathan, and R. Garnett, Eds., 5998-6008.

[184] Velickovic P, Fedus W, Hamilton W. et al. Deep graph infomax. In ICLR (2019).

[185] Veličković P, Cucurull G, Casanova A, et al. Graph attention networks. In ICLR (2018).

[186] Vinh T D Q, Tay Y, Zhang S, et al. Hyperbolic recommender systems. arXiv preprint arXiv:1809.01703 (2018).

[187] Wang D, Cui P, Zhu W. Structural deep network embedding. In Proceedings of the 22nd ACM SIGKDD international conference on Knowledge discovery and data mining (2016), 1225-1234.

[188] Wang H, Leskovec J. Unifying graph convolutional neural networks and label propagation. arXiv preprint arXiv:2002.06755 (2020).

[189] Wang M, Zheng D, Ye Z, et al. Deep graph library: A graph-centric, highly-performant package for graph neural networks. arXiv preprint arXiv:1909.01315(2019).

[190] Wang R, Mou S, Wang X, et al. Graph structure estimation neural networks. In WWW (2021), ACM/IW3C2, 342-353.

[191] Wang R, Shi C, Zhao T, et al. Heterogeneous information network embedding with adversarial disentangler. IEEE Transactions on Knowledge and Data Engineering (2021).

[192] Wang W, Liu X, Jiao P, et al. A unified weakly supervised framework for community detection and semantic matching. In PAKDD (2018), 218-230.

[193] Wang X, Bo D, Shi C, et al. A survey on heterogeneous graph embedding: methods, techniques, applications and sources. arXiv preprint arXiv:2011.14867 (2020).

[194] Wang X, Cui P, Wang J, et al. Community preserving network embedding. In Proceedings of the Thirty-First AAAI Conference on Artificial Intelligence, February 4-9, 2017, San Francisco, California, USA (2017), S. P. Singh and S. Markovitch, Eds., AAAI Press, 203-209.

[195] Wang X, He X, Wang M, et al. Neural graph collaborative filtering. In SIGIR (2019), 165-174.

[196] Wang X, Ji H, Shi C, et al. Heterogeneous graph attention network. In WWW (2019), 2022-2032.

[197] Wang X, Liu N, Han H, et al. Self-supervised heterogeneous graph neural network with co-contrastive learning. arXiv preprint arXiv:2105.09111 (2021).

[198] Wang X, Lu Y, Shi C, et al. Dynamic heterogeneous information network embedding with meta-path based proximity. IEEE Transactions on Knowledge and Data Engineering (2020).

[199] Wang X, Wang R, Shi C, et al. Multi-component graph convolutional collaborative filtering. In AAAI (2020), 6267-6274.

[200] Wang X, Zhang Y, Shi C. Hyperbolic heterogeneous information network embedding. In AAAI (2019), 5337-5344.

[201] Wang X, Zhu M, Bo D, et al. AM-GCN: adaptive multi-channel graph convolutional networks. In KDD (2020), ACM, 1243-1253.

[202] Wilson R C, Hancock E R, Pekalska E, et al. Spherical and hyperbolic embeddings of data. IEEE transactions on pattern analysis and machine intelligence 36, 11 (2014), 2255-2269.

[203] Wu F, Jr A H S, Zhang T, et al. Simplifying graph convolutional networks. In ICML (2019), vol. 97 of Proceedings of Machine Learning Research, PMLR, 6861-6871.

[204] Wu F, Souza A, Zhang T, et al. Simplifying graph convolutional networks. In International Conference on Machine Learning (2019), 6861-6871.

[205] Wu W, Liu H, Zhang X, et al. Modeling event propagation via graph biased temporal point process. IEEE Transactions on Neural Networks and Learning Systems (2020).

[206] Wu Z, Pan S, Chen F, et al. A comprehensive survey on graph neural networks. IEEE Transactions on Neural Networks and Learning Systems (2020).

[207] Xie Y, Xu Z, Wang Z, et al. Self-supervised learning of graph neural networks: A unified review. ArXiv abs/2102.10757 (2021).

[208] Xu B, Shen H, Cao Q, et al. Graph convolutional networks using heat kernel for semi-supervised learning. In IJCAI (2019), ijcai.org, 1928-1934.

[209] Xu B, Shen H, Cao Q, et al. Graph wavelet neural network. In 7th International Conference on Learning Representations, ICLR 2019, New Orleans, LA, USA, May 6-9, 2019 (2019), OpenReview.net.

[210] Xu D, Ruan C, Körpeoglu E, et al. Inductive representation learning on temporal graphs. In 8th International Conference on Learning Representations, ICLR 2020, Addis Ababa, Ethiopia, April 26-30, 2020 (2020), OpenReview.net.

[211] Xu K, Hu W, Leskovec J, et al. How powerful are graph neural networks? In ICLR (2019), OpenReview.net.

[212] Xu K, Li C, Tian Y, et al. Representation learning on graphs with jumping knowledge networks. In ICML (2018), 5453-5462.

[213] Xue H, Yang L, Jiang W, et al. Modeling dynamic heterogeneous network for link prediction using hierarchical attention with temporal rnn. arXiv preprint arXiv:2004.01024 (2020).

[214] Yan B, Wang C, Guo G, et al. Tinygnn: Learning efficient graph neural networks. In Proceedings of the 26th ACM SIGKDD International Conference on Knowledge Discovery & Data Mining (2020), 1848-1856.

[215] Yang C, Liu J, Shi C. Extract the knowledge of graph neural networks and go beyond it: An effective knowledge distillation framework. In Proceedings of the Web Conference 2021 (2021), 1227-1237.

[216] Yang Y, Qiu J, Song M, et al. Distilling knowledge from graph convolutional networks. In Proceedings of the IEEE/CVF Conference on Computer Vision and Pattern Recognition (2020), 7074-7083.

[217] Yang Z, Cohen W W, Salakhutdinov R. Revisiting semi-supervised learning with graph embeddings. arXiv preprint arXiv:1603.08861 (2016).

[218] Yin Y, Ji L -X, Zhang J -P, et al. Dhne: Network representation learning method for dynamic heterogeneous networks. IEEE Access 7 (2019), 134782-134792.

[219] Ying R, He R, Chen K, et al. Graph convolutional neural networks for web-scale recommender systems. In SIGKDD (2018), 974-983.

[220] Ying Z, Bourgeois D, You J, et al. Gnnexplainer: Generating explanations for graph neural networks. In Advances in Neural Information Processing Systems 32: Annual Conference on Neural Information Processing Systems 2019, NeurIPS 2019, December 8-14, 2019, Vancouver, BC, Canada (2019), H. M. Wallach, H. Larochelle, A. Beygelzimer, F. d' Alché-Buc, E. B. Fox, and R. Garnett, Eds., 9240-9251.

[221] Ying Z, You J, Morris C, et al. Hierarchical graph representation learning with differentiable pooling. In Advances in Neural Information Processing Systems 31: Annual Conference on Neural Information Processing Systems 2018, NeurIPS 2018, December 3-8, 2018, Montréal, Canada (2018), S. Bengio, H. M. Wallach, H. Larochelle, K. Grauman, N. Cesa-Bianchi, and R. Garnett, Eds., 4805-4815.

[222] You J, Ying R, Leskovec J. Position-aware graph neural networks. In ICML (2019), 7134-7143.

[223] You J, Ying R, Ren X, et al. Graphrnn: Generating realistic graphs with deep auto-regressive models. In ICML (2018), vol. 80, 5694-5703.

[224] You J, Ying Z, Leskovec J. Design space for graph neural networks. Advances in Neural Information Processing Systems 33 (2020), 17009-17021.

[225] Yuan H, Yu H, Gui S, et al. Explainability in graph neural networks: A taxonomic survey. CoRR abs/2012.15445 (2020).

[226] Yun S, Jeong M, Kim R, et al. Graph transformer networks. In NeurIPS (2019), 11960-11970.

[227] Zang C, Cui P, Faloutsos C. Beyond sigmoids: The nettide model for social network growth, and its applications. In KDD (2016), ACM, 2015-2024.

[228] Zarrinkalam F, Kahani M, Bagheri E. Mining user interests over active topics on social networks. Informantion Processing & Management 54, 2 (2018), 339-357.

[229] Zhang C, Song D, Huang C, et al. Heterogeneous graph neural network. In KDD (2019), 793-803.

[230] Zhang M, Chen Y. Link prediction based on graph neural networks. In NIPS (2018), 5165-5175.

[231] Zhang M, Cui Z, Neumann M, et al. An end-to-end deep learning architecture for graph classification. In Thirty-Second AAAI Conference on Artificial Intelligence (2018).

[232] Zhang M, Hu L, Shi C, et al. Adversarial label-flipping attack and defense for graph neural networks. In 20th IEEE International Conference on Data Mining, ICDM 2020, Sorrento, Italy, November 17-20, 2020 (2020), C. Plant, H. Wang, A. Cuzzocrea, C. Zaniolo, and X. Wu, Eds., IEEE, 791-800.

[233] Zhang M, Wu S, Yu X, et al. Dynamic graph neural networks for sequential recommendation. arXiv preprint arXiv:2104.07368 (2021).

[234] Zhang S, Liu Y, Sun Y, et al. Graph-less neural networks: Teaching old mlps new tricks via distillation. arXiv preprint arXiv:2110.08727 (2021).

[235] Zhang W, Jiang Y, Li Y, et al. Rod: Reception-aware online distillation for sparse graphs. In Proceedings of the 27th ACM SIGKDD Conference on Knowledge Discovery & Data Mining (2021), 2232-2242.

[236] Zhang W, Miao X, Shao Y, et al. Reliable data distillation on graph convolutional network. In Proceedings of the 2020 ACM SIGMOD International Conference on Management of Data (2020), 1399-1414.

[237] Zhang Y, Pal S, Coates M, et al. Bayesian graph convolutional neural networks for semi-supervised classification. In AAAI (2019), 5829-5836.

[238] Zhang Y, Wang X, Shi C, et al. Hyperbolic graph attention network. IEEE Transactions on Big Data (2021).

[239] Zhang Y, Wang X, Shi C, et al. Lorentzian graph convolutional networks. In WWW (2021), 1249-1261.

[240] Zhang Y, Xiong Y, Kong X, et al. Deep collective classification in heterogeneous information networks. In Proceedings of the 2018 World Wide Web Conference on World Wide Web, WWW 2018, Lyon, France, April 23-27, 2018 (2018), P. Champin, F. Gandon, M. Lalmas, and P. G. Ipeirotis, Eds., ACM, 399-408.

[241] Zhang Z, Cui P, Zhu W. Deep learning on graphs: A survey. IEEE Transactions on Knowledge and Data Engineering (2020).

[242] Zhang Z, Sabuncu M. Self-distillation as instance-specific label smoothing. Advances in Neural Information Processing Systems 33 (2020).

[243] Zhao J, Wang X, Shi C, et al. Heterogeneous graph structure learning for graph neural networks. In AAAI (2021).

[244] Zhao J, Wang X, Shi C, et al. Network schema preserving heterogeneous information network embedding. In IJCAI (2020), 1366-1372.

[245] Zhao J, Zhou Z, Guan Z, et al. Intentgc: a scalable graph convolution framework fusing heterogeneous information for recommendation. In KDD (2019), 2347-2357.

[246] Zheng D, Song X, Ma C, et al. Dgl-ke: Training knowledge graph embeddings at scale. In Proceedings of the 43rd International ACM SIGIR Conference on Research and Development in Information Retrieval (New York, NY, USA, 2020), SIGIR ’ 20, Association for Computing Machinery, 739-748.

[247] Zheng J, Li Q, Liao J. Heterogeneous type-specific entity representation learning for recommendations in e-commerce network. Informantion Processing & Management 58, 5 (2021), 102629.

[248] Zheng V W, Sha M, Li Y, et al. Heterogeneous embedding propagation for large-scale e-commerce user alignment. In ICDM (2018), 1434-1439.

[249] Zheng Y, Zhang X, Chen S, et al. When convolutional network meets temporal heterogeneous graphs: An effective community detection method. IEEE Transactions on Knowledge and Data Engineering (2021).

[250] Zhou L, Yang Y, Ren X, et al. Dynamic network embedding by modeling triadic closure process. In AAAI (2018).

[251] Zhu L, Guo D, Yin J, et al. Scalable temporal latent space inference for link prediction in dynamic social networks. IEEE Transactions on Knowledge and Data Engineering 28, 10 (2016), 2765-2777.

[252] Zhu S, Pan S, Zhou C, et al. Graph geometry interaction learning. NeurIPS (2020), 633-643.

[253] Zhu X, Ghahramani Z. Learning from labeled and unlabeled data with label propagation. Technical Report CMU-CALD-02-107, Carnegie Mellon University (2002).

[254] Zill D, Wright W S, Cullen M R. Advanced engineering mathematics. Jones & Bartlett Learning, 2011.

[255] Zügner D, Akbarnejad A, Günnemann S. Adversarial attacks on neural networks for graph data. In Proceedings of the 24th ACM SIGKDD International Conference on Knowledge Discovery & Data Mining, KDD 2018, London, UK, August 19-23, 2018 (2018), ACM, 2847-2856.

[256] Zuo Y, Liu G, Lin H, et al. Embedding temporal network via neighborhood formation. In KDD (2018), ACM, 2857-2866.